大学应用型课程专业（精品）系列教材　喻世友◎主编

大学应用型课程专业（精品）系列教材·计算机应用类　杨智◎主编

数据库
系统原理与设计

薄宏　主编 / 成海秀　苑俊英　副主编

中山大学出版社
SUN YAT-SEN UNIVERSITY PRESS
·广州·

版权所有 翻印必究

图书在版编目（CIP）数据

数据库系统原理与设计/薄宏主编；成海秀，苑俊英副主编．—广州：中山大学出版社，2015.8

［大学应用型课程专业（精品）系列教材/喻世友主编；大学应用型课程专业（精品）系列教材·计算机应用类/杨智主编］

ISBN 978－7－306－05375－6

Ⅰ．①数… Ⅱ．①薄… Ⅲ．①数据库系统 Ⅳ．①TP311.13

中国版本图书馆 CIP 数据核字（2015）第 170653 号

出版人：徐 劲
责任编辑：黄浩佳
封面设计：曾 斌
责任校对：廖丽玲
责任技编：何雅涛
出版发行：中山大学出版社
电　　话：编辑部 020－84111996，84113349，84111997，84110779
　　　　　发行部 020－84111998，84111981，84111160
地　　址：广州市新港西路 135 号
邮　　编：510275　　　　传　真：020－84036565
网　　址：http://www.zsup.com.cn　　E-mail:zdcbs@mail.sysu.edu.cn
印　刷　者：虎彩印艺股份有限公司
规　　格：787mm×1092mm　1/16　16 印张　370 千字
版次印次：2015 年 8 月第 1 版　2019 年 1 月第 3 次印刷
定　　价：38.00 元

如发现本书因印装质量影响阅读，请与出版社发行部联系调换

大学应用型课程专业（精品）系列教材
编 委 会

主　编　喻世友
委　员　（按姓氏拼音排序）
　　　　陈功玉　陈剑波　陈天祥　丁建新　方海云　冯　原　何江海
　　　　黄静波　黎颂文　廖俊平　孙　立　王丽荣　卫建国　杨　智
　　　　喻世友　赵过渡

大学应用型课程专业（精品）系列教材·计算机应用类
编 委 会

主　编　杨　智
副主编　苑俊英
编　委　（按姓氏拼音排序）
　　　　薄　宏　陈海山　曹惠茹　成海秀　戴宏明　洪维恩　卢洪斌
　　　　谭志国　温泉思　杨　智　苑俊英　张鉴新　钟晓婷

本书编委会

主　编　薄　宏
副主编　成海秀　苑俊英
编　委　（按姓氏拼音排序）
　　　　薄　宏　成海秀　苑俊英

前　言

数据库是计算机学科的一个重要分支，是计算机相关专业一门必修的核心课程。数据库技术是计算机科学技术中发展最快领域之一，也是应用最广的技术之一，是计算机信息系统与应用系统的核心技术和重要基础，是任何一个组织和企业信息化建设得以顺利发展的关键条件。学习数据库技术，关键是学习一个企业或组织内部数据库的建立、部署和维护，学习如何利用现有数据为用户提供服务、以及如何保证数据库的安全性等一系列技术及应用。

在应用型人才培养模式下，数据库技术及应用课程的教学过程应该注重学生实践能力的培养。在现有数据库技术下，教师在课堂上如何组织教学，如何安排教学内容，采用什么样的教学方法，对教学效果起着举足轻重的作用。所以，编者根据自身的实践及教学经验，以自己研发的在线考试系统为例，介绍数据库相关技术，以及如何使用数据库技术完成在线考试系统的数据库设计及创建过程。通过教材内数据库技术的介绍，以及案例的设计与实现，要求读者能根据实际应用环境，构建相应的数据库系统，并保证数据库达到用户所需的性能。

本书为广东省教育厅"育苗工程（自然科学）"之"计算思维与应用型本科人才培养结合下的计算机专业基础课程建设"项目成果之一。

本书共包括11章。其中，第1章数据库概述，主要介绍数据库技术的基础知识，包括数据库中基本概念、数据库管理技术的发展过程、几种主要的数据模型以及数据库体系结构组成等内容；第2章关系数据库，主要介绍关系模型的基本概念、数据库的完整性、集合运算和关系运算；第3章关系数据库的标准语言，是数据库设计的核心技术，主要介绍关系数据库语言SQL及其功能；第4章数据库的完整性，主要介绍 RDBMS 完整性实现的机制，包括完整性约束的定义、检查和违背完整性约束时应采取的动作；第5章关系数据库的规范化，主要介绍关系数据库的规范化理论，讨论如何设计一个好的关系模式；第6章数据库的安全性，主要介绍了数据库的安全性机制，主要防止非法用户和非法操作；第7章数据库设计，主要介绍数据库设计的方法和步骤，重点要求读者在前序数据库技术的基础上，灵活运用所学方法和思想，设计符合实际需求的数据库应用系统；第8章关系数据库的查询优化与处理；第9章数据库恢复技术，主要介绍事务及事务的特点、故障种类和恢复的策略；第10章并发控制，主要介绍在多用户系统中，对同一时刻并发执行多个事务的控制及处理机制；第11章其它数据库技术概述，主要介绍了 JDBC 编程、数据仓库、数据挖掘和分布式数据库等数据库技术。

本书由薄宏、成海秀和苑俊英编写，主要编写人员和分工如下：第1章、第8章至第11章由成海秀编写；第2章至第6章由薄宏编写；第3章的存储过程、第4章的触发器、第7章、第11章的 JDBC 编程由苑俊英编写。全书由薄宏进行统稿和定稿，由苑俊英进行统一审校，书中在线考试系统的数据库设计由苑俊英项目团队提供。

在本书编写过程中，中山大学信息科学与技术学院的杨智教授提出了很多宝贵的建议和意见，在此表示衷心感谢。

由于作者水平有限，书中难免存在疏漏，恳请读者批评指正。本书还配有教学课件和部分参考代码，有需要的读者可与作者联系。

编者

2015 年 7 月

目 录

第1章 数据库概述 ... 1
1.1 数据库系统概述 ... 1
1.1.1 数据库的四个重要概念 ... 1
- 1.1.1.1 数据（Data）... 1
- 1.1.1.2 数据库（DataBase，DB）... 1
- 1.1.1.3 数据库管理系统（DataBase Management System，DBMS）... 2
- 1.1.1.4 数据库系统（DataBase System，DBS）... 3

1.1.2 数据管理技术的发展 ... 3
- 1.1.2.1 人工管理阶段 ... 4
- 1.1.2.2 文件系统管理阶段 ... 4
- 1.1.2.3 数据库系统管理阶段 ... 5

1.1.3 数据库系统的特点 ... 5
- 1.1.3.1 具备较强的数据集成性 ... 5
- 1.1.3.2 数据高共享、低冗余、易扩充 ... 5
- 1.1.3.3 数据独立性高 ... 5
- 1.1.3.4 数据库管理系统对数据进行统一管理和控制 ... 6

1.2 数据模型 ... 6
1.2.1 数据模型的概念 ... 6
1.2.2 概念模型 ... 8
- 1.2.2.1 概念模型的基本概念 ... 8
- 1.2.2.2 实体型之间的联系 ... 9
- 1.2.2.3 概念模型的表示方法 ... 10
- 1.2.2.4 概念模型实例 ... 11

1.2.3 层次模型 ... 13
1.2.4 网状模型 ... 14
1.2.5 关系模型 ... 15

1.3 数据库系统结构 ... 16
1.3.1 数据库系统模式的概念 ... 16
1.3.2 数据库系统的三级模式和两级映像 ... 17
1.3.3 数据库系统的组成 ... 18
- 1.3.3.1 硬件平台 ... 18

　　　　1.3.3.2 软件平台 ……………………………………………………………… 18
　　　　1.3.3.3 相关人员 ……………………………………………………………… 18
　　1.3.4 数据库管理系统（DBMS）的组成 …………………………………………… 19
　1.4 本章小结 …………………………………………………………………………… 20
　习题1 ………………………………………………………………………………………… 20
第2章　关系数据库 …………………………………………………………………………… 22
　2.1 关系模型的基本术语及概念 ……………………………………………………… 22
　　2.1.1 基本术语 …………………………………………………………………… 23
　　　　2.1.1.1 二维表 ………………………………………………………………… 23
　　　　2.1.1.2 关系 …………………………………………………………………… 23
　　　　2.1.1.3 关系的数学定义 ……………………………………………………… 25
　　2.1.2 关系的概念 ………………………………………………………………… 26
　　2.1.3 关系的性质 ………………………………………………………………… 26
　　　　2.1.3.1 同一关系的属性名具有不可重复性 ……………………………… 26
　　　　2.1.3.2 同一属性的数据具有同质性 ……………………………………… 26
　　　　2.1.3.3 关系中元组的位置具有顺序无关性 ……………………………… 26
　　　　2.1.3.4 关系中列的位置具有顺序无关性 ………………………………… 27
　　　　2.1.3.5 关系具有元组无冗余性 …………………………………………… 27
　　　　2.1.3.6 关系中每个属性都必须是不可再分的基本数据项 ……………… 27
　　2.1.4 关系模式 …………………………………………………………………… 27
　　2.1.5 关系数据库 ………………………………………………………………… 28
　2.2 关系完整性 ………………………………………………………………………… 29
　　2.2.1 实体完整性 ………………………………………………………………… 30
　　2.2.2 参照完整性 ………………………………………………………………… 30
　　2.2.3 用户定义的完整性 ………………………………………………………… 31
　2.3 关系代数 …………………………………………………………………………… 32
　　2.3.1 传统的集合运算 …………………………………………………………… 33
　　2.3.2 专门的关系运算 …………………………………………………………… 35
　　　　2.3.2.1 选择（Selection） …………………………………………………… 35
　　　　2.3.2.2 投影（Projection） ………………………………………………… 38
　　　　2.3.2.3 连接（Join） ………………………………………………………… 39
　　　　2.3.2.4 除（Division） ……………………………………………………… 40
　2.4 本章小结 …………………………………………………………………………… 44
　习题2 ………………………………………………………………………………………… 44
第3章　关系数据库标准语言——SQL …………………………………………………… 47
　3.1 SQL概述 …………………………………………………………………………… 47
　　3.1.1 SQL的产生与发展 ………………………………………………………… 47
　　3.1.2 SQL的特点 ………………………………………………………………… 47

3.2 数据的定义 ····· 48
3.2.1 模式的定义与删除 ····· 48
3.2.2 基本表的定义、删除与修改 ····· 49
3.2.3 索引的定义与删除 ····· 53
3.3 数据查询 ····· 54
3.3.1 单表查询 ····· 55
3.3.1.1 查询表中指定字段 ····· 55
3.3.1.2 查询行 ····· 56
3.3.1.3 排序 ····· 58
3.3.1.4 分组 ····· 58
3.3.2 联接查询 ····· 60
3.3.3 嵌套查询 ····· 61
3.3.4 集合查询 ····· 65
3.3.5 SELECT 语句的书写规范 ····· 66
3.4 数据的更新 ····· 67
3.4.1 数据的插入 ····· 67
3.4.2 数据的修改 ····· 68
3.4.3 数据的删除 ····· 68
3.5 视图 ····· 70
3.5.1 视图的定义 ····· 70
3.5.2 视图的查询 ····· 71
3.5.3 视图的更新 ····· 71
3.5.4 视图的作用 ····· 71
3.6 存储过程 ····· 72
3.6.1 存储过程的概念、优点与分类 ····· 72
3.6.2 创建存储过程 ····· 73
3.6.3 查看存储过程 ····· 74
3.6.4 重新命名存储过程 ····· 74
3.6.5 删除存储过程 ····· 75
3.6.6 执行存储过程 ····· 75
3.6.7 修改存储过程 ····· 75
3.7 本章小结 ····· 76
习题3 ····· 76

第4章 数据库的完整性 ····· 79
4.1 实体完整性 ····· 80
4.1.1 实体完整性 ····· 80
4.1.2 实体完整性检查和违约处理 ····· 81
4.2 参照完整性 ····· 81

- 4.2.1 参照完整性定义 ... 83
- 4.2.2 参照完整性检查和违约处理 ... 83
- 4.3 用户定义的完整性 ... 85
  - 4.3.1 限制字段取值的约束条件 ... 86
  - 4.3.2 记录上约束条件的定义 ... 87
  - 4.3.3 约束条件的检查和违约处理 ... 88
- 4.4 完整性约束命名子句 ... 88
- 4.5 触发器 ... 89
  - 4.5.1 触发器的概念及作用 ... 89
  - 4.5.2 SQL Server 触发器概述 ... 90
  - 4.5.3 DML 触发器的创建和应用 ... 91
  - 4.5.4 DDL 触发器的创建和应用 ... 97
  - 4.5.5 查看、修改和删除触发器 ... 100
- 4.6 本章小结 ... 102
- 习题 4 ... 102

第 5 章 关系数据库的规范化 ... 106

- 5.1 为什么要规范化 ... 106
  - 5.1.1 规范化理论相关的基本概念 ... 106
  - 5.1.2 异常问题 ... 107
- 5.2 函数依赖 ... 110
  - 5.2.1 函数依赖的定义 ... 110
  - 5.2.2 多值依赖 ... 113
  - 5.2.3 关系的码 ... 116
- 5.3 范 式 ... 117
  - 5.3.1 范式的概念 ... 117
  - 5.3.2 第一范式（1NF） ... 118
  - 5.3.3 第二范式（2NF） ... 119
  - 5.3.4 第三范式（3NF） ... 121
  - 5.3.5 BC 范式（BCNF） ... 122
    - 5.3.5.1 BCNF 的定义 ... 122
    - 5.3.5.2 分解成 BCNF 模式的算法 ... 123
  - 5.3.6 规范化小结 ... 125
- 5.4 关系模式分解 ... 126
  - 5.4.1 模式分解的三条准则 ... 126
  - 5.4.2 无损连接分解 ... 127
  - 5.4.3 保持函数依赖的分解 ... 128
- 5.5 本章小结 ... 130
- 习题 5 ... 131

第6章 数据库的安全性 ... 132

6.1 数据库安全性概述 ... 132
6.1.1 对数据库安全的威胁 ... 132
6.1.2 数据库安全技术标准 ... 133
6.1.2.1 TCSEC 标准 ... 133
6.1.2.2 ITSEC 标准 ... 134
6.1.2.3 CC 标准 ... 135
6.1.2.4 我国的国家标准 ... 136

6.2 数据库安全性控制 ... 136
6.2.1 用户标识与鉴别 ... 137
6.2.2 存取控制 ... 138
6.2.3 授权与回收 ... 139
6.2.4 数据库角色 ... 140
6.2.5 自主存取控制与强制存取控制 ... 142

6.3 视图机制 ... 143
6.4 审计 ... 144
6.5 数据加密 ... 145
6.5.1 数据加密的原理 ... 146
6.5.2 数据库加密方法 ... 147
6.5.3 数据库的密码系统 ... 148

6.6 统计数据库安全性 ... 150
6.7 本章小结 ... 151
习题6 ... 151

第7章 数据库设计 ... 153

7.1 数据库设计概述 ... 153
7.1.1 数据库设计的任务 ... 153
7.1.2 数据库设计的特点 ... 153
7.1.3 数据库设计的基本步骤 ... 154

7.2 需求分析 ... 157
7.2.1 需求分析的任务 ... 157
7.2.2 收集需求分析的步骤与方法 ... 158
7.2.3 需求分析的方法 ... 159
7.2.4 数据字典 ... 161
7.2.5 需求分析的结果 ... 163

7.3 概念结构设计 ... 164
7.3.1 概念结构设计的方法和步骤 ... 165
7.3.2 局部视图设计 ... 166
7.3.3 全局视图设计 ... 168

7.4 逻辑结构设计 ………………………………………………………………… 170
7.4.1 逻辑结构设计的步骤 …………………………………………………… 170
7.4.2 E-R图向关系模型的转换 ……………………………………………… 171
7.4.2.1 一个实体型转换为一个关系模式 ………………………………… 171
7.4.2.2 实体间的联系根据联系的类型进行转换 ………………………… 171
7.4.3 关系模型的优化 …………………………………………………………… 172
7.4.4 分解 ………………………………………………………………………… 172
7.4.5 设计用户子模式 …………………………………………………………… 173
7.5 物理结构设计 ………………………………………………………………… 174
7.5.1 存取方法的选择 …………………………………………………………… 175
7.5.2 确定数据库的物理结构 …………………………………………………… 176
7.5.3 物理结构的评价 …………………………………………………………… 177
7.6 数据库实施 …………………………………………………………………… 177
7.6.1 数据库实施 ………………………………………………………………… 177
7.6.2 数据库试运行 ……………………………………………………………… 178
7.7 数据库运行和维护 …………………………………………………………… 178
7.8 本章小结 ……………………………………………………………………… 179
习题7 ………………………………………………………………………………… 180

第8章 关系数据库的查询优化与处理 ……………………………………………… 181
8.1 关系数据库系统的查询处理 ………………………………………………… 181
8.1.1 关系数据库查询处理步骤 ………………………………………………… 181
8.1.2 实现查询操作的算法 ……………………………………………………… 182
8.1.2.1 选择操作的实现算法 ………………………………………………… 182
8.1.2.2 连接操作的实现算法 ………………………………………………… 183
8.2 关系数据库系统的查询优化 ………………………………………………… 185
8.2.1 查询优化概述 ……………………………………………………………… 185
8.2.2 代数优化 …………………………………………………………………… 186
8.2.3 物理优化 …………………………………………………………………… 189
8.2.3.1 基于启发式规则的存取路径选择优化 …………………………… 190
8.2.3.2 基于代价的存取路径选择优化 …………………………………… 190
8.3 本章小结 ……………………………………………………………………… 192
习题8 ………………………………………………………………………………… 192

第9章 数据库恢复技术 ……………………………………………………………… 193
9.1 数据库恢复概述 ……………………………………………………………… 193
9.1.1 事务的概念和特性 ………………………………………………………… 193
9.1.2 故障的种类 ………………………………………………………………… 194
9.1.2.1 事务内部的故障 ……………………………………………………… 194
9.1.2.2 系统故障 ……………………………………………………………… 195

9.1.2.3 介质故障 ········· 195
9.1.2.4 计算机病毒 ········· 195
9.2 恢复的实现技术与恢复策略 ········· 196
9.2.1 数据转储 ········· 196
9.2.2 登记日志文件 ········· 197
9.2.2.1 日志文件的格式和内容 ········· 197
9.2.2.2 日志文件的作用 ········· 197
9.2.2.3 登记日志文件 ········· 198
9.2.3 恢复策略 ········· 198
9.3 具有恢复点的恢复技术 ········· 199
9.4 数据库镜像 ········· 201
9.5 本章小结 ········· 201
习题9 ········· 201

第10章 并发控制 ········· 202
10.1 并发控制概述 ········· 202
10.2 封锁 ········· 204
10.2.1 封锁的概念 ········· 204
10.2.2 活锁 ········· 205
10.2.3 死锁 ········· 206
10.3 并发调度的可串行性 ········· 207
10.3.1 可串行化调度 ········· 207
10.3.2 冲突可串行化调度 ········· 208
10.4 两段封锁协议 ········· 209
10.5 封锁的粒度 ········· 210
10.5.1 多粒度封锁 ········· 211
10.5.2 意向锁 ········· 211
10.6 本章小结 ········· 212
习题10 ········· 212

第11章 其他数据库技术概述 ········· 213
11.1 JDBC编程 ········· 213
11.1.1 JDBC API ········· 213
11.1.2 JDBC编程步骤 ········· 216
11.2 面向对象数据模型 ········· 220
11.2.1 UML定义的类图 ········· 223
11.2.2 利用ROSE建模操作 ········· 225
11.3 数据仓库 ········· 226
11.3.1 数据仓库的概念 ········· 226
11.3.2 数据仓库和数据集市 ········· 227

11.3.3　数据仓库系统的体系结构 …………………………………………… 229
　　　11.3.4　联机分析（OLAP）技术概述 ………………………………………… 230
　　　11.3.5　SQL Server 中的数据仓库组件 ……………………………………… 232
　11.4　数据挖掘 ………………………………………………………………………… 233
　　　11.4.1　数据挖掘技术概述 …………………………………………………… 233
　　　11.4.2　数据挖掘的定义 ……………………………………………………… 233
　　　11.4.3　数据挖掘的过程模型和常用技术 …………………………………… 234
　　　11.4.4　目前数据挖掘的主要应用 …………………………………………… 235
　11.5　分布式数据库 …………………………………………………………………… 235
　　　11.5.1　分布式数据库系统概述 ……………………………………………… 235
　　　11.5.2　分布式数据存储 ……………………………………………………… 236
　　　11.5.3　分布式数据的查询处理 ……………………………………………… 237
　　　11.5.4　分布式数据库系统中的事务处理 …………………………………… 237
　　　　　11.5.4.1　分布式数据库系统的并发控制 ………………………………… 238
　　　　　11.5.4.2　分布式数据库系统的恢复控制 ………………………………… 239
　11.6　本章小结 ………………………………………………………………………… 240
　习题 11 …………………………………………………………………………………… 240
参考文献 …………………………………………………………………………………… 242

第 1 章　数据库概述

数据库是数据管理的最新技术，是计算机学科的一个重要分支。21 世纪的今天，在这个信息爆发的时代，信息资源已经成为各行各业各个部门的重要资源和财富。建立一个满足各级部门信息处理要求的信息化系统，成为一个组织或企业生存发展的关键条件。因此，作为信息系统核心和基础的数据库技术得到越来越广泛的使用，从小型的数据库应用到大型的信息系统，从联机事务处理到联机分析处理，从商业领域（如银行、证券行业、销售部门、医院等）到政府部门（如公安部、教育部等）等，越来越多的领域采用数据库技术来存放和处理其相关的信息资源。

随着信息时代的发展，数据库产生了一些新的应用领域，主要包括多媒体数据库、移动数据库、空间数据库、信息检索系统、分布式信息检索和专家决策系统等。

本章介绍数据库技术的基础知识，包括数据库中的四个重要概念、数据库管理技术的发展进程、几种主要的数据模型以及数据库体系结构组成等。读者可以从中了解到使用数据库技术的原因及其重要性。

1.1　数据库系统概述

1.1.1　数据库的四个重要概念

数据、数据库、数据库管理系统和数据库系统是与数据库技术密切相关的四个重要概念，熟练掌握这些基本概念对数据库技术和后续知识的学习极为重要。

1.1.1.1　数据（Data）

信息是人类赖以生存的三大支柱之一，各种各样的信息只有通过数据进行表示才能够进行采集、传输、储存与处理。

信息是人们对现实世界中的事物的状态和特征的描述，它是各种客观事物的存在方式、运动形态和具体特征及其联系等要素，通过人脑抽象后形成的概念和描述。例如学生资料、教职工资料、选课情况等是与学校运营相关的信息。要对现实世界中的各种信息进行采集、传输、储存与处理，必须通过数据这个载体进行描述和表示。

数据作为信息的表达方式和载体，是数据库中存储的基本对象，它是描述事物各种信息的符号记录。其中符号可以是数字，也可以是文本、图形、图像、音视频等。数据有多种表现形式，但是它们都必须经过数字化处理后存放在计算机里面。

1.1.1.2　数据库（DataBase，DB）

数据库，简单地说就是存放数据的仓库，它是长期存放在计算机内有组织（结构）的、可以共享的大量数据集合。数据库中的数据按照一定的结构（数据模型）进行组织、描述和存储，具有较小的冗余度、较高的数据独立性和较强的扩展性，并且能够让各种用户共享数据。

概括地讲，数据库中的数据具有三个基本特点：有组织、可共享和可长期储存。

1.1.1.3 数据库管理系统（DataBase Management System，DBMS）

数据有组织地储存在计算机里的数据库中，但是如何科学有效地组织和存储这些数据，高效地维护和获取这些数据呢？这就需要通过计算机的一个系统软件——数据库管理系统来做这些事情。

数据库管理系统是位于用户和操作系统之间的一个数据管理软件，是建立、使用、管理和维护数据库，并对其中的数据进行统一管理和控制的软件，它在计算机系统中的地位如图1-1所示。通过该软件，可以方便用户对数据进行定义和操纵，确保数据库数据的安全性、完整性和多用户使用数据库数据时的并发性，并在系统发生意外的时候进行数据库的恢复工作等。数据库管理系统是数据库系统的一个重要组成部分，它具有以下几个方面的功能：

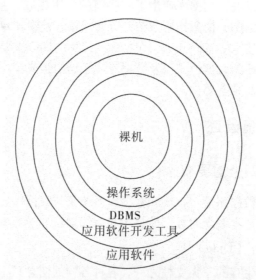

图1-1 数据库管理系统在计算机系统中的地位

1. 数据定义

数据库管理系统提供了数据定义语言（Data Definition Language，DDL），用户通过DDL可以很方便地对所用到的数据库的各种对象进行定义，如对数据库、基本表、视图、触发器等进行定义。

2. 数据操纵

数据库管理系统还提供了数据操纵语言（Data Manipulation Language，DML），用户可以通过DML实现对数据库的基本操纵，如对数据库中的数据进行增、删、改、查等操作。

3. 组织、储存和管理数据

数据库管理系统要对各种数据进行分类组织、管理和储存，其中包括用户数据、用户字典、数据的存取路径等，并且还要确定存放数据库数据的文件结构的种类、数据的存取方式（顺序查找、Hash查找、索引查找等）、数据之间进行联系的方式，进而提高数据的存取效率和存储空间的利用率。

4. 数据库的建立和维护

数据库的建立和维护主要包括数据库初始数据的输入、转换，数据的转储与恢复，数据库的重组、性能监视和性能分析等功能。通常是使用一些相关的应用程序和管理工具来实现这些功能。

5. 事务管理和运行管理

数据库事务管理和运行管理是数据库管理系统的核心。数据库管理系统利用数据控制语言（Data Control Language，DCL）、事务管理语言（Transact Management Language，TML）和系统运行控制程序对数据库的建立和维护进行统一的管理和控制，以保证数据的完整性、安全性、多用户共享数据的并发性和系统发生故障时的系统恢复。

6. 其他功能

主要包括数据库管理系统与其他软件系统之间的数据通信功能、不同的数据库管理系统之间的数据转换功能以及异构数据库之间的互操作和互访功能。

1.1.1.4 数据库系统（DataBase System，DBS）

数据库系统就是指引入了数据库后的计算机系统，一般由数据库、数据库管理系统（及其开发工具）、应用系统和数据库管理员构成。其系统组成如图1-2所示。

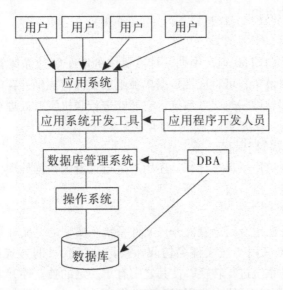

图1-2 数据库系统的组成

1.1.2 数据管理技术的发展

数据库技术是随着数据管理的需要而产生的。

计算机和网络技术的发展，极大地促进了数据库技术的快速发展和广泛应用。在数据管理的应用需求的推动和计算机软硬件发展的基础上，数据管理技术的发展主要经历了人工管理、文件系统管理、数据库系统管理三个发展阶段。

1.1.2.1 人工管理阶段

20世纪50年代中期,计算机主要用于科学计算。那个时期的计算机在硬件方面,外存主要采用的是卡带、卡片和磁带等,没有直接存期的存储设备;而在软件方面,尚未有操作系统,也没有专门的软件进行数据管理。人工管理阶段的特点如下:

1. 不保存数据

鉴于当时计算机的软硬件技术,数据随应用程序输入计算机,处理后就撤走,无法长期保存,程序运行结束后数据和程序一起被释放。

2. 数据面向应用,无数据文件处理软件

数据需要有应用程序自己进行设计、定义和管理,没有专门的软件来负责进行数据的管理工作。应用程序不仅仅要定义数据的逻辑结构,还要定义数据的存储结构、存取方法和输入方式等物理结构,因此应用程序的开发人员负担较重。

3. 数据不共享

数据是面向应用的,一组数据对应一个程序。如果多个程序使用相同的数据,必须重复定义和输入相同的数据,程序之间是不进行数据共享的,这就造成了很大的数据冗余,从而会很容易导致数据不一致。

4. 数据不具有独立性

当应用程序改变的时候,数据的逻辑结构和物理结构也要相应地进行变化,更是加重了应用程序开发人员的负担。

1.1.2.2 文件系统管理阶段

从20世纪50年代后期到60年代中期,计算机中的电子管被晶体管所取代,出现了磁鼓、磁盘等直接存取设备,可将成批数据单独组成文件存放到外存中;操作系统中也有了专门的数据库管理软件——文件系统,它能够进行联机实时处理事务。文件系统管理阶段的特点如下:

1. 数据以文件的形式长期保存

这个时期的计算机不仅用于科学计算,还用于进行大量的数据处理,数据需要长期保存,以便进行反复的增、删、改、查等处理操作。

2. 具备简单的数据管理功能

这种数据管理功能是通过专门的软件——文件系统来实现的。文件系统把数据组织成相互独立的数据文件,采用"按文件名访问,按记录存取"的方式进行数据管理。程序和数据之间通过文件系统进行转换,使其之间有了一定的独立性,大大减少了应用程序开发人员的工作量。在该阶段中应用程序和数据文件的对应关系如图1-3所示。

但是文件系统管理阶段仍旧存在以下不足:

(1) 数据共享性差,冗余大,易造成数据不一致。文件系统中的数据文件和应用程序是一一对应的关系,文件仍然是面向应用程序的。不同的应用程序都必须创建属于自己的数据文件,应用程序之间不共享数据,即使在程序之间存在相同的数据,也必须重复保存数据,这就造成了很大的数据冗余,从而容易造成数据不一致。

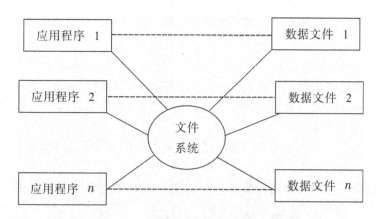

图1-3　应用程序和数据文件之间的对应关系

（2）数据联系弱。各个数据文件之间相互独立，缺乏联系，不易于进行数据管理。

1.1.2.3　数据库系统管理阶段

从20世纪60年代中后期开始，计算机的软硬件技术快速发展：硬件方面，CPU向超大规模集成电路发展，为存储和处理大量数据提供了即时支持；软件方面，操作系统得到进一步发展，并且涌现出众多的数据库管理软件，使得数据管理技术得到不断的发展和完善。

数据库系统管理阶段利用数据库管理系统进行数据管理，与文件系统相比具有显著的优势。它建立了数据之间的有机联系，实现了数据共享和数据独立性，大大降低了数据冗余度。下面将详细介绍数据库系统的特点。

1.1.3　数据库系统的特点

和数据管理技术前两个阶段相比，数据库系统具有四个方面的特点。

1.1.3.1　具备较强的数据集成性

数据库系统中采用了统一的数据结构，实现了整体数据的结构化。一方面，数据库中的数据不再仅仅面向单一的应用，而是面向所有的应用程序；另一方面，数据不仅在内部结构化，整体也是结构化的，数据之间具备了联系。这两个方面实现了数据集成。

1.1.3.2　数据高共享、低冗余、易扩充

数据库系统从整体看待和描述数据，数据面向整个系统，而不是某一个应用程序，数据可以被多个用户、多个应用程序共享使用。

数据共享大大降低了数据冗余度，节约了存储空间，还能够避免因为数据冗余所导致的数据不相容与不一致。

由于数据是面向整个系统，具有结构化，数据不仅仅能够供多个用户共享使用，还能够供多个程序使用，我们能在系统中很方便地添加新的应用程序，增加了数据库系统的弹性，使其易于扩充。

1.1.3.3　数据独立性高

数据独立性是指用户的应用程序与数据库中的数据是相互独立的，即当数据的结构

发生变化时，不影响应用程序对数据的使用。数据独立性有两个方面：物理独立性和逻辑独立性。

数据的物理独立性是指用户的应用程序与存放在磁盘上的数据库数据之间是相互独立的。数据库管理系统管理数据在磁盘上的存储方式，用户程序不需要了解所使用的数据库数据的存储方式，只需要处理数据的逻辑结构就可以了，当数据的物理结构改变时，应用程序是不需要随之变化的。

数据的逻辑独立性是指用户的应用程序和数据的逻辑结构是相互独立的，数据的逻辑结构改变了，用户的应用程序也不需要改变。

数据的这两种独立性是通过数据库系统的两级映像来实现的，后面将会详细介绍。

1.1.3.4　数据库管理系统对数据进行统一管理和控制

数据库管理系统对所有数据进行统一的管理和控制，保证数据库数据的完整性和安全性。数据库系统对访问数据库的用户身份及其操作进行合法性检查，实现了数据的安全性控制；自动检测数据的相容性和一致性，保证数据满足完整性约束条件，实现数据的完整性控制；通过事务并发手段控制多用户多程序对数据的操作，实现数据共享和并发操作；当数据库遭到破坏时，能够通过恢复功能使其恢复到故障前的正确状态。

1.2　数据模型

1.2.1　数据模型的概念

模型是对现实世界中某个对象特征的模拟和抽象。人们用各种模型来描述现实世界中的事务，比如船模、建筑沙盘、地图等，它们都抽象了它所对应的事务的基本特征。

而数据模型则是对现实世界中数据特征的抽象，即数据模型是用来描述数据、组织数据和对数据进行操作处理的一种抽象模型。数据模型是数据库系统的核心和基础，现有的数据库管理系统都是基于某种数据模型来进行操作的。

要对现实世界进行真实的模拟，数据模型必须满足三个方面的要求：比较真实地模拟现实世界、容易被人理解、易于在计算机上实现。但是仅仅使用一个数据模型是很难满足这三个方面的要求的，因此，在针对不同的使用对象和使用目的时，将采用不同的数据模型。

根据模型不同的应用目的，可将这些模型分为两类，这两类模型分属于两个不同层次。第一类是用用户观点对现实世界进行抽象的概念模型，第二类是用机器观点对数据进行抽象的逻辑模型和物理模型。

1. 概念模型

概念模型，也称为信息模型，位于现实世界与信息世界之间。它从用户的角度来对数据和信息进行建模，是现实世界的第一层抽象，主要用于数据库设计，是用户和数据库设计人员进行交流的工具。这类模型中最常用的是"实体联系模型"，后面将主要针对实体联系模型进行概念模型的介绍。

2. 逻辑模型和物理模型

这两种模型，都是面向计算机系统进行建模的。

(1) 逻辑模型。逻辑模型主要包括网状模型（Network Model）、层次模型（Hierarchical Model）、关系模型（Relational Model）、面向对象模型（Object Oriented Model）和对象关系模型（Object Relational Model）等，主要用于数据库管理系统的实现。

数据的逻辑模型一般情况下简称为数据模型，后面如果不加特殊说明，那么数据模型指的就是逻辑数据模型。

数据模型通常由数据结构、数据操作和完整性约束三个基本部分组成，这三个基本部分称为数据模型的三个要素。

(2) 物理模型。物理模型是对数据最底层的抽象，主要是描述数据在计算机系统内部是如何表示和存取的，即描述数据在计算机的磁盘或磁带上的存储方式和存取方法。它的具体实现是由数据库管理系统来完成的，普通用户不需要考虑数据的物理模型，而数据库设计人员只需要了解和选择某种物理模型即可。

计算机是不能够直接处理现实世界中的具体事物的，必须进行数字化，通过数据模型这个工具，将现实中的事物进行抽象、表示和处理。数据的抽象有三个阶段，即现实世界阶段、信息世界阶段和机器世界阶段，三个阶段之间的联系如图1-4所示。

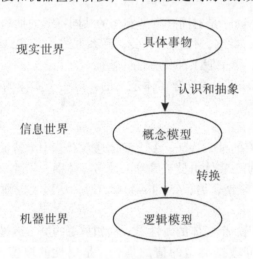

图1-4 数据的抽象过程

1) 现实世界。现实世界中客观存在的事物及其之间的联系。

2) 信息世界。信息世界是对现实世界中的具体事物进行认识和抽象，从用户的角度对数据和信息进行建模。

3) 机器世界。机器世界是基于计算机系统的数据模型，是从计算机系统的角度对数据进行建模。

把现实世界中的具体事物认识和抽象为某种具体的概念模型是由数据库设计人员完成的，从概念模型到逻辑模型的转换既可以由数据库设计人员完成，也可以用数据库设计工具来协助数据库设计人员完成，而从逻辑模型到物理模型的转换一般是由所选择的数据库管理系统完成。

1.2.2 概念模型

概念模型，是现实世界到信息世界的第一层抽象，是数据库设计人员进行数据库设计的有力工具，也是用户和数据库设计人员进行交流的语言，因此概念模型应该简单、清晰、易于用户理解。

1.2.2.1 概念模型的基本概念

概念模型涉及的基本概念主要有实体、实体集、实体型、实体值、属性、码、域、联系等。

1. 实体、实体集、实体型、实体值

实体（Entity）是现实世界中客观存在、可以相互区别的事物。实体可以是具体的人或者事物，也可以是抽象的概念，比如企业里面的一个职工、一个部门、部门的一次会议等都是实体。

实体集（Entity Set）是同一类型实体的集合。例如，企业的全体职工就是一个实体集。

实体型（Entity Type）是对同一类型实体的共同特征的抽象描述。例如，职工的共有特征为（员工编号，姓名，性别，年龄，联系方式，职称，级别）等，这些特征共同定义了一个实体型，每个职工都具有这些特征。

实体值（Entity Value）是符合实体定义的，对一个实体的具体描述，它刻画了一个客观存在的实体个体。

2. 属性、码、域

属性是实体所具有的某一特征。一个实体通常有若干个特征，就需要若干个属性来刻画这个实体。例如职工实体由员工编号、姓名、性别、年龄、联系方式、职称、级别等属性组成。（1001，李斯，男，45，13443432121，中级工程师，11）就描述了一个职工李斯。

码是唯一能够标识一个实体的属性集。例如员工的员工编号。

域是一组具有相同数据类型的值的集合，是属性的取值范围。例如性别的域为（男，女），年龄的域为非负整数。

3. 联系、联系集、联系的分类

联系是实体之间或者实体内部的相互关联。实体间的联系指的是不同实体之间的联系，实体内部的联系指的是实体的属性间的联系。例如，学生选课系统中，学生实体与课程实体之间的选课关系就是一种联系。

联系集是指同一类联系的集合。如学生选课系统中的所有的选课记录都是响应的联系集。

一般情况下，如果联系涉及 n 个实体，就称为 n 元联系。比如选课这个联系涉及学生和课程这两个实体，选课联系就是一个二元联系。

联系的分类是指联系的具体类别，按照一个实体型中的实体个数与另一个实体型中的实体个数的对应关系，可分有三种，即一对一联系、一对多联系、多对多联系。后面将会根据所涉及的实体个数进行详细介绍。

1.2.2.2 实体型之间的联系

1. 两个实体型之间的联系

（1）一对一联系（1:1）。对于实体型 A 和实体型 B，如果 A 中的任一个实体都至多与 B 中的一个实体相联系，而 B 中的任一实体也至多与 A 中的一个实体相互联系，那么实体型 A 和实体型 B 之间的联系就是一对一联系，简单记为 1:1。

例 1：如果一位教师至多能教授一门课程，一门课程至多由一位教师讲授，那么教师和课程之间就是一对一的联系。

（2）一对多联系（1:n）。对于实体型 A 和实体型 B，如果 A 中的任一实体在 B 中都有 n 个实体（$n≥0$）与之相互联系，而 B 中的任一实体在 A 中至多有一个实体与之相联系，那么实体型 A 和实体型 B 之间就是一对多联系，简单记为 1:n。

例 2：如果一位教师至多能够讲授一门课程，一门课程可以由多位教师讲授，那么教师和课程之间就是一对多联系。

（3）多对多联系（$m:n$）。对于实体型 A 和实体型 B，如果 A 中的任一实体在 B 中都有 n 个实体（$n≥0$）与之相联系，而 B 中的任一实体在 A 中也都有 n 个实体（$n≥0$）与之相联系，那么实体型 A 和实体型 B 之间就是多对多联系，简单记为 $m:n$。

例 3：如果一位教师可以讲授多门课程，一门课程可由多位教师讲授，那么教师和课程之间就是多对多联系。

通过分析可知，一对一联系是一对多联系的特例，而一对多联系又是多对多联系的特例。这三种联系的图形表示将在概念模型的表示方法部分介绍。

2. 两个以上的实体型之间的联系（以三个实体型之间的联系为例）

通常两个以上的实体型之间也存在一对一、一对多、多对多联系，其定义与两个实体间的一对一、一对多、多对多联系类似，此处只给出具体实例，不再进行定义的说明。

例 4：对于教师、课程、参考书 3 个实体型，如果一门课程可以由一位教师讲授，使用一本参考书，而一本参考书只能供一门课程使用，一位教师只能讲授一门课程，在这里参考书和教师之间没有直接联系，那么课程与教师、参考书之间就是一对一的联系。

例 5：对于教师、课程、参考书 3 个实体型，如果一门课程可以由若干位教师讲授，使用若干本参考书，而一本参考书只能供一门课程使用，一位教师只能讲授一门课程，在这里参考书和教师之间没有直接联系，那么课程与教师、参考书之间就是一对多的联系。

例 6：对于教师、课程、参考书 3 个实体型，如果一门课程可以由若干位教师讲授，使用若干本参考书，而一本参考书可供多门课程使用，一位教师可讲授多门课程，在这里参考书和教师之间没有直接联系，那么课程与教师、参考书之间就是多对多的联系。

综上所述，实体之间的联系类型必须根据给出的语义来确定实体型之间的联系。注意，三个实体型之间多对多联系与三个实体型两两之间的多对多联系语义是不同的，两者之间的图形表示见后面的各类联系的 E-R 图表示。

3. 单个实体型内部的联系

单个实体型的实体集之间的实体也可以存在一对一、一对多和多对多的联系。例如职工实体型内部具有领导与被领导的联系，即某一职工（领导干部）领导多名职工，而一名职工只能被另一职工直接领导，这就是一个单个实体之间的一对多联系。

1.2.2.3 概念模型的表示方法

概念模型的表示方法最常用的是美籍华人陈平山在1976年提出的实体—联系方法（Entity - Relationship Approach），该方法用E-R图（Entity - Relationship Diagram）来描述现实世界事物的属性及其之间的联系，是数据库设计人员与用户进行数据建模沟通时的有力工具。由E-R图描述的概念模型也称作E-R模型（Entity - Relationship Model）。

1. E-R模型的基本构件

E-R模型用几何图形来表示实体的属性及其联系，所使用的图形构件有四种：矩形、椭圆、菱形、连接线。其中矩形表示实体，矩形内为实体名；椭圆表示实体的属性，椭圆内为实体或联系的属性名；菱形表示实体之间的联系，菱形内为联系名；矩形和椭圆之间的连接线表示属性和实体之间的所属关系，菱形和矩形之间的连接线表示实体与联系之间的相连关系，并且要在连接线上指明联系的类型。

2. 各类联系的E-R图表示

（1）两个实体型之间的联系有三种，即一对一、一对多和多对多，其图形表示如图1-5所示（省略了实体的属性）。

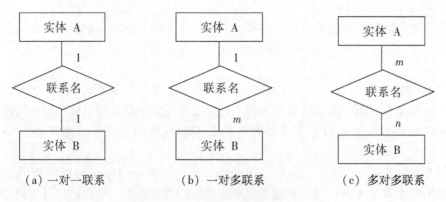

图1-5 两个实体之间的三类联系

请读者自行画出例1、例2、例3的实体之间联系的图形表示。

（2）三个实体间的多对多联系和三个实体间两两之间的多对多联系分别如图1-6和图1-7所示。

请读者自行画出例4、例5、例6的实体之间的联系的E-R图。

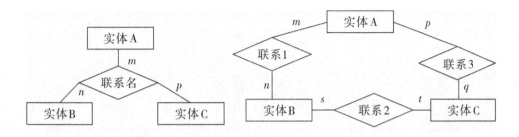

图1-6 三个实体之间的多对多联系　　图1-7 三个实体两两之间的多对多联系

（3）单个实体间的联系。单个实体型的实体集之间是可以存在联系的，如上面所提到的企业职工这个实体型，该实体内部的一对多联系如图1-8所示。

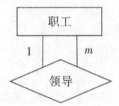

图1-8 单个实体之间的一对多联系

1.2.2.4 概念模型实例

下面用E-R图来表示某商业集团的销售管理系统。

销售管理系统涉及的实体及其属性如下：
- 商店　属性有商店编号、商店名、地址、联系电话
- 商品　属性有商品号、商品名、规格、单价
- 职工　属性有职工编号、姓名、性别、业绩

这些实体之间的联系如下：

（1）商店与商品之间存在"销售"联系，每个商店可以销售多种商品，每种商品可以在多个商店销售，因此商店与商品之间是多对多的联系，并且每个商店销售商品有月销售量这个属性。

（2）商店与职工之间存在"聘用"联系，每个商店有许多职工，但每个职工只能在一个商店工作，商店聘用职工有聘期和月薪两个属性，因此商店与职工之间是一对多的联系。

（3）职工之间具有"领导—被领导"的联系，即商店的店长领导若干个职工，因此职工实体型内部存在一对多的联系。

该商业集团的销售管理系统的E-R图如图1-9所示。

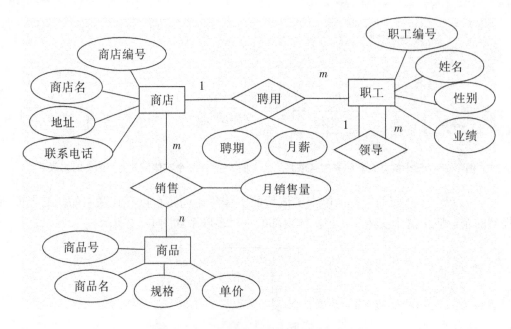

图 1-9 完整的销售管理系统 E-R 图

注意：当系统中所含的实体及其属性的个数太多时，可以单独的将实体及其属性图画出，然后再画出实体及实体之间的联系简图。如图 1-10（a）、（b）所示。

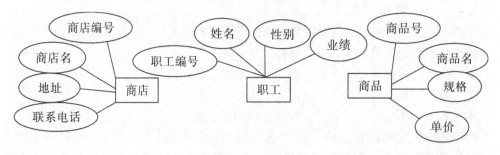

（a）实体及其属性

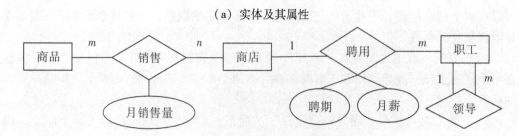

（b）简化版系统 E-R 图

图 1-10 系统 E-R 图的另一种画法

概念模型独立于具体的数据库管理系统，它是各种逻辑数据模型的共同基础，因此更接近现实世界。

1.2.3 层次模型

数据库的逻辑数据模型中最早出现的是 20 世纪 60 年代产生的层次模型，使用层次模型的数据库系统称为层次数据库系统。IBM 公司的 IMS（Information Management System）数据库管理系统是层次数据库系统的典型代表，它作为 IBM 公司第一个大型的商用数据库系统，曾经得到了广泛使用。

1. 层次模型的结构

层次模型采用树形结构来表示各类实体及实体间的联系。在数据库中，能够满足以下两个条件的层次联系的集合为层次模型：

（1）有且只有一个根节点，其他节点均为子节点；

（2）除了根节点之外，其他节点只能有一个父节点，但可以有 0 个、1 个或多个子节点（若有 0 个子节点，则该节点为叶节点）。

树的每一个节点对应一个记录型，用来描述概念模型中的实体型；每个记录型包含若干个字段，用来描述实体的属性。

树的节点之间的连接线用于表示记录型（实体型）之间的联系，每一对节点之间的父子联系隐含着记录型之间的一对多联系，这就意味着层次模型只能够表示实体记录型之间的一对多联系，而无法直接表示实体间的多对多联系。因为一对一联系是一对多联系的特例，因此层次模型也能够表示实体记录型之间的一对一联系。

图 1-11 中描述了一个高校的组织结构层次模型。其中，根节点为学校，根节点有三个子节点，表示学校有三个系，这是学校和系之间的一对多联系。

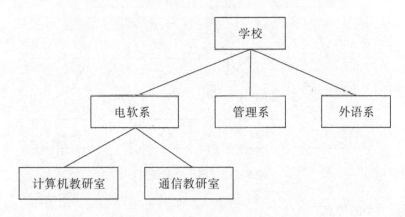

图 1-11 某高校组织结构层次模型

2. 层次模型的特点

（1）节点的父节点是唯一的。

（2）只能够直接处理实体之间的一对一和一对多联系，实体间的多对多联系需要分解为多个一对多联系。

（3）在对数据进行访问时，必须给出记录的完整路径。因为只有按照它的路径查看时，我们才能够了解到该记录的全部含义。例如上面提到的某高校的组织结构的层次模型中的通信教研室，从根节点进行访问时才可以知道该教研室是某个学校电软系的教研室。

1.2.4 网状模型

由于层次模型不能够直接表示实体记录型之间的多对多联系，为了克服这个问题，就产生了网状模型。使用网状模型的数据库系统称为网状数据库系统，典型代表为数据库系统语言协会（Conference on Data System Language，CODASYL）在20世纪70年代提出的DBTG系统，也称为CODASYL系统，除此之外，还有Honeywell公司的IDS/2、HP公司的IMAGE等。

1. 网状模型的结构

在数据库中，能够满足以下两个条件的层次联系的集合为网状模型：

（1）允许多个节点没有双亲，即可以有多个根节点。

（2）一个节点可以有多个双亲。对比层次模型的两个条件，可以知道，网状模型去掉了层次模型的两个限制，允许有多个节点、没有父节点，允许节点有多个父节点，因此可以把层次模型看作是网状模型的一个特例。

在网状模型中，与层次模型一样，一个节点表示一个实体记录类型，每个节点所包含的若干个字段为实体的属性，节点间的连线表示实体记录型之间的联系。

图1-12为几个仓库与其所存放商品之间的网状模型。

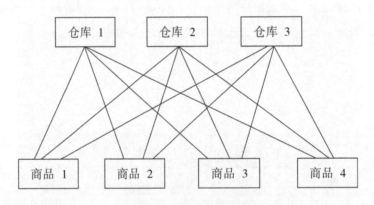

图1-12 网状模型示例

2. 网状模型的特点

（1）与层次模型相比，网状模型能够更为直接地表示现实世界，如一个节点可以有多个双亲，节点之间可以有多种联系等；

（2）存取效率高；

（3）结构复杂不利于最终用户掌握；

（4）其DDL、DML复杂，用户不易使用。

层次模型与网状模型都是非关系型的数据模型，它们在本质上是相同的，网状模型包含层次模型，层次模型是网状模型的特例。

1.2.5 关系模型

关系模型是目前最常用的一种数据模型,它所对应的关系型数据库管理系统(RDBMS)也是目前最常用的数据库管理系统(DBMS),20世纪80年代之后的数据库系统产品几乎都支持关系模型,因此本书的重点也放在关系型数据库上。

关系模型与前面两种数据模型不同,它是建立在严格的数学概念上的。本小节仅对关系模型做简单介绍,详细内容将在下一章介绍。

1. 关系模型的数据结构

概念模型中的实体及其之间的联系,在关系模型中是采用一个个的二维表来表示的。首先以职工信息表(见表1-1)为例来介绍关系模型中的关键术语,并给出关系术语与一般表格术语的对照,见表1-2。

表1-1 职工信息表

职工编号	姓名	性别	年龄(岁)	级别
1001	杨业	男	45	正处级
1002	王丽	女	35	副处级
1003	万科	男	37	副处级
1004	李金羽	男	29	科员级
1005	胡金华	女	27	科员级
1006	李文	女	34	正科级

关系:一个关系就是一个二维表,如表1-1的职工信息表。
关系的型:表头就是关系的型,表头的每个列表示实体的一个属性。
关系的值:除表头之外行的数据为关系的值。
元组:表中的一行记录就是一个元组。
属性:表中的一列就是一个属性。
分量:元组的一个属性值就是一个分量。
码:唯一能够确定关系中一个元组的属性或属性组。
域:属性的取值范围。

表1-2 关系术语与一般表格术语对照

关系术语	一般表格的术语
关系	二维表
关系名	表名
关系模式	表头
元组	记录或行

续上表

关系术语	一般表格的术语
属性	列
属性名	列名
属性值	列值
分量	一条记录中的某个列值
非规范化关系	表中有表

2. 关系模型的特点

（1）理论基础坚实。关系模型在一开始就注重理论研究，建立在严格的数学概念基础上。

（2）概念统一，结构简单。在关系模型中，概念模型中的实体、实体间的联系和对数据的更新查询结果都用关系来表示，结构简单清晰，用户易懂。

（3）数据独立性高。关系模型中对数据的操作不涉及数据的具体物理存储位置，只需要给出数据所在的逻辑表就可以了，数据独立性高。

（4）数据完整性好。关系模型在数据完整性方面提供了三种完整性约束：实体完整性约束、用户自定义完整性约束和参照完整性约束。

1.3 数据库系统结构

对数据库系统的结构，我们可以从不同角度、不同的层次作不同的划分。

数据库系统外部结构有单用户结构、主从式结构、分布式结构、客户/服务器结构、浏览器/应用服务器结构等，这是从其最终用户的角度来看的。

数据库系统内部的结构通常采用三级模式的总体结构，形成两级映像，从而实现数据的独立性，这是从数据库管理系统的角度来看的。

本节主要介绍数据库的内部结构。

1.3.1 数据库系统模式的概念

"型"和"值"是数据模型中的最基本的概念。型是对某一类数据的结构和属性的描述说明，而值则是型的一个具体赋值。如职工定义为（职工编号，姓名，性别，年龄，职务）这样的记录型，而（1001，张思，男，45，区域总监）则是该记录型的一个记录值。

数据库的模式作为数据库中全体数据的描述，只涉及型的描述，不涉及型的具体赋值。在给定时刻，某个数据模式下的一组具体值称为该模式的一个实例（Instance），因此一个模式对应多个实例。模式是稳定的，反映的是数据的结构及其之间的联系；而实例是随时间不断变化和更新的，它反映了数据库某个时刻的状态。

目前，数据库管理系统有很多种，它们建立在不同的操作系统上，能够支持不同的数据模型和存储结构，使用的数据库的语言也各不相同，但是它们在体系结构上都采用了三级模式结构，通过所提供的两级映像，来保证数据库的高数据独立性。

1.3.2 数据库系统的三级模式和两级映像

数据库系统的三级模式和两级映像指的是数据库系统由外模式、模式和内模式三级构成，且在这三级模式之间提供了外模式/模式映像、模式/内模式映像。其中三种模式是对数据库系统三个层次的抽象，数据库系统的三级模式和两级映像如图 1-13 所示。

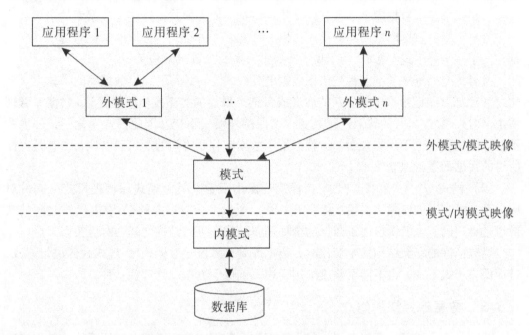

图 1-13 数据库系统的三级模式和两级映像

1. 内模式（Internal Schema）

内模式也叫作存储模式（Storage Schema），是与数据在计算机中的存储方式相关的一层，是数据库在计算机内部的表示方式，详细描述了数据的物理结构和存储方式，例如数据是否压缩存储、是否加密以及记录是按何种方式进行排序存储的。一个数据库有且仅有一个内模式。

2. 模式（Schema）

模式也称为逻辑模式（Logical Schema）或者概念模式（Conceptual Schema），是数据库中所有数据的逻辑结构和特征的描述。模式实际上就是数据库数据在逻辑上的一个视图。视图可理解为一组记录的值，是可以为用户或者程序员所能见到和使用的数据库中的具体内容。一个数据库只有一个模式，用来描述数据库中存储的具体数据及其之间所存在的联系。

3. 外模式（External Schema）

外模式也称为用户模式（User Schema）或者子模式（Subschema），是数据库用户的数据库视图，是数据库用户能够看见和使用的局部数据逻辑结构和特征的描述。外模式是模式的子集，一个数据库可以被多个应用程序使用，相应的也就有多个外模式。一个外模式就是对其中某一类应用相关的数据的逻辑表示。

4. 两级映像与数据独立性

数据库系统的三级模式是对数据在三个层次上的抽象,为了能够在计算机系统内部实现这三个层次上的转换和联系,数据库管理系统在三级模式之间提供了两级映像功能,用来保证数据库系统具有较高的数据独立性。

(1) 外模式/模式映像。外模式/模式映像用于定义概念模式和外模式之间的对应关系。模式描述了数据库全体数据的结构和特征,而外模式描述的是数据库的局部数据的结构和特征。数据库中的同一模式可以有任意多个外模式,数据库系统对每个外模式都定义了一个外模式/模式,用于说明外模式和模式之间的对应关系。

所有的应用程序基本上都是依据数据的外模式进行编写的,当数据库的模式发生变化时(比如某些记录型增长了新的属性或者某个属性的类型发生改变等),数据库管理系统会对外模式/模式的映像进行改变,以保持外模式不变。因此模式变化了,外模式不变,应用程序也不需要改变,这就保证了数据和程序之间的逻辑独立性,也就是前面所讲的数据的逻辑独立性。

(2) 模式/内模式映像。模式/内模式映像用于定义概念模式和物理模式之间的对应关系。数据库的模式和内模式都只有一个,所以一个数据库的模式/内模式之间的映像也是唯一的。该映像描述了数据的全局逻辑结构和存储结构之间的对应关系。

当数据库的存储结构发生变化时,数据库管理系统会对模式/内模式映像进行修改,进而保持模式不变,也不需要修改应用程序,确保了数据的物理独立性。

1.3.3 数据库系统的组成

前面已经介绍了数据库系统一般由数据库、数据库管理系统、应用系统、数据库管理员和用户组成。

整个数据库系统从大的方面上讲有三个部分:硬件平台、软件平台和相关人员。下面将针对这三个部分进行介绍。

1.3.3.1 硬件平台

数据库是存放在计算机的磁盘中的,通常情况下数据库的数据量都比较大,而且数据库管理系统自身规模也较大,所以必须有足够大的磁盘等设备用来存放数据库及其备份文件,有足够大的内存空间来存放操作系统、数据库管理系统、应用程序和缓冲数据。

1.3.3.2 软件平台

数据库系统中涉及的软件有建立、使用和维护配置数据库的数据库管理系统(DBMS)、支持DBMS的操作系统、用于应用程序开发的高级语言及其编译系统和以DBMS为核心的应用开发工具。

1.3.3.3 相关人员

数据库系统涉及的人员有用户、数据库管理员、系统分析员和数据库设计人员。

1. 用户

用户指的是使用数据库、对数据库的数据进行存储和检索操作的人员。数据库系统中的用户有两类：一类是在终端按照权限使用数据库的各类人员；一类是负责设计和编制终端应用程序的应用程序开发人员。

2. 数据库管理员

数据库管理员（DataBase Administrator，DBA）负责全面管理和控制数据库系统。数据库管理员的主要职责有：

（1）参与数据库设计的全过程，决定数据库的结构和内容，以及存储结构和存取策略；

（2）定义数据库的完整性和安全性，负责用户权限分配和口令管理；

（3）监督控制数据库的运行，改进和重构数据库系统。在数据库遭到意外破坏时，进行数据库恢复；当数据库的结构需要改变时，进行数据库重构。

3. 系统分析员

系统分析员负责应用程序的需求分析，与用户及 DBA 沟通交流，确定系统的功能和软硬件配置，并参与数据库的概要设计工作。

4. 数据库设计人员

数据库设计人员负责数据库中数据的确定和各级模式的设计。数据库设计人员要参与数据库设计的全过程，通过需求调研和系统分析，对数据库进行设计。一般情况下，由数据库管理员来担任数据库设计人员。

1.3.4 数据库管理系统（DBMS）的组成

数据库管理系统是数据库系统的核心和关键组成部分，用于统一管理和控制数据库系统的各种操作，包括数据定义、数据操纵和各种管理与控制，它是一个比较复杂的系统软件，由许多模块构成。数据库管理系统的组成如图 1-14 所示。

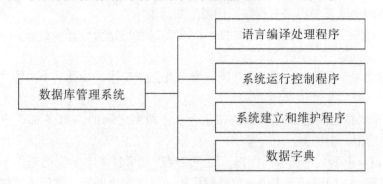

图 1-14 数据库管理系统的组成

语言编译处理程序主要包括数据定义语言、数据库操作语言、数据库控制语言、事务管理语言及其编译程序。

系统运行控制程序主要包括系统总控程序、安全性控制程序、完整性控制程序、并发控制程序、数据存取和更新程序及数据通信程序。

系统建立和维护程序主要包括装配程序、重组程序和系统恢复程序。

数据字典主要包括用户的信息、系统状态信息和数据库的统计信息等。

1.4 本章小结

本章概述了数据库的基本概念，并根据数据管理技术的发展进程，阐述了数据库技术产生和发展的背景，也说明了数据库系统的特点。

数据模型是数据库的核心和基础。本章介绍了两类数据模型：概念模型和数据逻辑模型。

概念模型，用于信息世界的建模，E-R模型是概念模型中的典型代表，简单、清晰、易于理解，得到广泛使用。

数据逻辑模型，简称数据模型，它的发展经历了非关系化模型（包括层次模型和网状模型）、关系模型、面向对象模型、对象关系模型等阶段。

数据库系统的三级模式和两级映像保证了数据的逻辑独立性和物理独立性。一个数据库系统只有一个内模式和模式，但有多个外模式。

习题 1

1. 试述数据、数据库、数据库管理系统和数据库系统的概念，并说明它们之间的关系。
2. 数据库技术经历了哪几个发展阶段？
3. 数据库管理系统的主要功能有哪些？
4. 试述数据库系统的特点。
5. 什么是数据模型？数据模型的三要素是什么？
6. 概念模型的作用有哪些？
7. 实体间的联系的类型有哪些？用图形如何表示？
8. 试给出三个实际情况的E-R图，要求实体之间分别具有一对一、一对多和多对多联系。
9. 试给出一个实际情况的E-R图，要求有三个实体，并且三个实体之间是多对多的联系。
10. 三个实体之间的多对多联系和三个实体两两之间的多对多联系一样吗？为什么？请分别给出一个实例。
11. 假设一个学生可选多门课程，而一门课程又可被多个学生选修，一个教师能够讲授多门课程，一门课程至多由一位教师讲授，学生选修课程，课程考试结束后会有成绩，试画出E-R图。

学生：学号、姓名、性别、年龄、专业、联系电话

教师：教工编号、姓名、性别、年龄、职称

课程：课程号、课程名、学分

12. 医院住院部有若干科室，每个科室有若干医生和病房，病人住在病房中由某个

医生负责治疗。每个医生只能属于一个科室，每个病房也只能属于一个科室。一个病房可以住多个病人，一个病人由固定医生负责治疗，一个医生负责多个病人。试画出科室、医生、病人、病房及其联系的 E-R 图。

科室：科号、科名

医生：医生编号、姓名、性别、职称

病人：病历号、姓名、性别

病房：病房号、床位数

13. 常用的数据模型有哪几种？

14. 试述数据库系统的组成。

15. 试述数据库系统的三级模型和两级映像。

16. 什么是数据的逻辑独立性？什么是数据的物理独立性？数据库管理系统是如何保证这两种独立性的？

第 2 章　关系数据库

关系数据库是目前各类数据库中最重要、最流行的数据库，它应用数学方法来处理数据库数据。关系数据系统是支持关系模型的数据库系统。关系模型由关系数据结构、关系操作集合和关系完整性约束三部分组成。关系模型的数据结构非常单一，现实世界的实体以及实体间的各种联系均用关系来表示，关系操作采用集合操作方式，并提供了丰富的完整性控制机制。

1970 年，美国 IBM 公司 San Jose 研究室的研究员埃德加·弗兰克·科德（Edgar Frank Codd）博士在刊物 *Communication of the ACM* 上发表了题为 *A Relational Model of Data for Large Shared Data banks*（《大型共享数据库的关系模型》）的论文，文中首次提出了数据库关系模型的概念，奠定了关系模型的理论基础，科德被喻为"关系数据库之父"。

1973 年 IBM 研究中心启动关系数据库实验系统 System R 项目，并于 20 世纪 70 年代末在 IBM 370 系列机上获得成功。

1977 年，美国加州大学柏克利分校开始研制 INGRES 关系数据库实验系统，于 1985 年获得成功。

科德后来又陆续发表多篇文章，论述了范式理论和衡量关系系统的 12 条标准，用数学理论奠定了关系数据库的基础。IBM 的雷·博伊斯（Ray Boyce）和唐·钱伯林（Don Chamberlin）将科德关系数据库的 12 条准则的数学定义以简单的关键字语法表现出来，里程碑式地提出了 SQL。由于关系模型简单明了、具有坚实的数学理论基础，所以一经推出就受到了学术界和产业界的高度重视和广泛响应，并很快成为数据库市场的主流。

几十年来涌现出许多关系数据库管理系统（RDBMS），著名的有 DB2、Oracle、Informix、Sybase、SQL Server 等。

关系模型的主要特征是用二维表格结构表示实体集，是目前最重要的一种数据模型。关系模型比较简单，容易被接受。关系模型相当于记录类型，它的实例称为关系。每个关系实际上就是一张二维表格，即用二维表格结构表示实体，也用来表示实体之间的联系。关系数据库（Relational DataBase）系统采用关系模型作为数据的组织方式。关系数据库数据能以许多不同的方式被存取或重新召集而不需要重新组织数据库表格。

除了相对容易创建和存取之外，关系数据库还具有容易扩充的重要优势。在最初的数据库创造之后，一个新的数据能被添加而不需要修改所有现有的应用软件，关系数据库因此也得到了长足的发展。

2.1　关系模型的基本术语及概念

一般地讲，数据模型是严格定义的一组概念集合。这些概念精确地描述了系统的静态特性、动态特性和完整性约束条件。因此，数据模型通常由数据结构、数据操作和完整性约束三部分组成。

2.1.1 基本术语

2.1.1.1 二维表

关系模型的数据结构比较单一，只有一种数据结构——关系，有时候也称之为二维表。

在日常生活中人们都非常熟悉花名册、工资表、成绩单等二维表，以学生名单为例（见表2-1），可以看到这些二维表具有以下特点：

表2-1 学生表

学号	姓名	性别	电话	出生日期	系部ID
151011001	陈翔宇	男	13518818901	1996-1-5	1
151011002	程新星	男	13518818903	1997-11-5	1
151011003	关叶敏	女	13518818905	1997-3-6	1
155011008	李嘉惠	女	13518818915	1998-6-8	5
155011011	李伟聪	男	13518818921	1996-3-19	5
155011012	吉丽娜	女	13518818923	1997-5-25	5
156011023	张俊伟	男	13518818925	1997-10-2	6
156011028	郑惠文	女	13518818981	1996-11-2	6

（1）表有表名：学生表。
（2）表由两部分组成：一个表头和若干行数据。
（3）从垂直方向看表有若干列，每列都有列名，如学号、姓名等。
（4）同一列的值取自同一定义域：如性别的定义域是男、女两个汉字，学号只能取九位长的整数
（5）从垂直方向看表有若干行，每一行的数据代表一个学生的信息，同样每一个学生在表中也占有一行。

2.1.1.2 关系

关系数据结构的特点是：实体和联系都用关系（集合）这种单一的数据结构来实现。

1. 关系（Relation）

一个关系就是一个二维表，每个关系有一个关系名。一个数据库可以包含若干个关系。

2. 元组（Tuple）

在二维表中，水平方向的一行称为一个元组，对应表中的一个记录。如：

（155011011，李伟聪，男，13518818921，1996-3-19，5）。

3. 属性（Attrible）

二维表中，垂直方向的列称为属性，每个属性有一个属性名，也就是实体的属性。在关系数据库中，一列就是一个字段，如上表共有6个属性。

4. 域（Domain）

属性的取值范围叫作域，即不同的元组对同一个属性的取值所限定的范围。如人的年龄一般为0~150岁，性别的域是（男、女），籍贯只能取自我国的省、自治区、直辖市的名字，等等。

5. 关键字（Key）

关键字是二维表中某一个属性或者某几个属性的组合，它的值可以唯一地标识一个元组。关键字简称为键，主关键字简称为主键。

6. 外部关键字（Foreign key）

如果表中的一个关键字不是本表的主关键字，而是另外一个表的主关键字或者候选关键字，则这个属性就称为外部关键字，简称为外键。

7. 分量（Component）

分量是元组中的一个属性值。如吉丽娜、155011012等。

8. 关系模式（Relational schema）

对关系的描述，一般表示为：关系名（属性1，属性2，…，属性n）。

例如，表2-1的关系模式为：学生（学号，姓名，性别，电话，出生日期，系部ID）。

在关系模型中，实体以及实体间的联系都是用关系来表示。例如学生、课程以及学生与课程之间的多对多联系在关系模型中可以表示如下：

学生（学号，姓名，性别，电话，出生日期，系部ID）

课程（课程号，课程名，学分，先修课程号）

成绩（学号，课程号，分数）

把实体、关系和二维表格所使用的术语做一个大致对比，见表2-2。

表2-2 术语对比

现实世界	关系术语	一般术语
实体集名	关系名	表名
实体型	关系模式	表头（表格描述）
实体集	关系	二维表
实体	元组	行/记录
属性	属性	列
属性名	属性名	列名
属性值	属性值	列值

关系的操作有并（Union）、交（Intersection）、差（Difference）、广义笛卡儿积（Cartesian Product）、选择（Select）、投影（Project）、连接（Join）、除（Divide）。操作的对象和操作的结果都是集合。

2.1.1.3 关系的数学定义

关系模型是建立在集合代数的基础上的，这里从集合论角度给出关系数据结构的形式化定义。

1. 域（Domain）

域是指一组具有相同数据类型的值的集合，如整数、实数、介于某个取值范围的整数、指定长度字符串的集合等。

2. 笛卡儿积（Cartesian product）

给定一组域 D_1，D_2，…，D_n（这些域可相同），D_1，D_2，…，D_n 上的笛卡儿积为：
$D_1 \times D_2 \times \cdots \times D_n = \{(d_1, d_2, \cdots, d_n) \mid d_i \in D_i, i=1, 2, \cdots, n\}$。

例如，给定域 city = ｛广州，珠海｝，class = ｛一班，二班｝，则
city × class = ｛（广州，一班），（广州，二班），（珠海，一班），（珠海，二班）｝。

笛卡儿积的结果中有许多元组是无意义的，可以认为其中有意义的元组才构成关系，为实际有效的二维表。

3. 关系（Relation）

笛卡儿积 $D_1 \times D_2 \times \cdots \times D_n$ 的一个子集叫作域 D_1，D_2，…，D_n 上的一个关系。

4. 主键（Primary Key）

有一个或一组这样的属性，它的值能确定该关系中其他所有属性的值。

5. 候选码（Candidate Key）

能唯一标识元组的属性（组），选择其一作为主键。

6. 主属性（Prime Attribute）

候选码中的诸属性。

7. 非主属性（Non – Key Attribute）

不出现在任何候选码中的属性。

例如：在学生关系表中，学号和电话号码都是候选码，我们选定学号作为主键，即主属性，其他属性如姓名、性别、年龄为非主属性。

我们给出另外一个例子，读者表及图书表如表 2 – 3、表 2 – 4 所示。

表 2 – 3 读者表

借书证号	读者姓名	性别	联系电话	年龄（岁）
151011001	陈翔宇	男	13518818901	18
151011002	程新星	男	13518818903	19
151011003	关叶敏	女	13518818905	18
151011008	李嘉惠	女	13518818911	17

表2-4 图书表

ISBN	书名	作者	版次	定价（元）	出版社	出版时间
9787320349280	数据库系统概论	王珊	4	39.00	高等教育出版社	2014.3
9787302330981	软件工程导论	张海藩	6	39.50	清华大学出版社	2013.8
9787111205517	系统分析与设计方法	肖刚	7	59.00	机械工业出版社	2007.8
9787113101015	汇编语言程序设计	白小明	1	35.00	中国铁道出版社	2009.8

与读者表和图书表相关的有借书关系模式，下面给出该关系的主键。

借书（借书证号，ISBN，借书日期，还书日期）

该关系的主键是借书证号、ISBN这二者的组合，当两个以上属性一起作为主键时，我们称之联合主键。

下面给出另一个关系模式，给出该关系的主键。

教室安排（教室编号，课程名称，时间段）

该关系的主键是教室编号、课程名称、时间段这三者的组合，当关系中所有属性一起组合作为主键时，我们称之为全码（All key）。

8. 关系的型与值。

关系（表）的型：关系的结构（字段名、字段个数、域等）。

关系（表）的值：关系中具体的元组，也称为关系的实例（Instance）。

2.1.2 关系的概念

笛卡儿积 $D_1 \times D_2 \times \cdots \times D_n$ 的子集称为域 $D_1, D_2, \cdots, D_n$ 上的一个关系，表示为 $R(D_1, D_2, \cdots, D_n)$，其中 R 为关系名，n 为关系的目或度（Degree），当 $n=1$ 时为单元关系，$n=2$ 时为二元关系。关系中的每个元素 $(d_1, d_2, \cdots, d_n)$ 是关系中的元组，通常用 t 表示。d_i 叫作元组 $(d_1, d_2, \cdots, d_n)$ 的第 i 个分量（Component）。

2.1.3 关系的性质

2.1.3.1 同一关系的属性名具有不可重复性

同一关系的属性名具有不可重复性，即同一关系中不同属性的数据可出自同一域，但不同的属性要给予不同的属性名，否则容易产生列标识混乱。由于关系名具有标识作用，所以允许不同关系中有相同属性名的情况出现。

2.1.3.2 同一属性的数据具有同质性

同一属性的数据具有同质性，即同列中的分量是同一类型的数据，它们来自同一个域。例如学生成绩表的结构为成绩（学号，课程号，分数），其成绩的属性值不能有百分制、5分制或"及格"、"不及格"等多种取值法，只能采用其中的一种取值方法，同一关系中的分数必须统一语义，否则会出现存储和数据操作错误。

2.1.3.3 关系中元组的位置具有顺序无关性

关系中的元组位置具有顺序无关性，即关系中元组的顺序可以任意交换。在使用中可以按各种排序要求对元组的次序重新排列，例如，对学生表的数据可以按学号升序输出，也可以按学号降序输出。目的是加快查询速度。

2.1.3.4 关系中列的位置具有顺序无关性

关系中列的位置具有顺序无关性，即关系中列的次序可以任意交换、重新组织，属性顺序不影响数据的使用。例如，学生成绩表的结构为成绩（学号，课程号，分数），也可以改为成绩（分数，学号，课程号），经过查询处理可以得到同样的结果。

2.1.3.5 关系具有元组无冗余性

关系具有元组无冗余性，即关系中的任意两个元组不能完全相同。由于关系中的一个元组表示现实世界中的一个实体或一个具体的联系，元组重复则说明一个实体重复存储。实体重复不仅会增加数据量，还会造成数据查询和统计的错误，产生数据不一致的问题，所以数据库中应当绝对避免元组重复现象，确保实体的唯一性和完整性。

2.1.3.6 关系中每个属性都必须是不可再分的基本数据项

关系中每个属性都必须是不可再分的基本数据项，这种特性称为原子性。如表2-5成绩表所示的结构是不允许的。其中成绩可再分为单科成绩和总分两个数据项，且单科成绩还可以分为C语言、数据库、操作系统三个数据项，形成了表中有表的结构。

表 2-5 成绩表

姓名	成绩			
	单科成绩			总分
	C 语言	数据库	操作系统	
张三	90	85	65	240
刘七	80	65	90	235

正确的结构是：

姓名	C 语言	数据库	操作系统	总分
张三	90	85	65	240
刘七	80	65	90	235

其中的总分字段也可以不设置，其列值可以通过计算得到。

2.1.4 关系模式

在数据库中要区分型和值。关系数据库中，关系模式是型，元组是值。关系模式是对关系的描述，那么一个关系需要描述哪些方面呢？

首先，应该知道，关系实质上是一张二维表，表的每一行为一个元组，每一列为一个属性。一个元组就是该关系所涉及的属性集的笛卡儿积的一个元素。关系是元组的集合，因此关系模式必须指出这个元组集合的结构，即它由哪些属性构成，这些属性来自哪些域，以及属性与域之间的映像关系。

其次，一个关系通常是由赋予它的元组语义来确定的。元组语义实质上是一个 n 目谓词（n 是属性集中属性的个数）。凡是使该 n 目谓词为真的笛卡儿积中的元素（或者说凡是符合元组语义的那部分元素）的全体就构成了该关系模式的关系。

现实世界随着时间在不断地变化，因而在不同的时刻，关系模式的关系也会有所变化。但是，现实世界的许多已有事实限定了关系模式所有可能的关系必须满足一定的完整性约束条件。这些约束或者通过对属性取值范围的限定，例如职工年龄小于 65 岁（65 岁以后必须退休），或者通过属性值间的相互关联（主要体现于值的相等与否）反映出来。关系模式应当刻画出这些完整性约束条件。因此一个关系模式应当是一个五元组。

关系模式（Relation Schema）的定义。

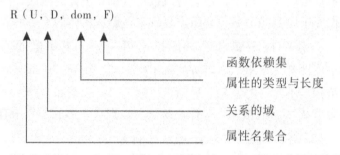

图 2-1 关系模式 R (U, D, dom, F)

关系的描述称为关系模式（Relation Schema）。它可以形式化地表示为（如图 2-1 所示）：

$$R (U, D, dom, F)$$

其中，R 为关系名，U 为组成该关系的属性名集合，D 为属性组 U 中属性所来自的域，dom 为属性的类型与长度，F 为属性间数据的依赖关系集合。例如，在学生表中，由于学号和电话号码出自同一个域，所以要取不同的属性名，并在模式中定义属性的类型与长度。

关系模式通常可以简记为：

$$R (U)$$

或

$$R (A_1, A_2, \cdots, A_n)$$

其中，R 为关系名，$A_1, A_2, \cdots, A_n$ 为属性名。

关系是关系模式在某一时刻的状态或内容。关系模式是静态的、稳定的，而关系是动态的、随时间不断变化的，因为关系操作在不断地更新着数据库中的数据。但在实际当中，人们常常把关系模式和关系都称为关系，这不难从上下文中加以区别。

2.1.5 关系数据库

在一个给定的应用领域中，所有实体及实体之间联系的关系集合构成一个关系数据库。关系数据库也有型和值之分，关系数据库中的型也称为关系数据库模式，是对关系数据库的描述。它包括若干域的定义以及在这些域上定义的若干关系模式。关系数据库的值是这些关系模式在某一时刻对应的关系集合,通常也称之为关系数据库。关系数据库系统支持关系模型。关系模型由关系数据结构、关系操作集合和关系完整性约束三部分组成。

1. 单一的数据结构——关系

关系模型的数据结构非常单一。在关系模型中,现实世界的实体以及实体间的各种联系均用关系来表示。在用户看来,关系模型中数据的逻辑结构就是一张二维表。

2. 关系操作

关系模型给出了关系操作的能力,但不对 RDBMS 语言给出具体的语法要求。

关系模型中常用的关系操作包括选择(Select)、投影(Project)、连接(Join)、除(Divide)、并(Union)、交(Intersection)、差(Difference)等查询(Query)操作和增加(Insert)、删除(Delete)、修改(Update)操作两大部分。查询的表达能力是其中最主要的部分。

关系操作的特点是集合操作方式,即操作的对象和结果都是集合。这种操作方式也称为一次一集合(set at a time)的方式。相应地,非关系数据模型的数据操作方式则为一次一记录(record at a time)的方式。

关系代数、元组关系演算和域关系演算均是抽象的查询语言,这些抽象的语言与具体的 DBMS 中实现的实际语言并不完全一样。但它们能用作评估实际系统中查询语言能力的标准或基础。实际的查询语言除了提供关系代数或关系演算的功能外,还提供许多附加功能,例如集函数、关系赋值、算术运算等。

关系语言是一种高度非过程化的语言,用户不必请求 DBA 为其建立特殊的存取路径,存取路径的选择由 DBMS 的优化机制来完成,此外,用户不必求助于循环结构就可以完成数据操作。另外还有一种介于关系代数和关系演算之间的语言 SQL(Structured Query Language)。SQL 不仅具有丰富的查询功能,而且具有数据定义和数据控制功能,是集查询、DDL、DML 和 DCL 于一体的关系数据语言。它充分体现了关系数据语言的特点和优点,是关系数据库的标准语言。这些关系数据语言的共同特点是,语言具有完备的表达能力,是非过程化的集合操作语言,功能强,能够嵌入高级语言中使用。

3. 关系的三类完整性约束

关系模型允许定义三类完整性约束:实体完整性、参照完整性和用户定义的完整性。其中实体完整性和参照完整性是关系模型必须满足的完整性约束条件,被称作关系的两个不变性,应该由关系系统自动支持。而用户定义的完整性是应用领域某种特殊需要遵循的约束条件,体现了具体领域中的语义约束。

2.2 关系完整性

关系模型的完整性规则是对关系的某种约束条件。

什么是关系的完整性约束?关系的完整性约束是对关系的正确性和相容性的限定,通常与关系所表达的现实信息的约束相对应。

关系完整性约束的意义是防止可预见的错误数据进入系统。

2.2.1 实体完整性

实体完整性规则（Entity Integrity rule）：若属性 A 是基本关系 R 的主属性，则属性 A 不能取空值。

例如在关系学生（<u>学号</u>，姓名，性别，联系电话，出生日期）中，"学号"属性为主属性，则"学号"不能取空值。这条规则的实质是"不允许引用不存在的实体"。

实体完整性也可表述为要求每个基本表有且仅有一个主键，每一个主键值必须唯一，而且不允许取空值。在关系学生（<u>学号</u>，姓名，性别，联系电话，出生日期）中，主键是（学号），所以学号必须唯一且不可以取空值。

对于实体完整性规则说明如下。

(1) 实体完整性规则是针对基本关系而言的。一个基本关系通常对应现实世界的一个实体集。例如学生关系对应于所有学生的集合。

(2) 现实世界中的实体是可区分的，即它们具有某种唯一性标识。

(3) 关系模型中以主键作为唯一性标识。

(4) 主键中的属性即主属性不能取空值。所谓空值就是"不知道"或"无意义"的值。如果主属性取空值，就说明存在某个不可标识的实体，即存在不可区分的实体，这与第 2 点相矛盾，因此这个规则称为实体完整性。

2.2.2 参照完整性

现实世界中的实体之间往往存在某种联系，在关系模型中实体及实体间的联系都是用关系来描述的。这样就自然存在着关系与关系间的引用。

参照完整性规则（English）：如果属性集 K 是关系模式 R_1 的主键，K 也是关系模式 R_2 的外键，那么在 R_2 的关系中，K 的取值只允许两种可能，或者为空值，或者等于 R_1 关系中某个主键值。

这条规则的实质也是"不允许引用不存在的实体"。关系模式 R_2 为参照关系（Referencing Relation），关系模式 R_1 为被参照关系（Referenced Relation）或目标关系（Target Relation）。即外键的取值必须是另一个表主键的有效值，或者是一个"空"值。

显然，目标关系 R_1 的主键 K 和参照关系 R_2 的外键 K 必须定义在同一个（或一组）域上。对于 R_2 中每个元组在 K 上的值必须为。

(1) 或者取空值（K 的每个属性值均为空值）。

(2) 或者等于 R_1 中某个元组的主键值。

关于参照完整性约束的说明如下。

参照关系 R_2 和被参照关系 R_1 不一定是不同的关系；被参照关系 R_1 的主键 K 和参照关系的外键 K 必须定义在同一个（或一组）域上。

外键并不一定要与相应的主键同名（不一定也叫作 K），但当外键与相应的主键属于不同关系时，往往取相同的名字，以便于识别。

完整性约束定义之后，对数据进行更新操作（插入、删除、修改）时，DBMS 会验证更新数据是否满足约束条件。

完整性约束通常是在关系模式（表的结构）建立时定义的，也可以在以后任何时候定义或删除。

对已存在数据的关系定义完整性约束，只有在已有数据都满足约束时才能建立。

例如：学生实体和系部实体可以用下面的关系表示，其中主键用下画线标识。

学生（<u>学号</u>，姓名，性别，联系电话，出生日期，系部ID）

其中学号表示学生编号，系部ID是指系部的编号。

系部表（<u>ID</u>，系部名，地址，负责人）

其中ID表示系部编号，系部名表示系部名称，地址表示系部办公室的所在地址，负责人表示系部领导的姓名。

这两个关系之间存在着属性的引用，即学生关系引用了系部关系的主键"ID"（系部编号）。显然，学生关系中的"系部ID"值必须是确实存在的系部编号，即系部关系中有该编号的记录。也就是说，学生关系中的系部ID属性的取值需要参照系部关系的ID属性取值。

再如，学生、课程、学生与课程之间的多对多联系可以用如下三个关系表示。

学生（<u>学号</u>，姓名，性别，出生日期，系部ID）

课程（<u>课程号</u>，课程名，学分）

成绩（<u>学号，课程号</u>，分数）

这三个关系之间也存在着属性的引用，即成绩关系引用了学生关系的主键"学号"和课程关系的主键"课程号"。同样，成绩关系中的"学号"值必须是确实存在的学生关系中的学号，即学生关系中有该学生的记录；成绩关系中的"课程号"值也必须是确实存在的课程关系中的课程号，即课程关系中有该课程的记录。换句话说，成绩关系中某些属性的取值需要参照其他关系的属性取值。

不仅两个或两个以上的关系间可能存在引用关系，同一关系内部属性间也可能存在引用关系。

例如：在关系学生（<u>学号</u>，姓名，性别，班级，年龄，班长学号）中，"学号"属性是主键，"班长学号"属性表示担任班长职务的学生学号，它引用了本关系"学号"属性，即"班长学号"必须是确实存在的学生学号。

2.2.3 用户定义的完整性

用户定义完整性（User-defined Integrity），是针对某一具体关系数据库的约束条件，反映某一具体应用所涉及的数据必须满足的语义要求。

关系模型应提供定义和检验这类完整性的机制，以便用统一的系统方法来处理它们，而不要由应用程序承担这一功能。通常由RDBMS的CHECK约束提供这类检查。

例如课程关系模式课程（课程号，课程名，学分），在建立关系模式时，对属性定义了数据类型，但这样还不能满足用户的需求，需要用户设置如下的完整性规则，由系统来检验实施：

◆ "课程号"属性必须取唯一值且不为空；

◆ "课程名"也不能取空值；

◆ "学分"属性只能取值{1, 2, 3, 4}。

学生关系模式中的年龄如果定义为两位整数,则范围太大,用户可以将学生年龄限制在15～80岁之间。成绩模式中的分数必须在0～100分之间等。

2.3 关系代数

埃德加·弗兰克·科德博士首先提出了关系模型,它提供了格式化数据库系统难以做到的数据独立性和数据相容性。此模型后来又由科德加以改进,被许多人认为是一切数据库系统的未来。

关系数据库之所以发展如此之快,是因为关系数据库的模型简明,便于用户理解和使用,更重要的是,关系数据库有着网状数据库和层次数据库所没有的数学基础——关系代数,可以利用关系代数对表格进行任意的分解和组装,随机地产生用户所需要的各种新表,这为关系数据库的发展提供了基础和保证。

关系代数是一组施加于关系上的高级运算,每个运算都以一个或多个关系作为它的运算对象,并生成另一个关系作为该运算的结果。由于它的运算直接施加于关系之上而且其运算结果也是关系,所以也可以说它是对关系的操作;从数据操作的观点来看,也可以说关系代数是一种查询语言。

关系代数是一种抽象的查询语言,是关系数据操纵语言的一种传统表达方式,它是用对关系的运算来表达查询的。

关系代数的运算对象是关系,运算结果也是关系。在关系数据库中,关系就是二维表,所以关系运算的对象是二维表,运算的结果也是二维表。关系代数用到的运算符包括4类,即集合运算符、专门的关系运算符、比较运算符和逻辑运算符,如表2-6所示。

表2-6 关系代数运算符

运算符		含 义	运算符		含 义
集合运算符	∪	并	比较运算符	>	大于
	∩	交		≥	大于等于
	-	差		<	小于
	×	广义笛卡儿积		≤	小于等于
专门的关系运算符	σ	选择		=	等于
	Π	投影		≠	不等于
	⋈	连接	逻辑运算符	∧	与
				∨	或
	÷	除		¬	非

传统的集合运算将关系看成元组的集合运算,其运算是从关系的"水平"方向,即行的角度来进行的。而专门的关系运算不仅涉及行而且涉及列。比较运算符和逻辑运

算符是用来辅助专门的关系运算符进行操作的。

2.3.1 传统的集合运算

传统的集合运算是二目运算,包括并、差、交、广义笛卡儿积4种运算。

设关系 R 和关系 S 具有相同的目 n（即两个关系都有 n 个属性），且相应的属性取自同一个域，则可以定义并、差、交、广义笛卡儿积运算如下。

1. 并（Union）

关系 R 与关系 S 的并记作：

$$R \cup S = \{t \mid t \in R \vee t \in S\}$$

其结果仍为 n 目关系,由属于 R 或属于 S 的元组组成,如图 2-2 所示。

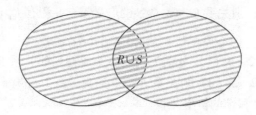

图 2-2 R 和 S 的并集

等式右边花括号中的 t 是一个元组变量,表示结果集合由元组 t 构成。竖线"｜"右边是对 t 的约束条件,或者说是对 t 的解释。其他运算的定义方式类同。

并的结果关系中可能会有重复元组。如有重复元组应将重复的元组去掉。即在并的结果关系中,相同的元组只保留一个。

2. 差（Difference）

关系 R 与关系 S 的差记作：

$$R - S = \{t \mid t \in R \wedge t \notin S\}$$

其结果关系仍为 n 目关系,由属于 R 而不属于 S 的所有元组组成,如图 2-3 所示。

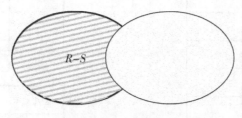

图 2-3 R 和 S 的差集

3. 交（Intersection）

关系 R 与关系 S 的交记作：

$$R \cap S = \{t \mid t \in R \wedge t \in S\}$$

其结果关系仍为 n 目关系,由既属于 R 又属于 S 的元组组成。关系的交可以用差来表示,即 $R \cap S = R - (R - S)$,如图 2-4 所示。

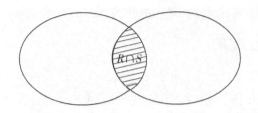

图 2-4 R 和 S 的交集

4. 广义笛卡儿积（Extended Cartesian Product）

两个分别为 n 目和 m 目的关系 R 和 S 的广义笛卡儿积是一个 $(n+m)$ 列的元组的集合。元组的前 n 列是关系 R 的一个元组，后 m 列是关系 S 的一个元组。若 R 有 K_1 个元组，S 有 K_2 个元组，则关系 R 和关系 S 的广义笛卡儿积有 $K_1 \times K_2$ 个元组，记作：

$$R \times S = \{\widehat{t_r t_s} \mid t_r \in R \wedge t_s \in S\}$$

图 2-5（a）、图 2-5（b）分别为具有三个属性列的关系 R，S。图 2-5（c）为关系 R 与 S 的并。图 2-5（d）为关系 R 与 S 的交。图 2-5（e）为关系 R 和 S 的差。图 2-5（f）为关系 R 和 S 的笛卡儿积。

A	B	C
a_1	b_1	c_1
a_1	b_2	c_2
a_2	b_2	c_1

(a) R

A	B	C
a_1	b_2	c_2
a_1	b_3	c_2
a_2	b_2	c_1

(b) S

A	B	C
a_1	b_1	c_1
a_1	b_2	c_2
a_2	b_2	c_1
a_1	b_3	c_2

(c) $R \cup S$

A	B	C
a_1	b_2	c_2
a_2	b_2	c_1

(d) $R \cap S$

A	B	C
a_1	b_1	c_1

(e) $R - S$

R.A	R.B	R.C	S.A	S.B	S.C
a_1	b_1	c_1	a_1	b_2	c_2
a_1	b_1	c_1	a_1	b_3	c_2
a_1	b_1	c_1	a_2	b_2	c_1
a_1	b_2	c_2	a_1	b_3	c_2
a_1	b_2	c_2	a_2	b_2	c_1
a_2	b_2	c_1	a_1	b_2	c_2
a_2	b_2	c_1	a_1	b_3	c_2
a_2	b_2	c_1	a_2	b_2	c_1

(f) $R \times S$

图 2-5 传统集合运算举例

2.3.2 专门的关系运算

专门的关系运算包括选择、投影、连接、除等。为了叙述上的方便，先引入几个记号。

（1）关系模式为 $R(A_1, A_2, \cdots, A_n)$。它的一个关系设为 R。$t \in R$ 表示 t 是 R 的一个元组。$t[A_i]$ 则表示元组 t 中相应于属性 A_i 的一个分量。

（2）若 $A = \{A_{i1}, A_{i2}, \cdots, A_{ik}\}$，其中 $A_{i1}, A_{i2}, \cdots, A_{ik}$ 是 $A_1, A_2, \cdots, A_k$ 中的一部分，则 A 称为属性列或域列。
$t[A] = (t[A_{i1}], t[A_{i2}], \cdots, t[A_{ik}])$ 表示元组 t 在属性列 A 上诸分量的集合。$\overline{A}$ 则表示 $\{A_1, A_2, \cdots, A_k\}$ 中去掉 $\{A_{i1}, A_{i2}, \cdots, A_{ik}\}$ 后剩余的属性组。

（3）R 为 n 目关系，S 为 m 目关系。$t_r \in R$，$t_s \in S$，$\widehat{t_r t_s}$ 称为元组的连接（Concatenation）。它是一个 $n+m$ 列的元组，前 n 个分量为 R 中的一个 n 元组，后 m 个分量为 S 中的一个 m 元组。

（4）给定一个关系 $R(X, Z)$，X 和 Z 为属性组。定义当 $t[X] = x$ 时，x 在 R 中的象集（Images Set）为：
$$Z_x = \{t[Z] \mid t \in R, t[X] = x\}$$
它表示 R 中属性组 X 上属性值为 x 的诸元组在属性组 Z 分量上的集合。

下面给出这些专门关系运算的定义。

2.3.2.1 选择（Selection）

选择是在关系 R 中选择出满足给定条件的诸元组，即从表中选取出满足给定条件的行形成一个新表作为运算结果，记作：
$$\sigma_F(R) = \{t \mid t \in R \land F(t) = \text{true}\}$$

其中 F 表示选择条件，它是一个逻辑表达式，取逻辑值为 true("真") 或 false("假")。

逻辑表达式 F 由逻辑运算符 ∧、∨、¬ 连接各算术表达式组成。算术表达式的基本形式为：

$$X_1 \theta Y_1 \ [\varphi \ X_2 \ \theta Y_2] \cdots$$

其中 θ 表示比较运算符，它可以是 >，≥，<，≤，= 或 ≠。X、Y 等是属性名，或为常量，或为简单函数；属性名也可以用它的序号来代替。φ 表示逻辑运算符，它可以是 ∧、∨、¬，[ ] 表示可选项，即 [ ] 中的内容可以要也可以不要，⋯表示 XθY 的内容可以重复。

选择运算实际上是从关系 R 中选取使逻辑表达式 F 为真的元组。这是从行的角度进行的运算。

下面以教务系统数据库为例，该数据库中包括教师表、学生表、系部表、课程表、任课表、成绩表，其中系部表、学生表、课程表、成绩表如表 2-7、表 2-8 和表 2-9 和表 2-10 所示。

系部关系（ID，系部名，地址，负责人）

其中 ID 表示系部的编号，系部名表示系部名称，负责人表示系部负责人的姓名。

学生关系（学号，姓名，性别，联系电话，出生日期，系部 ID）

其中学号表示学生编号，其他依次为学生的姓名、性别、联系电话、出生日期以及学生所在系部的编号。

课程关系（ID，课程名，前导课 ID，学分）

其中 ID 表示学校所开课程的编号，课程名是所开课程的名称，前导课 ID 表示某门课程开课之前必须已经学习过的课程编号，学分是指学习该门课程并通过考试后所得学分值。

成绩关系（学号，课程 ID，成绩）

其中学号表示学生编号，课程 ID 表示由学生选修而且学校已开设的课程的编号，成绩表示学完课程参加考试的成绩。

表 2-7 系部表

ID	系部名	地址	负责人
1	信息系	1 号教学楼 101 室	林亚明
2	艺术设计系	2 号行政楼 103 室	冯勇
3	工商管理系	3 号教学楼 102 室	陈雅玲
4	会计系	4 号教学楼 101 室	刘友文
5	经济系	5 号教学楼 101 室	范玉龙
6	中文系	6 号教学楼 103 室	宋新
7	外文系	7 号教学楼 101 室	王志祥

表2-8 学生表

学号	姓名	性别	联系电话	出生日期	系部ID
151011001	陈翔宇	男	13518818901	1996-1-5	10
151011002	程新星	男	13518818903	1997-11-5	10
151011003	关叶敏	女	13518818905	1997-3-6	10
155011005	李嘉惠	女	13518818915	1998-6-8	50
155011011	李伟聪	男	13518818921	1996-3-19	50
155011012	吉丽娜	女	13518818923	1997-5-25	50
156011023	张俊伟	男	13518818925	1997-10-2	60
156011028	郑惠文	女	13518818981	1996-11-2	60

表2-9 课程表

ID	课程名	前导课ID	学分
1	高等数学		2
2	数据结构	1	3
3	操作系统	2	2
4	汇编语言	3	2
5	数据库原理	1	3
6	通信原理		2
7	软件工程	5	3

表2-10 成绩表

学号	课程ID	成绩（分）
151011001	1	89
151011001	2	95
151011001	3	98
155011005	1	87
155011005	2	52
155011005	3	67
156011028	2	76

【例2-1】查询陈翔宇的详细信息。

陈翔宇的详细信息在学生表中，因此回答该查询需要从学生表中选择姓名为"陈翔宇"的学生信息。

$$\sigma_{姓名='陈翔宇'}(学生)$$

查询结果为

学号	姓名	性别	联系电话	出生日期	系部ID
151011001	陈翔宇	男	13518818901	1996/1/5	10

2.3.2.2 投影（Projection）

关系 R 上的投影是从 R 中选择出若干属性列组成新的关系，即从表中选出指定的列值组成一个新表。记作：

$$\prod_A (R) = \{t[A] \mid t \in R\}$$

其中 A 为 R 中的属性列。

投影操作是从列的角度进行的运算。

由于投影只是将指定的那些列投射下来构成一个新关系，这个新关系中的元组会比原来的元组"短些"，因此，投影的结果关系中可能会有重复元组。投影的结果关系中如有重复元组应将重复的元组去掉。也就是说，在结果关系中，取消相同的元组，只保留一个。

【例2-2】查询所有学生的学号、姓名、性别、出生日期。

这是一个无条件查询。学号、姓名、性别、出生日期都是学生表的属性，因此该查询只需要将这几个属性投影出来。

$$\prod_{学号,姓名,性别,出生日期} （学生表）$$

查询结果为

学号	姓名	性别	出生日期
151011001	陈翔宇	男	1996/1/5
151011002	程新星	男	1997/11/5
151011003	关叶敏	女	1997/3/6
155011005	李嘉惠	女	1998/6/8
155011011	李伟聪	男	1996/3/19
155011012	吉丽娜	女	1997/5/25
156011023	张俊伟	男	1997/10/2
156011028	郑惠文	女	1996/11/2

【例2-3】查询信息系学生的学号、姓名和联系电话。

对于该查询，首行要按查询条件"系部ID = 10"对学生表进行选择，然后再投影到所需要的属性上。

$$\prod_{学号,姓名,联系电话} （\sigma_{系部ID=10} （学生表））$$

查询结果为

学号	姓名	联系电话
151011001	陈翔宇	13518818901
151011002	程新星	13518818903
151011003	关叶敏	13518818905

【例2-4】查询学生陈翔宇和吉丽娜的信息。

学生的信息在学生表里。对于该查询，我们要考虑陈翔宇和吉丽娜都是姓名的取值，这是一个"或"的关系，不是"与"的关系。

$$\sigma_{姓名='陈翔宇' \lor 姓名='吉丽娜'}(学生表)$$

查询结果为

学号	姓名	性别	联系电话	出生日期	系部ID
151011001	陈翔宇	男	13518818901	1996/1/5	10
155011012	吉丽娜	女	13518818923	1997/5/25	50

2.3.2.3 连接（Join）

连接也称为θ连接。它是从两个关系的笛卡儿积中选取属性间满足一定条件的元组，记作：

$$R \underset{A\theta B}{\bowtie} S = \widetilde{\{t_r t_s\} } \mid t_r \in R \land t_s \in S \land t_r[A] \; \theta \; t_s[B]\}$$

其中 A 和 B 分别为 R 和 S 上度数相等且可比的属性组。θ 是比较运算符。连接运算从 R 和 S 的广义笛卡儿积 R×S 中选取（R 关系）在 A 属性组上的值与（S 关系）在 B 属性组上的值满足比较关系 θ 的元组。连接，就是把两个表中的行按照给定的条件拼接而形成新的表。

连接运算中有两种最为重要也最为常用的连接，一种是等值连接（Equal Join），另一种是自然连接（Natural Join）。

θ 为 "=" 的连接运算称为等值连接。它是从关系 R 与 S 的广义笛卡儿积中选取 A，B 属性值相等的那些元组，即等值连接为：

$$R \underset{A = B}{\bowtie} S = \widetilde{\{t_r t_s\}} \mid t_r \in R \land t_s \in S \land t_r[A] = t_r[A] = t_s[B]\}$$

自然连接（Natural Join）是一种特殊的等值连接，它要求两个关系中进行比较的分量必须是相同的属性组，并且在结果中把重复的属性列去掉。即若 R 和 S 具有相同的属性组 B，则自然连接可记作：

$$R \bowtie A = BS = \widetilde{\{t_r t_s\}} \mid t_r \in R \land t_s \in S \land t_r[A] = t_r[B] = t_s[B]\}$$

一般的连接操作是从行的角度进行运算。但自然连接还需要取消重复列，所以是同时从行和列的角度进行运算。

以上所涉及的都是单独一个关系的查询，但在现实中，更多的是涉及两个或两个以上关系的查询，这就要用到关系的连接。

【例2-5】查询有成绩不及格的学生姓名。

分数在成绩关系中，而姓名在学生关系中，这两个关系有一个共有的属性是学号，首先在成绩关系中找出分数小于60分的元组，得到相应的学号，再通过这个学号，到学生关系中找到相对应的学生姓名。

$$\prod_{姓名}(\sigma_{分数<60}(成绩表) \bowtie \prod_{学号,姓名}(学生表))$$

查询结果为

姓名
李嘉惠

【例2-6】 查询陈翔宇的考试情况。

陈翔宇的信息在学生关系中，而考试情况在成绩关系中，这两个关系有一个共有的属性是学号，我们首先通过学生表查找到陈翔宇的学号，再通过这个学号，到成绩关系中找到相应的课程编号和分数。

$$\Pi_{课程ID,分数}(\sigma_{姓名='陈翔宇'}(学生表)\bowtie\Pi_{学号,分数}(成绩表))$$

查询结果为

课程 ID	成绩
1	89
2	95
3	98

【例2-7】 查询没有参加某科考试的学生学号。

所有的学号在学生关系中，对学号进行投影；在成绩关系中，对有考试分数记录的学号进行投影，得到有分数记录的学号。这两个投影作一个差集，就是没有考试成绩记录的学号。

$$\Pi_{学号}(学生表)-\Pi_{学号}(成绩表)$$

查询结果为

学号
151011002
151011003
155011011
155011012
156011023

2.3.2.4 除（Division）

从学习者的角度来看，有两个概念是必须弄清楚的。一个是记号 $t[A]$，另一个是"象集"。

1. 关于记号 $t[A]$

其中 t 表示元组变量。$t[A]$ 表示元组 t 在属性列 A 上诸分量的集合。换言之，$t[A]$ 表示元组 t 在属性列 A 上的"短"元组，说它短，是因为它只是元组 t 的一部分。

例如，设关系 R 为

A_1	A_2	A_3	A_4
a	3	b	4
a	3	b	5
b	2	a	1
b	2	c	2
c	1	c	2

设 $A = \{A_1, A_2\}$，则有 $t[A] = (t[A_1], t[A_2])$，其中 $t[A_1]$ 表示元组 t 在分量 A_1 上的取值，$t[A_2]$ 表示元组 t 在分量 A_2 上的取值。

令 $t = (a, 3, b, 4)$，则 $t[A] = (a, 3)$，$t[A_1] = (a)$，$t[A_2] = (3)$。

令 $t = (a, 3, b, 5)$，则 $t[A] = (a, 3)$，$t[A_1] = (a)$，$t[A_2] = (3)$。

令 $t = (b, 2, a, 1)$，则 $t[A] = (b, 2)$，$t[A_1] = (b)$，$t[A_2] = (2)$。

……

2. 关于"象集"

给定一个关系 $R(X, Y)$，X 和 Y 为属性组，当 $t[X] = x$ 时，x 在 R 中的象集为：

$$Y_x = \{t[Y] \mid t \in R, t[X] = x\}$$

表示 R 中的属性组 X 上值为 x 的诸元组在 Y 分量上的集合。

A_1	A_2	A_3	A_4
a	3	b	4
a	3	b	5
b	2	a	1
b	2	c	2
c	1	c	2

（上表中 A_1, A_2 为 X，A_3, A_4 为 Y）

设 $X = \{A_1, A_2\}$，$Y = \{A_3, A_4\}$，当 X 的值 $x = (a, 3)$ 时，$(a, 3)$ 在 R 中的象集 Y_x 为：

$$Y_x = \{(b, 4), (b, 5)\}$$

A_3	A_4
b	4
b	5

当 X 的值 $x = (b, 2)$ 时，$(b, 2)$ 在 R 中的象集 Y_x 为：

$$Y_x = \{(a, 1), (c, 2)\}$$

A_3	A_4
a	1
c	2

给定关系 $R(X, Y)$ 和 $S(Y, Z)$，其中 X、Y、Z 为属性组。R 中的 Y 与 S 中的 Y 可以有不同的属性名，但必须出自相同的域集。R 与 S 的除运算得到一个新的关系 $P(X)$，P 是 R 中满足下列条件的元组在 X 属性列上的投影：元组在 X 上的分量值 x 的象集 Y_x 包含 S 在 Y 上投影的集合，记作

$$R \div S = \{(t_r[X] \mid t_r \in R \wedge \prod_y(S) \subseteq Y_x\}$$

其中 Y_x 为 x 在 R 中的象集，$x = t_r[X]$。

除操作是同时从行和列的角度进行运算的。

R 除以 S 的数学表达式也可为：

$$R \div S = \prod_a(R) - \prod_a(\prod_a(R) \times S - R)$$

其中 a 为关系 R 中除去与关系 S 相同属性的其余属性。

【例 2-8】设关系 R、S 分别如图 2-6（a）和图 2-6（b）所示。

A	B	C
a_1	b_1	c_2
a_2	b_3	c_7
a_3	b_4	c_6
a_1	b_2	c_3
a_4	b_6	c_6
a_2	b_2	c_3
a_1	b_2	c_1

(a) R

B	C	D
b_1	c_2	d_1
b_2	c_1	d_1
b_2	c_3	d_2

(b) S

A
a_1

(c) $R \div S$

图 2-6 R 和 S

在关系 R 中，A 可以取 4 个值 $\{a_1, a_2, a_3, a_4\}$。其中，

a_1 的象集为 $\{(b_1, c_2), (b_2, c_3), (b_2, c_1)\}$

a_2 的象集为 $\{(b_3, c_7), (b_2, c_3)\}$

a_3 的象集为 $\{(b_4, c_6)\}$

a_4 的象集为 $\{(b_6, c_6)\}$

关系 S 在 (B, C) 上的投影为 $\{(b_1, c_2), (b_2, c_1), (b_2, c_3)\}$

显然只有 a_1 的象集包含了 S 在 (B, C) 属性组上的投影，所以查询结果为

$$R \div S = \{a_1\}$$

【例2-9】利用数学公式求解例2-8（见图2-7）。

A
a_1
a_2
a_3
a_4

(a) $\prod_a(R)$

A	B	C	D
a_1	b_1	c_2	d_1
a_1	b_2	c_1	d_1
a_1	b_2	c_3	d_2
a_2	b_1	c_2	d_1
a_2	b_2	c_1	d_1
a_2	b_2	c_3	d_2
a_3	b_1	c_2	d_1
a_3	b_2	c_1	d_1
a_3	b_2	c_3	d_2
a_4	b_1	c_2	d_1
a_4	b_2	c_1	d_1
a_4	b_2	c_3	d_2

(b) $\prod_a(R) \times S$

A	B	C	D
a_2	b_1	c_2	d_1
a_2	b_2	c_1	d_1
a_2	b_2	c_3	d_2
a_3	b_1	c_2	d_1
a_3	b_2	c_1	d_1
a_3	b_2	c_3	d_2
a_4	b_1	c_2	d_1
a_4	b_2	c_1	d_1
a_4	b_2	c_3	D

(c) $\prod_a(R) \times S - R$

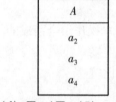

A
a_2
a_3
a_4

(d) $\prod_a(\prod_a(R) \times S - R)$

A
a_1

(e) $\prod_a(R) - \prod_a(\prod_a(R) \times S - R)$

图2-7 数学公式求解 R÷S

【例2-10】在成绩表中查询出参加了所有课程考试学生的学号。

所有的课程编号在课程关系中，对课程编号进行投影；在成绩表中选择出学号和课程编号这两列，如果能够与前面的投影做除法运算，则表示该学生参加了所有的课程考试。

$$\prod_{\text{学号,课程ID}}(\text{成绩表}) \div \prod_{\text{ID}}(\text{课程表})$$

在成绩关系中，学号可以取3个值｛151011001，155011005，156011028｝。其中，

151011001 的象集为 ｛(1)，(2)，(3)｝

155011005 的象集为 ｛(1)，(2)，(3)｝

156011028 的象集为 ｛(2)｝

课程关系在（ID）上的投影为 ｛(1)，(2)，(3)，(4)，(5)，(6)，(7)｝

显然没有哪个学号的象集全部包含了课程关系在（ID）属性上的投影

｛(1)，(2)，(3)，(4)，(5)，(6)，(7)｝

所以查询结果为：

$$\prod_{\text{学号,课程ID}}(\text{成绩表}) \div \prod_{\text{ID}}(\text{课程表}) = \{\text{Null}\}$$

2.4 本章小结

本章介绍了关系模型的基本术语、概念以及关系模式和关系数据库，详细介绍了关系的实体完整性、参照完整性和用户定义的完整性，传统的集合运算、专门的关系运算。

关系模式是一个五元组，其中有关系名、关系的属性名集合、属性组属性所来自的域、属性的类型与长度、属性间数据的依赖关系集合。

关系数据库是支持关系模型的数据库。关系模型由关系数据结构、关系操作集合和关系完整性约束三部分组成。

关系的完整性约束是对关系的正确性和相容性的限定，通常与关系所表达的现实信息的约束相对应。关系完整性约束的意义是防止可预见的错误数据进入系统。

关系代数是一组施加于关系上的高级运算，每个运算都以一个或多个关系作为它的运算对象，并生成另一个关系作为该运算的结果。由于它的运算直接施加于关系之上而且其运算结果也是关系，所以也可以说它是对关系的操作；从数据操作的观点来看，也可以说关系代数是一种查询语言。

习题 2

一、选择题

1. 关系数据库中任何检索操作的实现都是由_____三种基本操作组合而成的。
   A. 选择、投影和扫描　　　　　　　B. 选择、投影和连接
   C. 选择、运算和投影　　　　　　　D. 选择、投影和比较
2. 关系数据库管理系统应能实现的专门关系运算包括_____。
   A. 排序、索引、统计　　　　　　　B. 选择、投影、连接
   C. 关联、更新、排序　　　　　　　D. 显示、打印、制表
3. 关系模型中，一个关键字_____。
   A. 可由多个任意属性组成
   B. 至多由一个属性组成
   C. 可由一个或多个其值能唯一标识该关系模式中任何元组的属性组成
   D. 以上都不是
4. 在一个关系中如果有这样一个属性存在，它的值能唯一地标识关系中的每一个元组，则称这个属性为_____。
   A. 关键字　　　B. 数据项　　　C. 主属性　　　D. 主属性值
5. 同一个关系模型的任两个元组值_____。
   A. 不能全同　　B. 可全同　　　C. 必须全同　　D. 以上都不是
6. 关系模式的任何属性_____。
   A. 不可再分　　　　　　　　　　　B. 可再分
   C. 命名在该关系模式中可以不唯一　D. 以上都不是

二、填空题

1. 关系操作的特点是_____操作。
2. 一个关系模式的定义主要包括_____、_____、_____、_____和_____。
3. 关系代数运算中，传统的集合运算有_____、_____、_____和_____。
4. 关系代数运算中，基本的运算是_____、_____、_____、_____。
5. 已知系（系编号，系名称，系主任，电话，地点）和学生（学号，姓名，性别，入学日期，专业，系编号）两个关系，系关系的主关键字是_____，系关系的外关键字是_____；学生关系的主关键字是_____，学生关系的外关键字是_____。

三、综合题

1. 设有如图 2-8 所示的关系 R 和 S，计算：
   (1) $R_1 = R - S$
   (2) $R_2 = R \cup S$
   (3) $R_3 = R \cap S$
   (4) $R_4 = R \times S$

R

A	B	C
a	b	c
b	a	f
c	b	d

S

A	B	C
b	a	f
d	a	d

图 2-8　综合题 1

2. 设有如图 2-9 所示的关系 R 和 S，计算：
   (1) $R_1 = R - S$
   (2) $R_2 = R \cup S$
   (3) $R_3 = R \cap S$
   (4) $R_4 = \pi_{A,B}(\sigma_{B=b_1}(R))$

R

A	B	C
a_1	b_1	c_1
a_1	b_2	c_2
a_2	b_2	c_1

S

A	B	C
a_1	b_2	c_2
a_2	b_2	c_1
a_1	b_3	c_2

图 2-9　综合题 2

3. 设有如图 2-10 所示的三个关系 S、C 和 SC。请用关系代数表达式表示出下面的查询。

(1) 检索籍贯为上海的学生的姓名、学号和选修的课程号。
(2) 检索选修操作系统的学生姓名、课程号和成绩。
(3) 检索选修了全部课程的学生姓名和年龄。

S

学号	姓名	年龄	性别	籍贯
156011001	王晓燕	20	女	北京
156011002	李 波	23	男	上海
156011003	陈志坚	21	男	长沙
156011004	张 平	20	男	上海
156011005	张 丽	22	女	武汉

C

课程号	课程名	教师姓名	办公室
C601	高等数学	周振兴	$2^\#-416$
C602	数据结构	刘东平	$4^\#-415$
C603	操作系统	刘东平	$4^\#-415$
C604	编译原理	王志伟	$5^\#-415$

SC

学号	课程号	成绩
156011001	C601	90
156011001	C602	90
156011001	C603	85
156011001	C604	87
156011002	C601	90
156011003	C601	75
156011003	C602	70
15601103	C604	56
15601104	C601	90
15601104	C604	85
15601105	C601	95
15601105	C603	80

图 2-10 综合题 3

第 3 章 关系数据库标准语言——SQL

3.1 SQL 概述

SQL 语言是国际化标准组织（ISO）批准的关系数据库标准语言，是 Structured Query Language（结构化查询语言）的缩写。它包括定义（Definition）、查询（Query）、操纵（Manipulation）和控制（Control）四方面内容。

数据定义是指创建数据库的各种对象结构。

数据查询是数据应用的主要内容，是 SQL 的重要组成部分，是各种操作的基础。

数据操纵是指对数据库中数据作增加新记录、修改变化的记录、删除作废的和错误的记录等数据维护操作。

数据控制是指对用户进行数据库访问权限的控制功能，以保证数据库的安全。

SQL 是一个功能强大的关系数据库语言，所以现在所有的关系数据库管理系统都支持 SQL。

3.1.1 SQL 的产生与发展

结构化查询语言是 1974 年由钱伯林和博伊斯提出的，美国 IBM 公司经过修改，将它用于自己的原型关系数据库系统 System R 中。在此基础上，IBM 公司将其商品化，并把它命名为 SQL。

核心 SQL 主要包括 4 个部分。

（1）根据定义语言（DDL）：用于定义 SQL 模式、基本表、视图、索引等结构。

（2）数据操纵语言（DML）：数据操纵分成数据查询和数据更新两类，其中数据更新又分成插入、修改和删除三种操作。

（3）数据控制语言（DCL）：这一部分包括对基本表和视图的授权、完整性规则的描述、事务控制等内容。

（4）嵌入式 SQL 语言：涉及 SQL 语句嵌入在宿主语言程序中的规则。

3.1.2 SQL 的特点

SQL 语言具有如下主要特点。

1. 一体化的特点

SQL 是一种一体化的语言，它包含了数据定义、数据查询、数据操纵和数据控制等方面的功能，可以完成数据库生命期中的全部活动。

2. 语言简洁，易学易用

虽然 SQL 功能很强，但由于它设计巧妙，语言简洁，完成核心功能只用了为数不多的 9 个动词（如表 3-1 所示），而且 SQL 语句的语法也非常简单，接近英语口语，因此容易学习和使用。

3. 高度非过程化

SQL 语言是一种高度非过程化的语言,它完成一个操作均只用一条语句,只要求用户提出做什么,条件是什么,而无须指出具体每一步怎么做,SQL 语言就可以将要求反馈给系统,自动完成全部工作,使程序设计简化且不易出错。

4. 使用方式灵活

SQL 有三种使用方式,第一种是联机交互的使用方式;第二种是嵌入到某种高级语言的程序中,负责数据库的操作;第三种是添加过程性语言与图形功能、面向对象方法及各种软件工具相结合,形成各具特色的独立语言,在数据库以外的其他领域也有广泛应用。

5. 集合运算方式

SQL 语言采用集合运算方式,不仅查找结果可以是记录的集合,而且一次插入、修改、删除操作的对象也可以是记录的集合。表 3-1 为 SQL 语言的功能。

表 3-1 SQL 语言功能

SQL 功能	实现语句
数据定义	CREATE, DROP, ALTER
数据查询	SELECT
数据操纵	INSERT, UPDATE, DELETE
数据控制	GRANT, REVOKE

3.2 数据的定义

标准 SQL 的数据定义功能非常广泛,一般包括模式(如基本表)的定义、外模式(如视图)的定义、内模式(如索引)定义等。表 3-2 为 SQL 的数据定义语句。

表 3-2 SQL 的数据定义语句

操作对象	操作方式		
	创建	删除	修改
表	CREATE TABLE	DROP TABLE	ALTER TABLE
视图	CREATE VIEW	DROP VIEW	
索引	CREATE INDEX	DROP INDEX	

3.2.1 模式的定义与删除

模式本身就是数据库中的一个对象。它可以使用 CREATE SCHEMA 语句显式地创建,并且将一个用户确定为模式的所有者。模式名称(Schema Name)会作为由两部分组成的对象名称的高端部分。

所有对象的名称都有模式部分和对象部分，但是并不总会全部显示这两个部分。显式地使用了两个部分的对象名称会得到充分限定（Fully Qualified），只使用一个部分的对象名称会由模式名称隐式限定（Implicitly Qualified）。当没有为数据库对象提供显式模式的时候，就会使用隐式限定。

1. 定义模式

SQL 模式可用 CREATE SCHEMA 语句定义，其基本句法如下。

```
CREATE SCHEMA <模式名> AUTHORIZATION <用户名>;
```

如果没有指定<模式名>，则<模式名>隐含为<用户名>。需要注意的是，要创建模式，调用该命令的用户必须拥有 DBA 权限，或者获得了 DBA 授予的 CREATE SCHEMA 的权限。

【例 3 – 1】定义一个教务系统模式 jwxt。

```
CREATE SCHEMA "jwxt";
```

模式实际上是一个命名空间，定义一个模式实际上也就是定义了一个命名空间。在这个命名空间中可以进一步定义该模式包含的数据库对象，例如基本表、视图、索引等。

2. 删除模式

删除模式使用 DROP SCHEMA 语句，DROP SCHEMA 语句的句法如下。

```
DROP SCHEMA <模式名>;
```

【例 3 – 2】删除模式 jwxt。

```
DROP SCHEMA jwxt;
```

该语句将会删除模式 jwxt。

3.2.2 基本表的定义、删除与修改

1. 数据类型

数据类型是数据的一种属性，表示数据信息的类型。任何一种计算机语言都定义了自己的数据类型。不同的程序语言具有不同的特点，所定义的数据类型的种类和名称都或多或少有些不同。以 SQL Server 为例，常用的数据类型如表 3 – 3 所示。

表 3 – 3　常用数据类型

数据类型	描　　述
Char（n）	长度为 n 的字符串
Varchar（n）	最大长度为 n 的可变长度字符串
Nchar（n）	长度为 n 的 Unicode 数据
Nvarchar（n）	最大长度为 n 的可变长度 Unicode 数据
int	整型
smallint	短整型
Numeric（p, s）	定点数，p 是可以存储的最大位数，s 是小数点右侧存储的最大位数

续上表

数据类型	描 述
smallmoney	短货币数据
Money	长货币数据
Float	浮动精度数字数据
bit	允许 0、1 或 NULL
Date	仅存储日期数据
Time	仅存储时间数据
XML	存储 XML 格式化数据
Table	存储结果集，供稍后处理

2. 基本表定义

基本表的定义实质就是创建表的结构，设置表中列的属性。创建表之前，先要确定表的名称、表的属性，同时确定表所包含的字段名、字段的数据类型及长度、是否为空、约束条件、默认值、规则以及所需索引、哪些字段是主键、哪些字段是外键等，这些属性构成表的结构。创建一个表最有益的方法是将表中所需的信息一次定义完成，包括数据约束和附加的成分，也可以先创建一个基础表，向其中添加一些数据并使用一段时间，根据使用情况，再向表中添加各种约束、索引、默认值、规则和其他对象形成最终设计。

本书以教务管理系统经常使用到的系部表、学生表、课程表、成绩表为例介绍如何设计表的结构。

系部表中有 ID、系部名、地址、负责人四个字段。ID 表示系部的编号，由短整型数字字符构成 smallint，系部名字段中输入汉字数据，其数据类型为变长的字符型数据 nvarchar（30），地址和负责人字段也是变长的字符型数据，只是长度不同。学生基础表中有学号、姓名、性别、出生日期、系部 ID 五个字段。学号都是由 9 位数字字符构成，所以学号的数据类型可以是 9 位定长的字符型数据 char（9）；姓名字段一般不超过 4 个中文字符，为了节省空间，可以是 4 位变长字符型数据 nvarchar（8）；性别字段只有"男"和"女"两种值，所以可以是字符型数据 char（2），默认值是"男"，也可以使用 bit 型数据，用 1 表示"男"，用 0 表示"女"，默认值是 1；出生日期可以使用日期类型数据，字段类型定为 date；系部 ID 使用有限的几个整数，所以可以定为短整型数据 smallint。在学生表中，只有学号字段能唯一标识每一个学生，所以将学号字段设置为该表的主键。根据这几点设计的系部表结构如表 3-4 所示。

表 3-4 系部表结构

字段名	数据类型	长度	是否为空值	默认值	说明
ID	短整型（smallint）	2	×		主键
系部名	变长字符型（nvarchar）	30	×		唯一

续上表

字段名	数据类型	长度	是否为空值	默认值	说明
地址	变长字符型（nvarchar）	50	√		唯一
负责人	变长字符型（nvarchar）	8	√		

参照系部表的设计方法，同样也设计出学生表的结构如表 3-5 所示，课程表的结构如表 3-6 所示和成绩表的结构如表 3-7 所示。

表 3-5 学生表结构

字段名	数据类型	长度	是否为空值	默认值	说明
学号	定长字符型（char）	9	×		主键
姓名	变长字符型（nvarchar）	8	×		
性别	定长字符型（char）	2	√	男	
出生日期	日期型（date）	3	√		
系部 ID	短整型（smallint）	2	√		

表 3-6 课程表结构

字段名	数据类型	长度	是否为空值	默认值	说明
ID	整型（integer）	4	×		主键
课程名	变长字符型（varchar）	50	×		
先修课	变长字符型（varchar）	2	√		
学分	短整型（smallint）	2	√	2	

表 3-7 成绩表结构

字段名	数据类型	长度	是否为空值	默认值	说明
学号	定长字符型（varchar）	9	×		组合
课程 ID	整型（integer）	4	×		主键
分数	短整型（smallint）	2	√	0	

表结构设计好以后就可以用 CREATE TABLE 语句创建表，其语法格式如下。

```
CREATE TABLE 表名
(字段名1 数据类型(宽度)[not null],
字段名2 数据类型(宽度)[not null],
…
);
```

定义表中字段的同时，还可以定义有关的完整性约束条件，例如为某列设置验证规则、验证信息和默认值等，此时 CREATE TABLE 语句的格式如下。

```
CREATE TABLE 表名
(字段名1 数据类型(宽度)PRIMARY KEY,
字段名2 数据类型(宽度)[CHECK 规则][ERROR 信息][DEFAULT 默认值],
…
);
```

【例3-3】建立系部表。

```
CREATETABLE 系部表(
ID smallint NOT NULL,
系部名 nvarchar(30) NOT NULL unique,
地址 nvarchar(50) unique,
负责人 nvarchar(8),
PRIMARYKEYCLUSTERED(ID)
);
```

【例3-4】建立学生表，并同时设置相关完整性约束条件。

```
CREATETABLE 学生表(
学号 char(9) NOT NULL,
姓名 nvarchar(8) NOT NULL,
性别 char(2) NOT NULL,
出生日期 date NOT NULL,
系部 ID smallint NULL,
PRIMARY KEY CLUSTERED(学号),
FOREIGNKEY(系部 ID) REFERENCES 系部表(ID)
);
```

3. 修改基本表的语句

基本表定义后，有时需要对其进行修改，SQL 语言用 ALTER TABLE 语句修改基本表，ALTER TABLE 语句的一般格式为

```
ALTER TABLE 表名
[ADD 新字段名 数据类型[完整性约束]]
[DROP COLUMN 字段名]
[DROP 完整性约束]
[ALTER COLUMN 字段名 数据类型];
```

其中"表名"指明要修改的基本表的名字，ADD 子句可用于增加新列和新的完整性约束条件，DROP 子句用于删除列或者完整性约束条件，ALTER COLUMN 子句用于修改原有的列定义，包括修改字段名和数据类型。

【例3-5】为学生表增加家庭住址列。

```
ALTER TABLE 学生表 ADD 家庭住址 Varchar(100);
```

【例3-6】删除学生表中的家庭住址列。

```
ALTER TABLE 学生表 DROP COLUMN 家庭住址;
```

【例3-7】将学生表中姓名列的宽度改为20

ALTER TABLE 学生表 ALTER COLUMN 姓名 Varchar(20);

【例 3 - 8】 为学生表性别字段增加完整性约束条件 xbcheck：性别只能是男或者女。

ALTER TABLE 学生表 ADD CONSTRAINT xbcheck
CHECK(性别 = '男'or 性别 = '女');

4. 删除基本表的语句

使用 DROP TABLE 语句可删除已不再需要的基本表，DROP TABLE 语句的一般格式为

DROP TABLE 表名;

【例 3 - 9】 删除学生表。

DROP TABLE 学生表;

基本表被删除后，表的结构和表中的数据、索引等都将不复存在，因此，执行删除基本表的操作时需要慎重。

3.2.3 索引的定义与删除

对于一个基本表，可以根据应用的需要建立若干个索引，以适应不同查询和提取数据的需要。

索引按一个或多个指定的字段内容来排序。索引通常用于加速对表的存取。索引数据可以与表数据存储在相同的表空间中，或存储在包含索引数据的单独表空间中。

索引的作用包括加快查询速度，这也是创建索引最主要的原因。通过创建唯一性索引，可以保证数据库表中每一行数据的唯一性。

1. 创建索引

在 SQL 语言中，建立索引使用 CREATE INDEX 语句，其一般格式为

CREATE [UNIQUE] [CLUSTER] INDEX 索引名
 ON 基本表名(字段名[次序] [,字段名[次序],…]);

其中，CLUSTER 表示建立的是聚集索引。聚集索引是指索引项的顺序与表中记录的物理顺序一致的索引组织，也就是说该索引中键值的逻辑顺序就是表中相应行的物理顺序。由于聚集索引规定了数据在表中的物理存储顺序，因此一个表只能包含一个聚集索引。用户可以在最近常要查询的列上建立聚集索引，这样可以提高查询的效率。索引可以建立在一列或者几列之上，建立在多个列之上的索引称为组合索引，各字段名之间用逗号分隔。每个字段名后面还可以用次序来指定索引值的升降排列次序，排序有 ASC（升序）或 DESC（降序）两种，默认值为 ASC。UNIQUE 表明要建立的是唯一性索引，即每个索引值只对应唯一的一个数据记录。

【例 3 - 10】 在学生表的学号列上创建一个唯一索引 PK_XH。

CREATE UNIQUE INDEX PK_XH ON 学生表(学号 ASC);

【例 3 - 11】 在学生表中基于系部编号升序和籍贯降序建立组合索引 depID_jg。

CREATE INDEX depID_jg ON 学生表(系部 ID ASC,籍贯 DESC);

需要注意的是，对于已含重复值的字段不能建 UNIQUE 索引，对某个字段建立 UNIQUE 索引后，插入新记录时数据库管理系统会自动检查新记录在该列上是否取了重

复值,这相当于增加了一个 UNIQUE 约束。

索引建立好后,如果基本表中的数据发生变化,不需要用户的干预,数据库系统会自动维护索引,以保证索引的正确性。

2. 删除索引

建立索引是为了提高查询的效率,减少查询操作所需要的时间,但如果数据增加、删除、修改等操作很频繁,系统需要花费很多时间来维护索引,此时可以删除一些不必要的索引,以减少系统维护索引所需要的时间。

在 SQL 中,用于删除索引的语句为 DROP INDEX,其语法格式为

```
DROP INDEX 索引名;
```

【例 3 – 12】删除学生表中的组合索引 depID_jg。

```
DROP INDEX 学生表.depID_jg;
```

需要注意的是,DROP INDEX 语法格式中没有单独的表名,所以需要在索引名前加上表名,以指定是对哪个表的索引进行删除。

3.3 数据查询

创建数据库、基本表的目的就是为了能够很好地利用数据,数据查询就是根据客户端的要求从数据库中查询出用户所需要的数据并返回给用户。SQL 语言的重要功能就是查询,查询语句是使用最频繁的语句。

SQL 的查询语句为 SELECT 语句,该语句具有强大的查询功能和丰富的查询方法,它由一系列灵活的子句组成,用户能够通过这些子句的各种组合查询所需要的数据。SELECT 语句可以从一个或多个表或视图中选择一个或多个行和列,对查询结果进行筛选、计算、分组、排序,甚至可以在一个 SELECT 语句中嵌套另一个 SELECT 语句。

SELECT 语句的基本形式由"SELECT…FROM…WHERE"查询块组成,其语法格式如下:

```
SELECT [ALL | DISTINCT]目标列表达式1[,目标列表达式2…]
  FROM 基本表(或视图)[,基本表(或视图)]…
  [WHERE 条件表达式]
  [GROUP BY 字段名1 [HAVING 条件表达式]]
  [ORDER BY 字段名2 [ASC | DESC]];
```

"SELECT"子句指定要显示的字段名或别名,ALL 和 DISTINCT 为二选一参数,ALL 表示输出所有满足条件的记录,DISTINCT 表示去掉重复的记录,默认为 ALL。

"FROM"子句指定查询对象是基本表(或视图),也就是指定原始数据的来源,指明从哪个或者哪些对象中去查询满足条件的记录。

"WHERE"子句指定记录要满足的查询条件。

"GROUP BY"子句对查询结果按指定字段的不同取值分组,该字段值相等的记录为一个组。进行分组的目的通常是为了在每组中使用聚集函数。"HAVING"短语可用于筛选出满足指定条件的组。

"ORDER BY"子句对查询结果按指定字段值的升序或降序排序。

"|"竖线表示单选。

"ASC|DESC"为二选一参数。ASC表示升序，为默认值，可省略；DESC表示降序。

"[ ]"方括号里的内容表示可选项。

SELECT语句用法非常灵活，可以实现一些简单的查询，也可以完成非常复杂的查询。下面我们从简单到复杂，逐步来学习SELECT语句的使用。

3.3.1 单表查询

所谓单表查询，是指查询的数据来源只有一张基本表或者一个视图，也就是"FROM 表名或视图名"子句中指定的表名或视图名只有一个。

3.3.1.1 查询表中指定字段

指定查询结果中要显示的列名，有两种情况，一是直接从原始数据中选择字段名，这相当于关系代数中的投影运算；二是通过表达式来得出需要显示的列名。

1. 查询选定字段

表或视图中的字段可以有许多个，很多情况下用户只需要查看其中的一部分字段，这时可以通过在SELECT子句的目标列表达式中指定要显示的字段名或列标题名。

【例3-13】查询学生表中学号、姓名两个字段的数据。

```
SELECT 学号,姓名 FROM 学生表;
```

【例3-14】查询课程表中所有课程的编号、课程名称和学分。

```
SELECT ID,课程名,学分 FROM 课程表;
```

2. 查询全部字段

如果需要查询表或视图中的全部字段，可使用通配符*号代替，而不必逐一列出所有的字段名，这样写出的查询语句比较简洁。

【例3-15】查询学生表中所有字段。

```
SELECT *FROM 学生表;
```

【例3-16】查询成绩表中所有字段。

```
SELECT *FROM 成绩表;
```

3. 使用列别名改变查询结果的列标题

如果需要改变查询结果的列标题，可用AS关键字指定列标题。

【例3-17】查询课程表中所有课程的编号、课程名称和学分，并且显示汉字列标题。

```
SELECT ID AS 课程编号,课程名,学分 FROM 课程表;
```

4. 查询需要经过计算得出的列

SELECT语句不仅具有我们通常所理解的从原始数据中按条件抽取数据得到查询结果的直接查询能力，而且还有对原始数据进行计算得到查询结果的查询计算能力，比如查询某门课的平均成绩、最好成绩、最差成绩等统计性数据，这些信息数据在表或视图中并没有直接存储，但可以通过表达式计算来实现查询输出。

【例3-18】使用SQL Server的日期函数计算每个学生的年龄。

SELECT 学号,姓名,year(getdate())-year(出生日期) as 年龄 FROM 学生表;

在表达式中除可以使用加减乘除等运算之外,还可以使用聚集函数。为增强查询功能,SQL 提供了许多聚集函数,主要有以下几种。

（1）计数。

COUNT([ALL |DISTINCT]*):统计表中记录的个数

COUNT([ALL |DISTINCT]字段名):统计某一字段中不同值的个数

（2）和。

SUM([ALL |DISTINCT] 字段名):统计某一字段中数值的总和

（3）平均值。

AVG([ALL |DISTINCT] 字段名):统计某一字段中数值的平均值

（4）最大值。

MAX([ALL |DISTINCT] 字段名):求某一字段中数值的最大值

（5）最小值。

MIN([ALL |DISTINCT] 字段名):求某一字段中数值的最小值

如果带 DISTINCT 短语,则在计算时要取消指定字段中的重复值；带 ALL 短语,则不取消重复值。ALL 为缺省值。

【例 3-19】查询学生表中的学生人数。

SELECT count(学号) AS 学生人数 FROM 学生表;

【例 3-20】查询 1 号课程的平均成绩、最好成绩、最差成绩。

Select avg(分数) as 平均成绩,max(分数) as 最好成绩,min(分数) as 最差成绩;
From 成绩表 where 课程 ID=1;

3.3.1.2 查询行

所谓查询行就是在查询过程中对记录进行条件限定,要查询的结果集中只显示符合条件的记录行。提供这种条件查询的就是 WHERE 子句。WHERE 子句在使用时要紧跟在 FROM 子句后面。WHERE 子句可以限定的查询条件很多,可以是单个条件也可以是多个条件的组合,可以进行比较运算、确定范围、限定集合、字符匹配,也可以在条件里使用聚集函数等。

表或视图中的行可以有很多,有时我们并不需要查看所有的行,此时可以通过筛选来选定需要查询输出的行。

1. 消除重复行

基本表中一般而言是不会出现重复行的,但本来并不完全相同的行,经过字段筛选（投影运算）后可能就变得相同了,此时可用 DISTINCT 来消除重复值。

【例 3-21】查询成绩表中所有课程的编号。

SELECT DISTINCT 课程 ID FROM 成绩表;

2. 查询满足条件的记录

查询满足条件的记录,可以通过 SELECT 语句中的 WHERE 子句来实现,WHERE 子句可包括各种条件运算符。

（1）比较运算符（大小比较）。>、>=、=、<、<=、<>、!>、!<。

【例3-22】查询学生表中陈翔宇的记录

　　　　SELECT * FROM 学生表
　　　　　　WHERE 姓名 ="陈翔宇";

（2）范围运算符（表达式值是否在指定的范围）。

BETWEEN……AND……

NOT BETWEEN……AND……

如 Age BETWEEN 10 AND 30 相当于 Age >=10 AND Age <=30。

【例3-23】查询成绩表中良好的成绩记录

　　　　SELECT * FROM 成绩表
　　　　　WHERE 分数 BETWEEN 80 AND 90;　　　//相当于分数 >=80 AND 分数 <=90

（3）集合运算符（判断表达式是否为列表中的指定项）。

IN（项1，项2，…）

NOT IN（项1，项2，…）

如 Country IN（'Germany'，'China'）。

（4）模式匹配符（判断值是否与指定的字符通配格式相符）。

　　　　LIKE、NOT LIKE

模式匹配常用于模糊查找，它判断列值是否与指定的字符串格式相匹配，可用于 Char、Varchar、Text、Ntext、Datetime 和 Smalldatetime 等类型查询。

模式匹配可使用以下通配字符。

百分号%。可匹配任意类型和长度的字符。

下划线_。匹配单个任意字符，它常用来限制表达式的字符长度。

例如：

限制以"数学"结尾，使用 LIKE '%数学'。

限制以"计算机"开头，使用 LIKE '计算机%'。

限制以"计算机"开头除外，使用 NOT LIKE '计算机%'。

【例3-24】查询学生表中的刘姓学生人数。

　　　　SELECT count(*) AS 刘姓学生人数 FROM 学生表
　　　　　WHERE 姓名 LIKE'刘%';

（5）空值判断符（判断表达式是否为空）。

IS NULL、NOT IS NULL

【例3-25】查询没有输入学生出生日期的记录

　　　　SELECT * FROM 学生表
　　　　　WHERE 出生日期 IS NULL;

（6）逻辑运算符（用于多个条件的逻辑连接）。

AND、OR、NOT

逻辑运算符的优先级次序为 NOT、AND、OR。

【例3-26】查询信息系男生的数据

　　　　SELECT * FROM 学生表

WHERE 性别 = '男' and 系部 ID = 1;

3.3.1.3 排序

在 SQL 的 SELECT 语句中，使用 ORDERY BY 子句对查询结果排序，并可以用 ASC 指出按升序排列（默认），用 DESC 指出按降序排列，可以按一列或多列排序。

【例 3 – 27】查询学生的学习成绩，先按学号升序排列，再按照成绩降序排列。

```
SELECT * FROM 成绩表
ORDER BY 学号,考试成绩 DESC;
```

3.3.1.4 分组

在含有 sum（）、count（）等聚集函数的查询中，如果不分组，则聚集函数的统计范围是查询基本表中的所有记录，聚集函数会对所有数据进行统计计算，压缩得到一条结果记录输出。这往往并不是我们想要的结果，如例 3 – 24。

【例 3 – 28】统计每个同学的平均成绩。

```
SELECT avg(考试成绩) AS 平均成绩 FROM 成绩表;//没有分组的错误实例
```

输出结果只有一条，计算出来的实际上是所有学生的平均成绩，而不是每个人的平均成绩。如果要统计每个人的平均成绩，正确的语句如下。

```
SELECT 学号,avg(考试成绩) AS 平均成绩
FROM 成绩表
GROUP BY 学号;
```

所谓分组，就是指在含有 sum（）、count（）等聚集函数的查询中，将查询基本表中的数据按照某种依据分成不同的组，聚集函数就各组分别进行统计，相应地，查询结果中的行数与所分的组数是相等的，因为分在同一组中的基本表记录经聚集函数统计后会压缩成一行数据。

设学生表中的数据如表 3 – 8 所示。

表 3 – 8 学生表

学号	姓名	性别	联系电话	出生日期	系部 ID
151011001	陈翔宇	男	13518818901	1996 – 1 – 5	1
151011002	程新星	男	13518818903	1997 – 11 – 5	1
151011003	关叶敏	女	13518818905	1997 – 3 – 6	1
155011008	李嘉惠	女	13518818915	1998 – 6 – 8	5
155011011	李伟聪	男	13518818921	1996 – 3 – 19	5
155011012	吉丽娜	女	13518818923	1997 – 5 – 25	5
156011023	张俊伟	男	13518818925	1997 – 10 – 2	6
156011028	郑惠文	女	13518818981	1996 – 11 – 2	6

现要查询每一名学生的平均成绩,查询语句见例 3-28,查询的执行过程如下。
(1) 获取学生表数据,如表 3-8 所示。
(2) 将成绩表数据按照学号分组,分组结果如表 3-9 所示。

表 3-9 将成绩表按学号分组

学号	课程 ID	分数
152011003	1	79
152011003	2	67
152011004	1	66
152011004	2	83
152011004	7	76
152011005	2	95
152011005	3	78
152011006	1	66
152011006	2	89

(3) 对分在同一组的分数计算平均值,就可得到每一名学生的平均成绩,查询结果如表 3-10 所示。

通过对查询执行过程的实例模拟,可以直观地看到,分在同一组中的基本表记录经过聚集函数统计后会压缩成一行数据。

表 3-10 平均成绩查询结果

学号	平均成绩
152011003	73
152011004	75
152011005	86
152011006	77

对于一个复杂的、含有聚集函数的查询,如何确定其分组依据呢?总的来说,要确定查询的分组依据最根本的办法就是先手工模拟查询过程,即根据查询要求基于原始数据尝试手工计算得到查询结果,在这种尝试中不难发现需要将数据按照怎样的规则分成哪些不同的组。有一种很简单的方法能在一定程度上帮助我们快速找到查询的分组依据,这就是"关键字法"。通常跟在"各"、"每"等关键字后面的就是分组依据。例如,统计每位学生的总成绩,跟在"每"后面的是学生,而能唯一标识学生的字段是学号,所以分组依据应当是学号。当然,用"关键字法"确定分组依据是从表面现象把握问题,只能起一个辅助作用,但这对初学者来说还是很直观和有用的。

我们知道,可以在 SELECT 语句的 WHERE 子句中设置查询条件,除此之外,还可以在 GROUP BY 子句中通过 HAVING 短语设置查询条件，两者的区别是 WHERE 子句中设置的是对基本表中所有原始数据的筛选条件，GROUP BY 子句中 HAVING 短语设置的是对分组计算结果的筛选条件。下面通过一个例题来具体说明。

【例 3-29】查询平均成绩超过 80 分的学生学号。

【分析】查询要求中实际的条件是平均成绩超过 80 分。这要求首先要计算出每个学生的平均成绩，然后对计算出来的平均成绩进行筛选，保留超过 80 分的平均成绩数据。

```
SELECT 学号,avg(考试成绩) AS 平均成绩 FROM 成绩表
GROUP BY 学号 having avg(考试成绩) >=80;
```

查询结果如表 3-11 所示：

表 3-11 超过 80 分的平均成绩查询结果

学号	平均成绩
152011005	86

3.3.2 联接查询

如果一个查询的数据来自两个以上的表或者视图，或者说一个查询同时涉及两个以上的表或者视图，就需要建立联接，把多个表或者视图关联起来，这类查询被称为联接查询。

表的联接一般都是有条件的，当两张表进行无条件联接时，两张表中的记录交叉组合后所形成的查询结果包含的新记录的个数将是原来两张表中记录数的乘积，在多数情况下，得到这样的联接结果是没有实际意义的。

联接的条件通常是两张表中相关的公共字段值相等，两张表中的公共字段也被称为联接字段，它们表示相同的内容，但字段名可以相同，也可以不同。

常用的联接类型有 4 种，分别是内联接、左外联接、右外联接和完全联接。内联接是将两张表联接字段值相等的记录联接在一起，也叫等值联接；左外联接是指保留左边表中的全部记录，然后将右边表中记录按照联接字段值相等的规则联接到左边表对应的记录上；右外联接是指保留右边表中的全部记录，然后将左边表中记录按照联接字段值相等的规则联接到右边表对应的记录上；完全联接是指将两张表联接字段值相等的记录联接在一起，联接字段值不相等的记录也保留，并将联接后缺失的字段值赋值为 NULL 值（空值）。

设学生资料表数据中记录如表 3-12 所示，成绩表中记录如表 3-13 所示。

表 3-12 学生资料表表

学号	姓名
151011001	陈翔宇
151011002	程新星

表 3-13 成绩表

学号	姓名
151011001	80
151011099	66

学生资料表和成绩表以学号为联接字段，内联接后只有一条记录，如表 3-14 所示。

左外联接后有两个记录，如表 3-15 所示。右外联接后有两个记录，如表 3-16 所示。

完全联接后有三个记录，如表 3-17 所示。

表 3-14　内联接结果表

学号	姓名	分数
151011001	陈翔宇	80

表 3-15　左外联接结果

学号	姓名	分数
151011001	陈翔宇	80
151011002	程新星	NULL

表 3-16　右外联接结果表

学号	姓名	分数
151011001	陈翔宇	80
151011099	NULL	66

表 3-17　完全联接结果

学号	姓名	分数
151011001	陈翔宇	80
151011002	程新星	NULL
151011099	NULL	66

【例 3-30】通过学生表和成绩表，查询学生的学习成绩。

```
SELECT 学生表.学号,姓名,课程 ID,分数
FROM 学生表 INNER JOIN 成绩表
ON 学生表.学号 = 成绩表.学号;
```

本例中，SELECT 子句和 ON 子句中的属性名前面都加上了表名前缀，这是为了避免混淆，因为多个表中可能有相同的字段名，例如学生表和成绩表都有学号字段，如果字段名在参加联接的各表中是唯一的，则可以省略表名前缀。

3.3.3　嵌套查询

在一个 SELECT 语句的 WHERE 子句或 HAVING 子句中嵌套另一个 SELECT 语句的查询称为嵌套查询。在实际应用中，往往一个 SELECT 语句构成的简单查询不能满足用户的所有要求，而嵌套查询可以将多个简单查询构成复杂的查询，从而增强查询语句的查询能力，最终完成条件较为复杂的查询任务。其中，外层的 SELECT 查询语句叫作外层查询或父查询，内层的 SELECT 查询语句叫作内层查询或子查询。内层查询的结果作为外层查询的条件使用。

嵌套查询是 SQL 语句的扩展，其语句形式如下。

```
SELECT 目标列表达式 1[,…]
FROM 表或视图名1
[WHERE [表达式1]
[(SELECT 目标列表达式2[,…]
FROM 表 或 视图名2)
```

```
   [WHERE [表达式2]]
   [GROUP BY 字段名1]
   [HAVING [表达式](SELECT 目标表达式3[,…]
   FROM 表 或 视图名3)]];
```

子查询又分为相关子查询和不相关子查询。当子查询的查询条件不依赖于父查询时，这类子查询称为不相关子查询；当子查询的查询条件依赖于父查询时，这类子查询称为相关子查询。

不相关子查询的处理过程是由里向外逐层处理的。即每个子查询在上一级查询处理之前求解，子查询的结果用于建立其父查询的查询条件。

而相关子查询的处理为：首先取外层查询中表的第一条记录，把与内层查询相关的属性值代入并处理内层查询，若 WHERE 子句返回值为真，则取此记录放入结果表；然后再取外层表的下一条记录；重复这一过程，直至外层表全部检查完为止。

SQL 语言允许多层嵌套查询，即一个子查询中还可以再嵌套其他子查询。但子查询的 SELECT 语句中不能使用 GROUP BY 子句，GROUP BY 子句只能对最终查询结果取最外层查询的数据进行排序。

下例为不相关子查询。

【例3-31】在学生表中查询与学号为152011005的学生在同一个系部的所有学生信息。

```
SELECT *
FROM 学生表
WHERE 系部 ID =
    (SELECT 系部 ID      /*不相关子查询,子查询是一个独立的查询*/
    FROM 学生表
    WHERE 学号 = '152011005');
```

下例为相关子查询。

【例3-32】查询学习了2号课程的学生姓名。

```
SELECT 姓名
FROM 学生表
WHERE EXISTS
(SELECT *
    FROM 成绩表      /*相关子查询,父查询的表名出现在子查询的 where 中*/
    WHERE 学生表.学号 = 成绩表.学号 AND 课程 ID = 2);
```

可用三种语法来创建子查询。

```
comparison [ANY | ALL | SOME ](subquery)
expression [NOT] IN(subquery)
[NOT] EXISTS(subquery)
```

其中，comparison 是一个表达式及一个比较运算符，表示将表达式与子查询的结果作比较；expression 是一个要在子查询的结果中集中搜索的表达式；subquery 是一个 SELECT 语句，遵从与其他 SELECT 语句相同的格式及规则，但由于在此处是子查询，所以它必须被括在括号之中。

1. 单列单值嵌套查询

当能确切知道内层查询返回单列单值，即符合条件的结果只有一个值时，可用比较运算符 >，>=，=，<，<=，<>，!= 等来连接父查询和子查询。

【例 3-33】在学生表中，查询与陈少丽是同一性别的所有学生信息。

```
SELECT *
FROM 学生表
WHERE 性别 =
(SELECT 性别 FROM 学生表 WHERE 姓名 = '陈少丽');
```

2. 单列多值嵌套查询

如果子查询的查询字段只有一个，且符合条件的结果是一个集合，即单列多值，我们可以用 ANY（有的系统中用 SOME）、ALL 和 IN 来连接父查询和子查询。ANY 表示任意一个，ALL 表示所有，IN 表示不唯一（如表 3-18 所示）。

表 3-18 ANY、ALL 运算符含义

关键字	ANY/ALL 与运算符组合	含义
ANY	> ANY	大于子查询结果中的某个值
	< ANY	小于子查询结果中的某个值
	>= ANY	大于等于子查询结果中的某个值
	<= ANY	小于等于子查询结果中的某个值
	= ANY	等于子查询结果中的某个值
	<>或!= ANY	不等于子查询结果中的某个值（没有实际意义）
ALL	> ALL	大于子查询结果中的所有值
	< ALL	小于子查询结果中的所有值
	>= ALL	大于等于子查询结果中的所有值
	<= ALL	小于等于子查询结果中的所有值
	= ALL	等于子查询结果中的所有值（没有实际意义）
	<>或!= ALL	不等于子查询结果中的任何一个值
IN	IN	包含在子查询的结果集中，可以不唯一
	NOT IN	不包含在子查询的结果集中

比较运算符可与 ANY、ALL 关键词配合使用如下。

使用 ANY 表示主查询中的记录只需要与子查询中检索到的任一记录作比较，满足条件即可。

【例 3-34】 查询成绩比 152011003 号同学的任一科成绩低的考试信息。

  SELECT *
  FROM 成绩表
  WHERE 考试成绩 < ANY(SELECT 考试成绩
         FROM 成绩表
         WHERE 学号 = '152011003');

使用 ALL 关键词表示主查询中的记录需要与子查询中检索到的所有记录作比较,满足条件才行。

【例 3-35】 查询成绩比 152011003 号同学的所有成绩都低的考试信息。

  SELECT *
  FROM 成绩表
  WHERE 分数 < ALL(SELECT 分数
        FROM 成绩表
        WHERE 学号 = '152011003');

用 ANY 和 ALL 关键词实现的功能,有时也可以用聚集函数来实现。

【例 3-36】 查询成绩比 152011003 号同学的所有成绩都低的考试信息(用聚集函数来实现)。

  SELECT *
  FROM 成绩表
  WHERE 考试成绩 <(SELECT min(考试成绩)
         FROM 成绩表
         WHERE 学号 = '152011003');

用聚集函数实现子查询通常比直接用 ANY 或 ALL 查询效率要高,因为前者通常能够减少比较次数。

用 IN 关键词可以实现只在主查询中检索的值在子查询中也包含相同值的数据。

【例 3-37】 查询所在系为工商管理系的所有学生信息。

  SELECT *
  FROM 学生表
  WHERE 系部 ID IN(SELECT ID
        FROM 系部表
        WHERE 系部名 = '工商管理系');

相反,可用 NOT IN 实现只在主查询中检索的值在子查询中不包含相同值的数据。

3. 多值多列嵌套查询

如果子查询的结果集是一个多列多行的表,这样的查询称为多列多值嵌套查询。由于子查询返回多列多值,所在父查询中只能使用 EXISTS 关键词或者 NOT EXISTS 进行匹配筛选。

带有 EXISTS 关键词的子查询不返回任何数据,只产生逻辑值"TRUE"或"FALSE"。若内层查询结果非空,则外层的 WHERE 子句返回真值,若内层查询结果为空,则外层的 WHERE 子句返回假值。由 EXISTS 引出的子查询,其目标列表达式通常都用*，因为带 EXISTS 的子查询只返回真值或假值，给出字段名并无实际意义。

【例 3-38】查询成绩大于等于 80 分的学生姓名。

   SELECT 姓名
   FROM 学生表
   WHERE EXISTS
    (SELECT *
    FROM 成绩表
    WHERE 学号 = 学生表.学号 AND 成绩 > = 80);

【例 3-39】查询有成绩不大于等于 80 的学生姓名。

   SELECT 姓名
   FROM 学生表
   WHERE NOT EXISTS
    (SELECT *
    FROM 成绩表
    WHERE 学号 = 学生表.学号 AND 成绩 > = 80);

3.3.4 集合查询

每一个 SELECT 语句的执行都能获得一组记录的集合（也可能无记录是空集合）。若希望把多个 SELECT 语句的执行结果合并为一个结果，可采用集合运算来完成。集合运算主要包括并运算（UNION）、交运算（INTERSECT）和差运算（EXCEPT）。需要注意的是，参加集合运算的各查询结果的数据项数目必须相同，对应项的数据类型也必须相同。

UNION 集合运算符会把两个或两个以上查询结果合并成一个结果，合并时系统会自动去掉重复的记录，如果要保留重复记录，可使用 UNION ALL。

【例 3-40】查询成绩表中成绩大于等于 85 分和不及格的成绩。

   SELECT * FROM 成绩表 WHERE 考试成绩 > = 85
   UNION
   SELECT * FROM 成绩表 WHERE 考试成绩 < 60;

INTERSECT 集合运算符用于实现集合的交集运算，返回由多个查询结果集的共有记录生成的一个结果集。

【例 3-41】查询学号为 152011005 和 152011006 的两位同学参加的相同考试科目编号。

   SELECT 课程 ID FROM 成绩表 WHERE 学号 = '152011005'
   INTERSECT
   SELECT 课程 ID FROM 成绩表 WHERE 学号 = '152011006';

EXCEPT 集合运算符用于实现两个或多个集合之间的差集，将前面查询结果集合中去掉后面查询结果集合中返回的所有行包括在内（但不计第二个以及其后的所有查询）生成一个结果表。

【例 3-42】查询学号为 152011005 的同学参加而学号为 152011006 的同学未参加

的考试科目编号。

```
SELECT 课程 ID FROM 成绩表 WHERE 学号 ='152011005'
EXCEPT
SELECT 课程 ID FROM 成绩表 WHERE 学号 ='152011006';
```

3.3.5 SELECT 语句的书写规范

SELECT 语句是 SQL 的核心语句，从上面的例子可以看到其语句成分丰富多样，下面给出它们的一般格式。

```
SELECT [ALL | DISTINCT] 目标列表达式 [别名] [,目标列表达式[别名]…]
FORM 表名或视图名 [别名] [,<表名或视图名>[别名]…]
[WHERE 条件表达式]
[GROUP BY 字段名1 [HAVING 条件表达式]]
[ORDER BY 字段名2 [ASC | DESC]];
```

1. 目标列表达式有以下可选格式

(1) *；

(2) <表达式>；

(3) (count [DISTINCT | ALL] *)；

(4) [<表名>.]<字段名表达式>[,[<表名>.<字段名表达式>]…]。

其中<字段名表达式>可以是由字段、作用于字段的聚集函数和常量的任意算术运算（+，-，*，/）组成的运算公式。

2. 聚集函数的一般格式为

$$\begin{Bmatrix} count \\ sum \\ avg \\ max \\ min \end{Bmatrix} [DISTINCT | ALL] <字段名>$$

3. WHERE 子句的条件表达式有以下可选格式

(1) $<字段名> \Theta \begin{Bmatrix} <字段名> \\ <常量> \\ [ANY/ALL](SELECT 语句) \end{Bmatrix}$，注：$\Theta$ 为关系运算符。

(2) $<字段名> [NOT] BETWEEN \begin{Bmatrix} <字段名> \\ <常量> \\ (SELECT 语句) \end{Bmatrix} AND \begin{Bmatrix} <字段名> \\ <常量> \\ (SELECT 语句) \end{Bmatrix}$。

(3) $<字段名> [NOT] IN \begin{Bmatrix} (<值1>[,<值2>]…) \\ (SELECT 语句) \end{Bmatrix}$。

(4) <字段名> [NOT] LIKE <匹配串>。

(5) <字段名> IS [NOT] NULL。

(6) [NOT] EXISTS(SELECT 语句)。

(7) $<条件表达式> \begin{Bmatrix} and \\ or \end{Bmatrix} <条件表达式> [\begin{Bmatrix} and \\ or \end{Bmatrix} <条件表达式>]$。

3.4 数据的更新

SQL 的操作功能是指对数据库中数据的操作功能,主要包括数据的插入、修改和删除功能。

3.4.1 数据的插入

SQL 中用于实现数据插入操作的语句为 INSERT 语句,可以向表中插入多条记录。有两种插入数据的方式,一种是每次操作插入一条记录,另一种是每次操作插入子查询结果,后者一次可以插入多条记录。

1. 插入单个记录

插入记录的 INSERT 语法格式为

```
INSERT INTO 表名[(字段名1[,字段名2,…])]
VALUES(表达式1 [,表达式2,…]);
```

以上语句的功能为:将新记录插入指定表中,分别用表达式1、表达式2 等为字段1、字段2 等赋值。其中,表名指定要插入新记录的表;字段是可选项,指定待添加数据的列;VALUES 子句指定添加到字段上的具体数据值。字段名的排列顺序不一定要和表定义时的顺序一致。但当不指定字段名时,VALUES 子句中各个表达式的排列顺序必须和表结构的字段名的排列顺序一致、个数相等,并且数据类型与长度一一对应。INTO 语句中没有出现的字段名,添加的新记录在对应列上将取空值[在表定义时指定了不能取空值(NOT NULL)的字段除外]。如果 INTO 子句没有带任何字段名,则插入的新记录必须在每个字段上均有值。

【例 3-43】向学生表中插入一条新记录,学号为 153011001,姓名为王宏伟,性别为男,出生日期为 1998 年 5 月 5 日,所在系为工商管理系。

```
INSERT INTO 学生表(学号,姓名,性别,出生日期,系部 ID)
VALUES('153011001','王宏伟','男','1998-5-5',3);
```

如果要省略字段名,则上述语句可改为

```
INSERT INTO 学生表
VALUES('153011001','王宏伟','男','1998-5-5',3,NULL);
```

2. 插入子查询结果

要向表中一次插入多条记录,可用使用 INSERT 语句的另一种形式,在这种形式中先通过子查询来生成要插入的批量数据,然后用 INSERT 语句插入到指定的表中。

用于将子查询结果批量插入到表中的 INSERT 语句的格式为

```
INSERT INTO 表名[(字段1[,字段2,…])]
    子查询;
```

【例 3-44】将学生表中信息系的学生信息插入到信息系学生表中,该表结构和学生表的结构相同。

```
INSERT INTO 信息系学生表
    SELECT *
```

```
FROM 学生表
WHERE 系部 ID = 1;
```

3.4.2 数据的修改

SQL 语言中，可以使用 UPDATE 语句对表中的一条或多条记录的某些列值进行修改。UPDATE 语句的一般格式为

```
UPDATE 表名
SET 字段名 = 表达式[,字段名 = 表达式,…]
[WHERE 条件表达式];
```

语法格式中，表名是指要修改数据的表的名称；SET 子句给出要修改的字段名及其修改后的值；WHERE 子句指定待修改的记录应当满足的条件。WHERE 子句省略时，则修改表中的所有记录。

UPDATE 语句修改数据的方式可以有三种。

- 修改某一条记录。
- 修改多条记录。
- 带子查询的修改。

1. 修改某一条记录的值

【例 3-45】将学号为 153011001 的学生王宏伟的籍贯改为南京。

```
update 学生表
set 籍贯 = '南京'
where 学号 = '153011001';
```

2. 修改多条记录

【例 3-46】将 58 分和 59 分的考试成绩加上 2 分。

```
update 成绩表
set 成绩 = 成绩 + 2
where 成绩 > = 58 and 成绩 < = 59;
```

3. 带子查询的修改

【例 3-47】给选修了数据库原理课程同学的软件工程成绩加 5 分。

```
update 成绩表
set 考试成绩 = 考试成绩 + 5
where 课程 id = 7 and exists(select 课程 id from 成绩表 where 课程 id = 5);
```

3.4.3 数据的删除

在 SQL 中，可使用 DELETE 语句或 TRUNCATE TABLE 语句来删除表中的一条或多条记录。

1. 使用 DELETE 语句删除数据

DELETE 语句的语法格式如下：

```
DELETE
FROM 表名
```

[WHERE 条件表达式];

语法格式中,表名指定要删除数据的表,WHERE 子句指定要删除的记录应满足的条件,只删除满足条件的数据。如果没有 WHERE 子句则表示要删除表中的所有记录。需要注意的是,DELETE 语句删除的是表中的数据,而不是删除表的结构。

DELETE 语句删除数据的方式可以有四种。

· 删除某一条记录。

· 删除多条记录。

· 删除表中全部记录。

· 带子查询的删除。

(1) 删除某一条记录。

【例 3-48】删除信息系学生表中的郑惠文。

```
DELETE FROM 信息系学生表
WHERE 姓名 = '郑惠文';
```

(2) 删除多条记录。

【例 3-49】删除学生表中的信息系学生的所有数据。

```
DELETE FROM 学生表
WHERE 系部 ID = 1;
```

该语句执行后,会删除学生表中信息系学生的全部数据,但表的结构以及表中其他系学生的信息仍然存在,只是表中信息系学生的数据没有了。

(3) 删除表中全部记录。

【例 3-50】删除成绩表中的所有数据。

```
DELETE FROM 学生表;
```

该语句执行后,会删除成绩表中的全部数据,但表的结构仍然存在,只是表中的所有数据没有了。

(4) 带子查询的删除

【例 3-51】删除成绩表中信息系学生郑惠文所有考试成绩。

```
DELETE FROM 成绩表
WHERE 学号 =
    (SELECT 学号 FROM 学生表
    WHERE 姓名 = '郑惠文' and 系部 ID = 1);
```

2. 使用 TRUNCATE TABLE 删除表数据

使用 TRUNCATE TABLE 语句将删除指定表中的所有数据,因此也称其为清除表数据语句,其语法格式如下:

```
TRUNCATE TABLE 表名
```

TRUNCATE TABLE 在功能上与不带 WHERE 子句的 DELETE 语句相同,二者均删除表中的全部数据。但 TRUNCATE TABLE 比 DELETE 速度快,且使用的系统事务日志资源少。

要删除由外键(FOREIGN KEY)约束引用的表记录,不能使用 TRUNCATE TA-

BLE 删除数据,而应使用不带 WHERE 子句的 DELETE 语句。

3.5 视图

视图(View)是从一个或多个表(或视图)中导出的虚拟表。其本身不包含数据,视图中的数据来自其查询语句的结果。视图在简化查询语句、增加查询结果的可读性以及数据维护、安全等方面有非常良好的效果,为用户提供了一种从特定的角度来查看数据的方法。

在数据库系统中,视图只是由 SELECT 语句组成的查询定义的虚拟表,因此数据库在存储视图时,只存储视图的定义,而不是视图中的数据。视图包含行和列,很像一个真实的表,但实际上这些数据来自数据源中的真实表,当这些被引用的表中数据发生变化时,从视图中看到的数据也会随之变化。视图一经定义,就可以和基本表一样被查询、被删除。

3.5.1 视图的定义

1. 创建视图

在 SQL 中,创建视图可使用 CREATE VIEW 语句,其语法格式为:

    CREATE VIEW 视图名 [(字段名[,字段名]…)]
    AS 子查询 [WITH CHECK OPTION];

数据库管理系统在执行 CREATE VIEW 语句时只是把视图的定义存入数据字典,并不立即执行其中的 SELECT 语句,当以后对视图进行查询时,才会按视图的定义从基本表中将数据查询出来。组成视图的字段名或者全部省略或者全部指定。如果全部省略,则视图包含的列由子查询中 SELECT 目标列中的诸字段组成。

视图不仅可以建立在一个或多个基本表上,也可以建立在一个或多个已定义好的视图上,也就是说在视图的基础上可以再建视图。

如果视图带有 WITH CHECK OPTION 子句,透过视图进行数据增删改操作时,不得破坏视图定义中的条件(即子查询中的条件表达式)。

【例 3-52】建立学生信息视图(V_学生信息),要求能看到学生的学号、姓名、性别及所在系。

    CREATE VIEW V_学生信息(学号,姓名,性别,所在系)
    AS
      SELECT 学号,姓名,性别,系部名
      FROM 学生表,系部表
      WHERE 学生表.系部 ID = 系部表.ID;

【例 3-53】建立艺术设计系学生视图(V_艺术系学生),要求能看到学生的学号、姓名、性别。

    CREATE VIEW V_艺术系学生(学号,姓名,性别)
    AS
      SELECT 学号,姓名,性别

```
        FROM 学生表
        WHERE 系部 ID =
            (SELECT ID
            FROM 系部表
            WHERE 系部名 = '艺术设计系');
```

2. 删除视图

可以使用 DROP VIEW 语句来删除视图,语法格式如下。

```
        DROP VIEW 视图名
```

删除基本表时,由该基本表导出的所有视图定义虽然仍在数据字典中,但已无法使用,需要用 DROP VIEW 语句显式删除。

【例 3-54】删除艺术设计系学生视图(V_艺术系学生)。

```
        DROP VIEW V_艺术系学生;
```

3.5.2 视图的查询

从用户的角度来说,视图定义好后,查询视图与查询基本表是相同的。

【例 3-55】从学生信息视图(V_学生信息)中查询学生的学号、姓名、所在系。

```
        SELECT 学号,姓名,所在系
        FROM V_学生信息
```

【例 3-56】从学生信息视图(V_学生信息)中查询女生信息。

```
        SELECT * FROM V_学生信息
        WHERE 性别 = '女'
```

3.5.3 视图的更新

视图和查询的一个显著不同点在于,查询是只读的,而视图中的数据是可以更新的。更新视图与更新基本表基本相同,只是指定 WITH CHECK OPTION 子句后,DBMS 在更新视图时会进行检查,防止用户通过视图对不属于视图范围内的基本表数据进行更新。但并不是所有的视图都是可更新的,例如视图中的数据是统计出来的,则不可以更新。

【例 3-57】在学生信息视图(V_学生信息)中将陈少丽的姓名改为陈美丽。

```
        UPDATE V_学生信息
        SET 姓名 = '陈美丽'
        WHERE 姓名 = '陈少丽';
```

3.5.4 视图的作用

通过使用 SQL 视图,可以满足用户以下数据访问需求。

(1)视图简化了对数据的查询和处理。有时用户所需要的数据分散在多个表中,定义视图可以将它们集中在一起,方便用户进行数据查询和处理。另外视图本身就是一个已经保存的查询定义,因此在执行相同查询时,只需要一条简单的视图查询语句即可,而不需要再编写复杂的联合查询语言,使编写查询语句的过程更简单。视图还能够提供基本表中并不直接存储的间接信息、统计信息,并将这些信息通过视图以类似于基本表的方式直接提供给用户使用。

(2) 视图使用户集中视点,增加数据的可读性。视图可以筛选和过滤掉一些用户不需要或敏感的行和列,只允许用户查看特定范围的数据,这样既增加了数据的可读性,又提高了数据的安全性。

(3) 视图有利于数据的共享。视图能让多个用户从不同角度来看待和使用同一数据,使得多个用户既能共享数据,又能保持各自的相对独立性和使用的便利性。

(4) 视图可以保证数据的逻辑独立性。有时候我们会根据需要,对表的设计进行一些合并或拆分,这些操作会对应用程序造成影响。但如果使用视图,就可以在数据重新组织的时候保持原有的结构关系,也就是说通过使用视图可以让用户看到的数据和数据的实际逻辑结构之间保持一定程度的独立性,从而使外模式保持不变。即只更改视图定义不更改应用程序,从而方便程序维护,保证数据的逻辑独立性。

(5) 视图增加了数据的安全性。视图可以作为一种安全机制,对机密数据提供安全保护。用户通过视图只能查看和修改他们权限以内的数据,其他数据既不可见也不可以访问。如果某一用户想要访问视图的结果集,需要获得相关的访问视图的权限。

3.6 存储过程

3.6.1 存储过程的概念、优点与分类

存储过程 (Stored Procedure) 是为了完成特定功能使用 SQL 语句编写的程序,经编译后存储在数据库中。存储过程在第一次执行时进行编译,然后将编译好的代码保存在高速缓存中供以后调用,以提高代码的执行效率。用户通过指定存储过程的名字并给出参数(如果该存储过程带有参数)来执行它。存储过程运用范围比较广,是数据库中的一个重要对象,任何一个设计良好的数据库应用程序都应该用到存储过程。

存储过程可以接收参数、返回状态值和参数值,并可以嵌套调用。

1. 使用存储过程的优点

(1) 执行速度快、效率高。存储过程一般是编译后存储在数据库中的,执行存储过程比执行 SQL 语句速度更快。

存储过程可以将经常使用的 SQL 语句封装起来,这样可以避免重复编写相同的 SQL 语句,并事先编译成二进制代码,在运行存储过程时不需要再对存储过程进行编译,可以加快执行的效率。

(2) 规范程序设计。存储过程创建以后可以在程序中多次调用,而不必重新编写该存储过程的 SQL 语句。而且数据库专业人员可随时对存储过程进行修改,但对应用程序源代码毫无影响(因为应用程序源代码只包含存储过程的调用语句),从而极大地提高了程序的可移植性。

(3) 提高系统的安全性。系统管理员通过对存储过程的执行权限进行限制,从而实现对相应数据访问权限的控制,避免未授权用户对数据的访问,保证数据的安全。

(4) 减少网络传输所需的时间。由于存储过程是保存在数据库服务器上的一组代

码，在客户端调用时只需要给出存储过程名及参数即可，在网络上传送的流量比传送存储过程全部代码的流量要小得多，所以可以减少网络流量，提高运行速度。

2. 存储过程的类型

（1）系统存储过程。数据库系统提供了许多系统存储过程，可以用来帮助用户了解数据库的信息和管理数据库。

（2）用户定义的存储过程。

用户定义的存储过程是由用户根据自己的需要创建的存储过程。用户定义的存储过程中封装了可重用的代码模块，方便用户重复多次使用。

（3）扩展存储过程。

在 SQL Server 环境之外执行的动态链接库称为扩展存储过程，是数据库与程序之间提供的一个接口，以实现各种维护活动的系统存储过程。其前缀是 xp_。

3.6.2　创建存储过程

创建存储过程时，要确定存储过程的三个组成部分：

（1）输入参数和输出参数；

（2）在存储过程中执行的 SQL 语句；

（3）返回的状态值，是用来指明执行存储过程是成功还是失败的。

创建存储过程的权限默认属于数据库所有者，该所有者可将此权限授予其他用户。存储过程是数据库对象，其名称必须遵守标识符规则。只能在当前数据库中创建存储过程。可以使用 CREATE PROCEDURE 语句来创建存储过程，其语法格式如下：

```
CREATE PROC[EDURE] 存储过程名 [;number]
[{@参数名 类型}][,…n]
    [OUTPUT]
[WITH
{RECOMPILE | ENCRYPTION}]
AS
{SQL 语句块};
```

number 是可选整数，用于对同名的存储过程分组。使用一个 DROP PROCEDURE 语句可将这些分组的存储过程一起删除掉。

OUTPUT 用于指示参数是输出参数。此选项的值可以返回给调用存储过程的语句 EXECUTE。

RECOMPILE 表示数据库引擎不缓存该存储过程的计划，该存储过程在每次执行时又要重新编译。

ENCRYPTION 表示存储过程的文本进行了加密。

SQL 语句块是存储过程体，是存储过程要执行的 SQL 语句。

【例 3-58】创建一个存储过程，用于按照学号来查询学生的信息。

```
CREATE PROCEDURE p_学生信息
@xh char(9)      //带参数
AS
```

```
SELECT *FROM 学生表
WHERE 学号 = @xh;
```

3.6.3 查看存储过程

建立好的存储过程可以通过多种方式来查看。

1. 使用数据库管理系统提供的管理器来查看存储过程

例如，在 SQL Server 2010 中，可以通过 SQL Server Management Studio 查看创建好的存储过程，如图 3-1 所示。

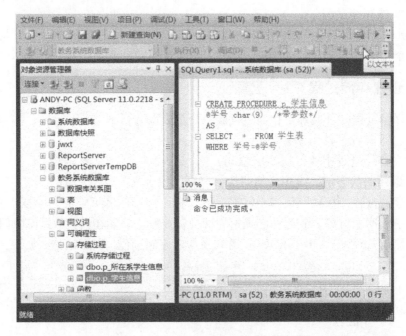

图 3-1 在 SQL Server Management Studio 中查看创建好的存储过程

2. 使用系统存储过程

有多个系统存储过程可用于查看存储过程，如下：

```
sp_help        显示参数清单及其数据类型
sp_helptext    显示存储过程定义文本
sp_depends     列出存储过程依赖的对象或者依赖存储过程的对象
sp_stored_procedures  返回当前数据库中的存储过程清单
```

3.6.4 重新命名存储过程

重新命名存储过程可以用 sp_rename 语句。其语法格式为：

```
sp_rename 原存储过程名,新存储过程名;
```

【例 3-59】将存储过程 p_学生信息重新命名为 p_学生资料。

```
sp_rename p_学生信息 , p_学生资料;
```

也可以在数据库管理系统提供的管理界面中直接对存储过程进行重命名操作，如图

3-2所示。

图 3-2　在 SQL Server Management Studio 中对存储过程进行重命名操作

3.6.5　删除存储过程

可以使用 DROP PROCEDURE 语句来删除存储过程，语法格式如下：

```
DROP PROCEDURE <存储过程名>;
```

【例 3-60】删除存储过程 p_学生信息。

```
DROP PROCEDURE p_学生资料;
```

3.6.6　执行存储过程

执行存储过程可以使用 EXECUTE 语句，语法格式如下：

```
[{EXEC | EXECUTE}]
    {[@return_status =]
    {存储过程名[;number] | @变量}
    [[@参数 =]{value | @variable[OUTPUT] | [DEFAULT]}][,…n]
    [WITH RECOMPILE];
```

【例 3-61】通过存储过程，查询学号为 153011001 的学生信息。

```
EXEC p_学生信息 '153011001';
```

3.6.7　修改存储过程

如果需要更改存储过程中的语句或参数，可以删除并重新创建该存储过程，也可以修改该存储过程。删除并重新创建存储过程时，与该存储过程关联的所有权限都将丢失。更改存储过程时，将更改过程或参数定义，但为该存储过程定义的权限将保留，并且不会影响任何相关的存储过程或触发器。

修改存储过程可以用 ALTER PROCEDURE 语句，或者在数据库管理系统提供的管理界面直接操作。

【例3-62】修改存储过程 p_学生信息，使其由原来按学号查询改为按系部来查询学生信息。

```
ALTER PROCEDURE p_学生信息
@ID smallint
AS
SELECT *FROM 学生表
WHERE 系部 ID = @ID;
```

3.7 本章小结

本章介绍了功能强大的关系数据库语言 SQL 及其功能，还介绍了视图以及存储过程的创建及应用。

SQL 是国际化标准组织（ISO）批准的关系数据库标准语言，是 Structured Query Language（结构化查询语言）的缩写。它包括定义（Definition）、查询（Query）、操纵（Manipulation）和控制（Control）四方面内容。

数据定义是指创建数据库的各种对象结构。

数据查询是数据应用的主要内容，是 SQL 的重要组成部分，是各种操作的基础。

数据操纵是指对数据库中数据作增加新记录、修改变化的记录、删除作废的记录和错误的记录等数据维护操作。

数据控制是指对用户进行数据库访问权限的控制功能，以保证数据库的安全。

视图（View）是从一个或多个表（或视图）中导出的虚拟表。其本身不包含有数据，视图中的数据来自其查询语句的结果。视图在简化查询语句、增加查询结果的可读性以及数据维护、安全等方面有非常良好的效果，为用户提供了一种从特定的角度来查看数据的方法。

存储过程（Stored Procedure）是为了完成特定功能使用 SQL 语句编写的程序，经编译后存储在数据库中。存储过程在第一次执行时进行编译，然后将编译好的代码保存在高速缓存中供以后调用，以提高代码的执行效率。用户通过指定存储过程的名字并给出参数（如果该存储过程带有参数）来执行它。存储过程运用范围比较广，是数据库中的一个重要对象，任何一个设计良好的数据库应用程序都应该用到存储过程。

习题 3

一、选择题

1. 在 SQL 语言中授权的操作是通过_____语句实现的。
   A. CREATE   B. REVOKE   C. GRANT   D. INSERT
2. 在 MS SQL Server 中建立了表 teacher（no, name, sex, birthday），no 为表的主码，其他属性的默认值为 null。表中信息如表 3-19 所示，能够正确执行的插入操作是_____。

表 3-19 teacher 表

no	name	sex	birthday
101	张丽丽	女	1962/05/07
102	李芳	女	1970/04/14
103	王中	男	1982/10/27

A. INSERT INTO student(no,sex)VALUES(102,'女')
B. INSERT INTO student(name,sex)VALUES('王中','男')
C. INSERT INTO studentVALUES(102,'男','王中','1982/10/27')
D. INSERT INTO studentVALUES(106,'王中','男','1982/10/27')

3. 为数据表创建索引的目的是_____。
   A. 提高查询的检索性能   B. 创建唯一索引
   C. 创建主键   D. 归类

4. 为了使索引键的值在基本表中唯一，在建立索引语句中应使用_____。
   A. UNIQUE   B. COUNT   C. DISDINCT   D. UNION

5. 在 SELECT 语句中，以下有关 HAVING 短语的正确叙述是_____。
   A. HAVING 短语必须与 GROUP BY 短语同时使用
   B. 使用 HAVING 短语的同时不能使用 WHERE 短语
   C. HAVING 短语可以在任意的一个位置出现
   D. HAVING 短语与 WHERE 短语功能相同

二、填空题

1. 使用 SQL 语言的 ALTER TABLE 命令，给学生表 STUDENT 增加一个 E_mail 字段，长度为 30，命令是 ALTER TABLE STUDENT _____ E_mail Char(30)。

2. 在 SQL 的 SELECT 查询中使用_____子句消除查询结果中的重复记录。

3. 在 SQL 语句中空值用_____表示。

4. 设有 S（学号，姓名，性别）和 SC（学号，课程号，成绩）两张表，下面 SQL 的 SELECT 语句检索选修的每门课的成绩都高于或等于 85 分的学生的学号、姓名和性别。

   SELECT 学号,姓名,性别 FROM S
   WHERE _____
   (SELECT *FROM SC WHERE SC.学号 = S.学号 AND 成绩 < 85);

5. 在 SQL 查询中，使用_____子句引导的是查询条件。

三、简答题

1. SQL 语言具有哪些主要特点？
2. 什么是基本表？什么是视图？两者的区别和联系是什么？
3. 试述存储过程的优点。

四、综合应用题

1. 设有两个基本表 R（A，B，C）和 S（D，E，F），试用 SQL 查询语句表达下列关系代数表达式。

   (1) $\prod_A (R)$ (2) $\sigma_{B='17'} (R)$ (3) $R \times S$ (4) $\prod_{A,F} (\sigma_{C=D}(R \times S))$

2. 设有两个基本表 R（A，B，C）和 S（A，B，C）试用 SQL 查询语句表达下列关系代数表达式。

   (1) $R \cup S$ (2) $R \cap S$ (3) $R - S$ (4) $\prod_{A,B}(R) \bowtie_{7B,C}(S)$

3. 教学数据库的三个基本表如下。

   学生 S（S#，SNAME，AGE，SEX）

   学习 SC（S#，C#，GRADE）

   课程 C（C#，CNAME，TEACHER）

   试用 SQL 的查询语句表达下列要求。

   （1）检索刘老师所授课程的课程号和课程名。

   （2）检索年龄大于 23 岁的男学生的学号和姓名。

   （3）检索王同学不学的课程号。

   （4）检索全部学生都选修的课程号与课程名。

   （5）创建一个存储过程，根据用户键入的学生学号（S#）和课程号（C#），查询学生成绩（grade）。

第 4 章　数据库的完整性

数据库为了保证数据的合法性，在增加、修改、删除数据时需要检查数据是否符合设计要求，以防止错误的数据保存到数据库中，这就要求数据符合完整性定义。

数据库的完整性是指数据库数据的正确性、有效性和一致性。

1. 数据的正确性

数据正确性是指数据的合法性，比如一个人的国籍，只能是国家的名字，如果出现省、市、县的名字，则是错误的，因为它失去了数据的正确性。

2. 数据的有效性

数据有效性是指数据应在定义的有效范围内，例如，一个人的每周工作日最多是7天，每月工作日最多是 31 天；学生性别只能是男或女；百分制的分数应在 0～100 之间。

3. 数据的一致性

数据一致性（或相容性）是指表示同一个事实的两个数据（可能存放在两个不同的关系中）应相同或者需要引用制约。比如学生所选的课程必须是学校已经开设的课程、学生所在的院系必须是学校已经成立的院系等。

总之，数据完整性要保证各个数据的内容正确有效，确保各个相关数据值的一致，确保数据库中的数据可以成功和正确地保存。所以，维护数据库的完整性是非常重要的。

为了实现完整性控制，数据库管理员应向 DBMS 提出一组完整性规则，这组规则的实现是由 DBMS 提供的语句表达的，由系统加以编译并存入系统数据字典中。

一般情况下，RDBMS 可通过两种方法实现数据完整性，即声明数据完整性和过程数据完整性。声明数据完整性是通过在对象定义中定义的条件来实现数据完整性的，是由系统本身的自动强制来实现的，它包括使用各种列级或表级约束的实现。过程数据完整性是通过在脚本语言中定义的完整性条件来实现的，当执行这些脚本时，就可以强制完整性的实现。过程数据完整性的方式包括使用存储过程和触发器。

强制数据完整性可保证数据库中数据的质量。例如，如果输入了学号为 151011001 的学生信息，则该数据库不应允许其他学生使用具有相同值的学号，从而确保学生编号的唯一性；如果想将性别列的值范围设定为男和女，则数据库不应接受其他的汉字或符号，从而确保学生性别的有效性；学生表中设计了系部 ID 的字段，则数据库应只允许接受有效的学校系部编号的值，假设学校有 9 个系，系部编号从 1 到 9，则 10 不允许出现在学生表的系部 ID 这个字段里。

为维护数据库的完整性，DBMS 必须满足以下要求。

1. 提供定义完整性约束条件的机制

完整性约束条件也称为完整性规则,是数据库中的数据必须满足的语义约束条件。SQL 标准使用了一系列概念来描述完整性,包括关系模型的实体完整性、参照完整性和用户定义完整性。这些完整性一般由 SQL 的 DDL 语句来实现。它们作为数据库模式的一部分存入数据字典中。

2. 提供完整性检查的方法

DBMS 中检查数据是否满足完整性约束条件的机制称为完整性检查。一般在 INSERT、UPDATE、DELETE 语句执行后进行检查,也可以在事务提交时检查。检查这些操作执行后操作的数据是否违背了完整性约束条件。

3. 违约处理

DBMS 若发现用户的操作违背了完整性约束条件,就会采取一定的动作,如拒绝(NO ACTION)执行该操作,或级联(CASCADE)执行其他操作,进行违约处理以保证数据的完整性。

目前商用的 DBMS 产品都支持完整性控制。即完整性定义和检查控制由 DBMS 实现,不必由应用程序来完成,从而减轻了应用程序员的编程负担。更重要的是使得完整性控制成为 DBMS 核心支持的功能,从而能够为所有用户和所有应用提供一致的数据库完整性。因为由应用程序来实现完整性控制是有漏洞的。有的应用程序定义的完整性约束条件可能被其他应用程序破坏,数据库数据的正确性仍然无法保障。

关系模型中有三类数据完整性:实体完整性、参照完整性、用户定义完整性。其中实体完整性和参照完整性是关系必须满足的完整性约束条件,被称作关系的两个不变性,应由关系数据库系统自动支持。用户定义的完整性是具体应用领域需要遵行的约束条件,是一些特定的约束条件。

4.1 实体完整性

4.1.1 实体完整性

实体完整性规则:若属性 A(一个或一组属性)是基本关系 R 的主属性,则 A 既不能重复也不能取空值。

关系模型的实体完整性在 CREATE TABLE 语句中用 PRIMARY KEY 定义。对单字段构成的主码有两种说明方法。一种是定义为列级约束条件,另一种是定义为表级约束条件。对多个字段构成的码只有一种说明方法,即定义为表级约束条件。

【例 4-1】将学生表中的学号字段定义为主码。

```
CREATE TABLE 学生表(
    学号 char(9) PRIMARY KEYCLUSTERED,          //在列级定义主码
    姓名 nvarchar(8) NOT NULL,
    性别 char(2) NOT NULL,
    出生日期 date NOT NULL,
    电话 char(11) NULL,
```

            系部 ID smallint NULL
        );
    或者
        CREATE TABLE 学生表(
            学号 char(9),
            姓名 nvarchar(8) NOT NULL,
            性别 char(2) NOT NULL,
            出生日期 date NOT NULL,
            电话 char(11)NULL,
            系部 ID smallint NULL,
            PRIMARY KEY CLUSTERED(学号)   /*在表级定义主码*/
        );

【例 4-2】将成绩表中的学号、课程号两个字段的组合定义为主码。
        CREATE TABLE 成绩表(
            学号 char(9)NOT NULL,
            课程 ID integer NOT NULL,
            成绩 smallint NULL,
            PRIMARY KEY(学号,课程 ID)   /*组合主键,只能在表级定义主码*/
        );

4.1.2 实体完整性检查和违约处理

用 PRIMARY KEY 子句定义了关系的主码后,每当用户对基本表插入一条记录或者对主码字段进行更新操作时,RDBMS 将按照实体完整性规则自动进行检查,内容包括以下两点:

(1) 查主码值是否唯一,如果不唯一则拒绝插入或修改。

(2) 检查主码的各个字段值是否为空,只要有一个值为空就拒绝插入或修改,从而保证实体完整性。

对实体完整性规则说明如下:

(1) 实体完整性规则是针对基本关系而言的。一个基本关系通常对应现实世界的一个实体集。例如学生关系对应于学生的集合。

(2) 现实世界中的实体是可区分的,即它们具有某种唯一性。例如每个学生都是独立的个体,是不一样的。

(3) 关系模型中以主码作为唯一性的标识。如学号主码,能够区分开每个学生。

(4) 主码中的属性即主属性不能取空值。如果主属性取空值,就说明存在某个不可标识的实体,即存在不可区分的实体,这与现实世界中的实体是可区分的相矛盾,因此这个规则称为实体完整性。

4.2 参照完整性

现实世界中一定范围内的实体之间往往存在着某种联系,在关系模型中实体与实体之间的联系都是用关系来描述的。这样就自然存在着关系与关系之间属性的引用。

【例4-3】学生实体与系部实体之间的关系可以表示如下（主码用下划线标识）：

学生(<u>学号</u>,姓名,性别,出生日期,<u>系部ID</u>)

系部(<u>ID</u>,系部名,地址,负责人)

这两个关系之间存在着属性的引用，即学生关系引用了系部关系中的主码ID，显然学生关系中的系部ID值必须是确实存在的值，也就是说学生关系中的某个系部ID的值必须参照系部关系中的ID属性取值。

【例4-4】学生、课程、成绩三个关系如下：

学生(<u>学号</u>,姓名,性别,出生日期,<u>系部ID</u>)

课程(<u>课程号</u>,课程名,学分,前导课程号)

成绩(<u>学号</u>,<u>课程号</u>,分数)

这三个关系之间也存在着属性的引用，即成绩关系引用了学生关系的主码"学号"，同时还引用了课程关系的主码"课程号"。成绩关系中的"学号"值必须是确实存在的学生学号，即学生关系中必须有该学生的记录数据，成绩关系中的"课程号"值也必须是确实存在的课程号，即课程关系中有该课程的记录数据。也就是说，关系中某些属性的取值，需要参照其他关系的一些属性取值。

不仅两个关系或两个以上关系之间可能存在引用关系，即使在同一关系内容属性间也可能存在着引用关系。

【例4-5】在课程（<u>课程号</u>，课程名，学分，前导课程号）关系中，"课程号"属性是主码，"前导课程号"表示学习某门课程前要先行学习的课程编号，它引用了本关系内的"课程号"，即"前导课程号"必须是存在的课程号。

以上三个例子说明了关系与关系之间存在着相互引用、相互约束的情况。

参照关系：设 F 是基本关系 R 的一个或一组属性，但不是关系 R 的码。K 是基本关系 S 的主码。如果 F 与 K 相对应，则称 F 是 R 的外码（Foreign Key）。并称基本关系 R 为参照关系（Referencing Relation），基本关系 S 为被参照关系（Referenced Relation）或目标关系（Target Relation）。关系 R 和 S 不一定是不同的关系。

显然目标关系 S 的主码 K 与参照关系 R 的外码 F 必须定义在同一个（或同一组）域上。

在【例4-3】中，学生关系的"系部ID"属性与系部关系的主码"ID"相对应，因此"系部ID"属性是学生关系的外码。这里系部关系是被参照关系，学生关系是参照关系。

在【例4-4】中，成绩关系的"学号"属性与学生关系的主码"学号"相对应，成绩关系的"课程号"属性与课程关系的主码"课程号"相对应，因此"学号"和"课程号"属性是成绩关系的外码。这里学生关系和课程关系均是被参照关系，成绩关系是参照关系。

在【例4-5】中，课程关系的"前导课程号"与本身的主码"课程号"相对应，因此"前导课程号"是课程关系的外码。这里课程关系既是被参照关系也是参照关系。

需要注意的是，外码并不一定与相对应的主码同名，在【例4-5】中主码为课程号，外码为前导课程号。但在实际应用中，为了便于识别，当外码与相对应的主码属于不同的关系时，往往给它们取相同的名字。

参照完整性规则：若属性（或属性组）F 是基本关系 R 的外码，它与基本关系 S 的主码 K 相对应，则对于 R 中每个元组在 F 上的值必须为：

◆ 或者取空值。
◆ 或者等于 S 中某个元组的主码值。

参照完整性以外码与主码之间的联系为基础。参照完整性确保主、外码值在所有表中一致，即要求外码不得引用不存在的主码值，如果一个主码值发生更改，则整个数据库中对该主码值的所有引用要进行一致性的更改。

强制实现参照完整性时，RDBMS 可防止用户执行下列操作。

(1) 在主表（主码所在的表）中没有关联的记录时，将记录添加或更改到子表（外码所在的表）中。

(2) 更改主表中的值，从而导致子表中生成孤立记录（即在主表中找不到主码值与该记录外码值相等的对应记录）。

(3) 从主表中删除记录，但子表中仍存在与该记录匹配的相关记录。

4.2.1 参照完整性定义

关系模型的参照完整性在 CREATE TABLE 中用 FOREIGN KEY 子句定义哪些列为外码，用 REFERENCES 子句指明这些外码参照哪些表的主码。

例如，成绩表中一条记录表示一个同学某一科的学习情况，(学号，课程 ID) 是主码。而表中的学号及课程 ID 分别参照引用了学生表的主码和课程表的主码。

【例 4-6】定义成绩表中的参照完整性。

```
CREATE TABLE 成绩表(
    学号 char(9)NOT NULL,
    课程 ID integer NOT NULL,
    成绩 smallint NULL,
    PRIMARY KEY(学号,课程 ID),         //组合主键,只能在表级定义主码
    FOREIGN KEY(课程 ID)REFERENCES 课程表(ID),  //在表级定义参照完整性
    FOREIGN KEY(学号)REFERENCES 学生表(学号)   //在表级定义参照完整性
);
```

4.2.2 参照完整性检查和违约处理

参照完整性将两个表中的相应记录联系起来。因此，对被参照表和参照表进行增删改操作时有可能破坏参照完整性，必须进行检查。

例如，对于成绩表（参照表）和学生表（被参照表）来说，有 4 种可能破坏参照完整性的情况，如表 4-1 所示。

表4-1 可能破坏参照完整性的情况及违约处理

序号	被参照表（例如学生表）	参照表（例如成绩表）	违约处理
1	可能破坏参照完整性	插入记录	拒绝
2	可能破坏参照完整性	修改外码值	拒绝
3	删除记录	可能破坏参照完整性	拒绝/级联删除/设置为空值
4	修改主码值	可能破坏参照完整性	拒绝/级联修改/设置为空值

（1）成绩表中增加一条记录，该记录的外码字段学号的值在学生表中找不到任何一条对应的记录，使其主码字段学号的值与新增记录的外码字段学号的值相等。

（2）修改成绩表中的一条记录，修改后该记录的外码字段学号的值在学生表中找不到一条记录，使得其主码字段学号的值与之相等。

（3）从学生表中删除一条记录，造成成绩表中某些记录的外码字段学号的值在学生表中找不到一个对应的记录，使其主码字段学号的值与这些记录的外码字段学号的值相等。

（4）修改学生表中一条记录主码字段学号的值，造成成绩表中某些记录外码字段学号的值在学生表中找不到一个对应的记录，使其主码字段学号的值与这些记录外码字段学号的值相等。

当上述的不一致发生时，系统可以采用以下的策略加以处理。

（1）拒绝（NO ACTION）执行。不允许该操作执行。该策略一般设置为默认策略。

（2）级联（CASCADE）操作。当删除或修改被参照表（学生表）的一条记录造成了与参照表（成绩表）的不一致，则同步删除或修改参照表中的所有造成不一致的记录。

例如，删除学生表中的记录，学号值为152011001，则要在成绩表中级联删除学号='152011001'的所有记录。

（3）设置为空值（SETNULL）。当删除或修改被参照表（学生表）中的一条记录，造成参照表（成绩表）中出现孤立记录，即在被参照表中找不到主码值与该记录的外码值相等的对应记录时，可将参照表（成绩表）中所有造成不一致记录的外码字段设置为空值。

再看【例4-3】中学生实体与系部实体之间的关系可以表示如下（主码用下画线标识）：

学生(学号,姓名,性别,出生日期,系部ID)
系部(ID,系部名,地址,负责人)

学生关系的"系部ID"是外码，因为系部ID是系部关系的主码。

假设系部表（被参照表）中ID为1的记录被删除，对于两表间参照完整性设置为空值的策略，就要把学生表（参照表）中"系部ID=1"的所有记录的系部ID值设置为空值。该策略的语义为：某个系部取消了，该系部的所有学生的所在系部待定，等待重新分配到新的系部。

对于外码能否设置为空值，要根据具体的应用环境语义而定。

有时外码可以设置为空。例如，上例中的学生表，"系部ID"是外码，按照应用的实际语义可以取空值，表示这些学生的系部待定。

但有时外码不可设置为空。例如，在成绩表中（学号，课程号）共同构成主码，二者均不可为空。如果被参照表学生表中某条记录被删除，参照成绩表中也不可有一条记录的学号设置为空。如果成绩表中的学号为空，就说明不存在该学生或该学生的学号待定，但这个学生已经存在，这与实际应用环境的语义不符。在这种情况下，参照完整性不可以采用置空策略。

因此，在设置两表之间的参照完整性时，要明确指定外码字段是否允许空值。

一般地，当对参照表和被参照表的操作违反了参照完整性时，系统选用默认策略，即拒绝执行。如果想让系统采用其他策略就必须在创建表的时候显式地加以说明。

【例4-7】显式说明参照完整性的违约处理示例。

```
CREATE TABLE 成绩表(
学号 char(9) NOT NULL,
课程 ID varchar(5) NOT NULL,
成绩 smallint NULL,
PRIMARY KEY(学号,课程 ID),//在表级定义实体完整性
FOREIGN KEY(学号)REFERENCES 学生表(学号)//在表级定义参照完整性
ON DELETE CASCADE//当删除学生表的记录时,级联删除成绩表中相应的记录
ON UPDATE CASCADE,//当更新学生表的学号时,级联更新成绩表中相应的记录
FOREIGN KEY(课程 ID)REFERENCES 课程表(ID)//在表级定义参照完整性
ON DELETE NO ACTION//当删除课程表的记录造成与成绩表中不一致时拒绝删除
ON UPDATE CASCADE//当更新课程表中的 ID 时,级联更新成绩表中相应的记录
);
```

从上面的【例4-7】可以看到 RDBMS 在实现参照完整性时，除了要提供定义主码、外码的机制外，还需要提供不同的删除与修改策略供用户选择。选择哪种策略，要根据实际应用需要来决定。

比如，根据实际需要，可以对 DELETE 和 UPDATE 采用不同的策略。【例4-7】中当删除被参照表（课程表）中的某个记录，造成参照表（成绩表）出现孤立记录时，则拒绝删除被参照表（课程表）中的该记录；而对修改被参照表（课程表）的操作则采取级联修改参照表（成绩表）的策略。

4.3 用户定义的完整性

用户定义的完整性就是针对某一具体应用的数据使其必须满足的语义要求。例如学号字段必须取唯一值、百分制成绩字段的取值范围在 0～100 之间、姓名字段不能取空值（比如在例4-1的学生关系中必须给出学生姓名）等。

目前的 RDBMS 都提供了定义和检验这类完整性的机制，自定义完整性约束通过 RDBMS 自身加以实现，而不必通过应用程序来实现这一功能，从而简化应用程序的开发。

4.3.1 限制字段取值的约束条件

在 CREATE TABLE 中定义字段的同时可以根据应用要求，定义字段上的约束条件，即字段值限制，包括：

(1) 字段值非空（NOT NULL）。
(2) 字段值唯一（UNIQUE）。
(3) 检查字段值是否满足一个布尔表达式（CHECK 子句）。
(4) 为字段值指定默认值（DEFAULT 子句）。

1. 不允许取空值

【例 4-8】在定义课程表时，说明课程 ID、课程名、学分字段不允许取空值。

```
CREATE TABLE 课程表(
    ID smallint NOT NULL,/*课程 ID 字段不允许取空值*/
    课程名 varchar(50) NOT NULL,/*课程名字段不允许取空值*/
    前导课 ID smallint NULL,
    学分 smallint NOT NULL,/*学分字段不允许取空值*/
    PRIMARY KEY CLUSTERED(ID) /*因为主键,ID 不允许取空值的约束可以不写*/
);
```

2. 字段值唯一

【例 4-9】建立课程表，要求课程名字段值唯一，课程 ID 为主码。

```
CREATE TABLE 课程表(
    ID smallint NOT NULL,/*ID 表示课程编号,该字段不允许取空值*/
    课程名 varchar(50) NOT NULL UNIQUE,/*课程名字段值必须唯一且不为空*/
    前导课 ID smallint NULL,
    学分 smallint NOT NULL,/*学分字段不允许取空值*/
    PRIMARY KEY CLUSTERED(ID) /*主键约束,ID 不允许取空值的约束可以不写*/
);
```

3. 用 CHECK 子句指定字段值应该满足的条件

【例 4-10】学生表的性别字段只允许取值 "男" 或 "女"。

```
CREATE TABLE 学生表(
    学号 char(9)PRIMARY KEY,/*在列级定义主码*/
    姓名 nvarchar(8)NOT NULL,
    性别 char(2)CHECK(性别 IN('男','女')) NOT NULL,/*性别只允许取"男"或"女"*/
    出生日期 date NOT NULL,
    系部 ID smallint NULL,
    FOREIGN KEY(系部 ID)REFERENCES 系部表(ID)
);
```

【例 4-11】成绩表分数字段的值应该介于 0～100 分之间。

```
CREATE TABLE 成绩表(
    学号 char(9)NOT NULL,
    课程 ID smallint NOT NULL,
```

分数 smallint NULL check(分数 > =0 and 分数 < =100), /*考试成绩应该介于0~100之间*/
    PRIMARY KEY(学号,课程 ID),
    FOREIGN KEY(课程 ID)REFERENCES 课程表(ID),
    FOREIGN KEY(学号)REFERENCES 学生表(学号)
  );

  4. 用 DEFAULT 子句指定某列的默认值

【例4-12】成绩表分数字段的值在未录入成绩之前默认为0。当向成绩表插入新的数据时，如果没有指定该字段的值，则将使用默认值0填充该字段。

    CREATE TABLE 成绩表(
     学号 char(9)NOT NULL,
     课程 ID varchar(5) NOT NULL,
     分数 smallint CHECK(分数 > =0 and 分数 < =100)DEFAULT 0, /*默认值为0*/
     PRIMARY KEY(学号,课程 ID),
     FOREIGN KEY(课程 ID)REFERENCES 课程表(ID),
     FOREIGN KEY(学号)REFERENCES 学生表(学号)
    );

4.3.2 记录上约束条件的定义

  与字段上约束条件的定义类似，在 CREATE TABLE 语句中可以用 CHECK 子句定义记录上的约束条件，即记录级的限制。同字段值限制相比，记录级的限制可以设置不同字段的取值之间的相互约束条件。

【例4-13】学生表中，学号字段与专业字段之间具有相互制约关系：学号第5、6位为"11"时，其专业为"计算机"；学号第5、6位为"12"时，其专业为"电子"；学号第5、6位为"13"时，其专业为"通信"；学号第5、6位为"14"时，其专业为"电气自动化"。

    CREATE TABLE 学生表(
     学号 char(9)PRIMARY KEY,/*在列级定义主码*/
     姓名 nvarchar(8) NOT NULL,
     性别 char(2)NOT NULL CHECK(性别 IN('男','女')),/*性别字段只允许取'男'或'女'*/
     出生日期 date NOT NULL,
     系部 ID smallint NULL,
     专业 nvarchar(20) NOT NULL
    FOREIGN KEY(系部 ID)REFERENCES 系部表(ID),
    CHECK(substring(学号,5,2) ='11'AND 专业 ='计算机'
     OR substring(学号,5,2) ='12'AND 专业 ='电子'
     OR substring(学号,5,2) ='13'AND 专业 ='通信'
     OR substring(学号,5,2) ='14'AND 专业 ='电气自动化')
        /*定义了表中学号字段和专业字段取值之间的约束条件*/

);

此例定义了记录级 CHECK 约束条件,即表中每条记录必须满足 CHECK 中指定的条件:学号字段与专业字段之间的对应关系。

4.3.3 约束条件的检查和违约处理

字段级约束条件的检查和违约处理:当向表中插入记录或修改字段的值时,RDBMS就会检查字段上的约束条件是否被满足,如果不满足则操作被拒绝执行。

记录级约束条件(也称表级约束条件)的检查和违约处理:当向表中插入记录或修改字段的值时,RDBMS 也检查记录级约束条件是否被满足,如果不满足则操作被拒绝执行。

4.4 完整性约束命名子句

除以上的完整性约束条件定义形式外,SQL 还可在 CREATE TABLE 语句中使用 CONSTRAINT 子句进行完整性约束条件的命名,从而可以灵活地增加、删除一个完整性约束条件。

1. 完整性约束命名子句

CONSTRAINT <完整性约束条件名>[PRIMARY KEY 子句 | FOREIGN KEY 子句 | CHECK 子句]

【例 4-14】建立学生表,要求学号不能为空值且不能重复,性别值只能是"男"或"女",学号第5、6位为"11"时,其专业为"计算机";学号第5、6位为"12"时,其专业为"电子";学号第5、6位为"13"时,其专业为"通信";学号第5、6位为"14"时,其专业为"电气自动化"。

```
CREATE TABLE 学生表(
    学号 char(9) CONSTRAINT C1 PRIMARY KEY,/*学号字段为主键*/
    姓名 nvarchar(8) CONSTRAINT C2 NOT NULL,
    性别 char(2)CONSTRAINT C3 CHECK(性别 IN('男','女')),/*性别只允许取'男'
或'女'*/
    出生日期 date CONSTRAINT C4 NOT NULL,
    系部 ID smallint NULL,
    专业 nvarchar(20) CONSTRAINT C5 NOT NULL
    CONSTRAINT FK foreign key(系部 ID) REFERENCES 系部表(ID),
    CONSTRAINT C6 CHECK(substring(学号,5,2) = '11'AND 专业 = '计算机'
        OR substring(学号,5,2) = '12'AND 专业 = '电子'
        OR substring(学号,5,2) = '13'AND 专业 = '通信'
        OR substring(学号,5,2) = '14'AND 专业 = '电气自动化')
    )
```

在学生表上建立了 7 个约束条件,包括主码约束 C1 以及 C2、C3、C4、C5、C6。其中有 5 个列级约束 C1、C2、C3、C4、C5 及两个表级约束 FK(外键约束)和 C6。

【例 4-15】建立成绩表,要求学号字段的值必须已经存在于学生表中,课程 ID 字段的值必须存在于课程表中。

```
CREATE TABLE 成绩表(
    学号 char(9) NOT NULL,
    课程 ID varchar(5) NOT NULL,
    分数 smallint NULL check(分数 > =0 and 分数 < =100),
    CONSTRAINT PK6 PRIMARYKEY(学号,课程 ID),
    CONSTRAINT C61 FOREIGNKEY(学号)REFERENCES 学生表(学号);
    CONSTRAINT C62 FOREIGNKEY(课程 ID)REFERENCES 课程表(ID)
);
```

通过给成绩表定义命名的外码约束，实现了其与学生表及课程表的参照完整性约束。这里定义了一个组合主码约束 PK6 和两个外键约束 C61 和 C62。

2. 修改表中的完整性限制

我们可以使用 ALTER TABLE 语句修改表中的完整性限制。

【例 4-16】修改课程表中的约束条件，对学分字段的值进行限制，要求最高为 6 学分。

实现方法是：增加新的约束条件，如果还要修改新增的约束条件，可以先删除原来的约束条件，再重新增加新的约束条件。

```
ALTER TABLE 课程表 DROP CONSTRAINT XF;
ALTER TABLE 课程表 ADD CONSTRAINT XF CHECK(学分 < =6);
```

4.5 触发器

4.5.1 触发器的概念及作用

从本质上说，触发器（Trigger）是一种特殊的存储过程，因为它也包含一组 T-SQL 语句。但触发器又与存储过程明显不同，触发器是自动执行的，并且触发器不能接收参数，也不可以用 EXECUTE 语句直接调用执行。触发器是定义在表上的，所以与表的关系密切，用于保护表中的数据。一旦定义了触发器，任何用户对表或视图进行增加、修改、删除操作，均由服务器自动激活相应的触发器，可以处理各种复杂的操作，在 RDBMS 核心层进行集中的完整性控制，不需要人为的操作。SQL Server 还将触发器的功能扩展到了数据库级，如在进行数据库的创建、修改和删除操作时，也会自动激活执行相关触发器。

在数据库中，约束（CONSTRAINT）和触发器（TRIGGER）均可用来保证数据的有效性和完整性。约束直接设置于数据表内，只能实现一些比较简单的功能操作，如实现字段有效性和唯一性的检查、自动填入默认值、确保字段数据不重复（即主码）、确保关联表间数据的一致性（即外键）等功能。

触发器的作用类似于约束，但是比约束更加灵活，可以实施比 FOREIGN KEY 约束、CHECK 约束更为复杂的检查和操作，具有更精细和更强大的数据控制能力。因此，触发器常用来完成由数据库的完整性约束难以完成的复杂业务规则的约束，或用来监视对数据库的各种操作，实现审计的功能。

在使用触发器时，应该考虑下面的一些规则和因素：

（1）触发器在操作之后发生，约束在操作发生之前起作用。

（2）约束优先于触发器检查，如果触发器所在的表上有约束，那么这些约束在触发器执行前进行检查，如果约束和触发器有冲突，那么不执行触发器。

（3）一个表可以有多个触发器。

（4）触发器不需要返回结果集。建议不要在触发器中包含有返回值的语句。

触发器并不是 SQL 规范的内容，但是很多 RDBMS 很早就支持触发器，因此不同的 RDBMS 实现的触发器语法也会有所不同。本书以 SQL Server 2012 为例介绍触发器相关知识。

4.5.2 SQL Server 触发器概述

1. 触发器常用功能

（1）强化约束。触发器可以实现比约束更为复杂的数据约束。触发器可以检查 SQL 所做的操作是否被允许。例如，在成绩表里，如果要删除一条成绩记录，在进行删除操作时，触发器可以检查该成绩表的分数是否为零，如果不为零则取消该删除操作。

（2）级联运行。当一个 SQL 语句对数据表进行操作的时候，触发器可以根据该 SQL 语句的操作情况来对另一个数据表进行操作。例如，在学生表中修改一个学生的学号时，触发器可以自动修改该学生在成绩表中的学号，以保证同一个学生在两个表内的学号数据一致。

（3）调用存储过程。约束本身是不能调用存储过程的，但是触发器本身就是一种存储过程，而存储过程是可以嵌套使用的，所以触发器也可以调用一个或多个存储过程。

（4）发送 SQL Mail。在 SQL 语句执行完之后，触发器可以判断更改过的记录是否达到一定条件，如果达到这个条件的话，触发器就可以自动调用 SQL Mail 来发送邮件。例如，当一个学生的学号修改之后，可以给该生发送 E - mail，通知其已经拥有了新的学号。

（5）返回错误信息。约束是不能返回信息的，而触发器可以。例如插入一条重复记录时，可以返回一个具体的错误信息给前台应用程序。

（6）更改 SQL 语句。触发器可以修改原本要操作的 SQL 语句，例如原本的 SQL 语句是要删除数据表里的记录，但该数据表里的记录是重要记录，不允许删除，那么触发器就可以不执行该语句。

（7）保护表结构。为了保护已经建好的数据表，触发器可以在接收到 DROP 和 ALTER 开头的 SQL 语句里，不进行对数据表的操作。

2. 触发器分类

SQL Server 根据 SQL 语句的不同，把触发器分为两大类：DML 触发器和 DDL 触发器。

（1）DML 触发器在数据库服务器中发生数据操作语言（DML）事件时启用。DML 事件包括在指定表或视图中执行的 INSERT、UPDATE 或 DELETE 语句。DML 触发器又分为 After 触发器和 Instead Of 触发器两类。

触发器和激活它的语句作为一个事务处理。触发器定义可以包括 ROLLBACK TRANSACTION 语句，即使不存在当前的 BEGIN TRANSACTION 语句。激活触发器的语句看成是隐含事务的开始，除非包括当前的 BEGINTRANSACTION 语句。如果检测到错误（例如磁盘空间不足），则整个事务自动回滚（撤消）。

（2）DDL 触发器是 SQL Server 的另一个功能。当服务器或数据库中发生数据定义语言（DDL）Create、Alter 和 Drop 操作时将调用这类触发器。DDL 触发器一般用于执行数据库中的管理任务，如审核和规范数据库操作、防止数据库表结构被修改等。

4.5.3　DML 触发器的创建和应用

当数据库中发生数据操作语言 DML 事件时将调用 DML 触发器。从而确保对数据的处理必须符合由触发器中 SQL 语句所定义的规则。

1. DML 触发器分类

（1）AFTER 触发器。也可以用 For 来替换 After。这类触发器是在表中记录已经发生改变之后（After），才会被激活执行的。它主要是用于记录变更后的处理或检查，一旦发现错误，也可以用 ROLLBACK TRANSACTION 语句来回滚本次的操作。

（2）INSTEAD OF 触发器。当为表或视图定义了针对某一操作 INSERT、UPDATE、DELETE 的 Instead Of 类型触发器，且执行了相应的 DML 操作时，尽管触发器被触发，但相应的 DML 操作并不被执行，而仅执行触发器本身定义体中所包含的 SQL 语句。这类触发器一般用来取代原本的 DML 操作，且在记录变更之前发生。

2. inserted 表和 deleted 表

SQL Server 为每个触发器都创建了两个专用表：inserted 表和 deleted 表。

这是两个逻辑表，它们的结构和触发器所在的表的结构相同，SQL Server 会自动创建和管理这两个表，在触发器执行时存在，在触发器执行结束时消失。可以使用这两个临时驻留内存的表测试某些数据修改的效果及设置触发器操作的条件。

（1）deleted 表存放于执行 DELETE 或 UPDATE 语句时，要从表中删除的所有行。在执行 DELETE 或 UPDATE 操作时，被删除的行或更新前的行从触发器所在表中被移动到 deleted 表。触发器所在表与 deleted 表不会有共同的行。

（2）inserted 表存放由于执行 INSERT 或 UPDATE 语句时，要向触发器表中插入的所有行。

在执行 INSERT 或 UPDATE 操作时，新的行同时添加到触发器表中和 inserted 表中，inserted 表的内容是触发器表中新行的拷贝。

说明：UPDATE 事务可以看作是先执行一个 DELETE 操作，再执行一个 INSERT 操作，旧的行首先被移动到 deleted 表，然后新行同时添加到触发器表中和 inserted 表中。

3. 创建 DML 触发器

使用 CREATE TRIGGER 命令创建 DML 触发器的语法形式如下：

```
CREATE TRIGGER 触发器名
ON {表名 | 视图名} [WITH ENCRYPTION]
```

```
        {
            {FOR | AFTER | INSTEAD OF} { [INSERT] [,] [UPDATE] [,] [DELETE] }
            AS
            {SQL 语句块}
        };
```

说明：

(1) WITH ENCRYPTION 表示对触发器所在的表进行加密。

(2) AFTER 表示只有在执行了指定的操作（INSERT、UPDATE、DELETE）之后触发器才会被激活并执行触发器中的 SQL 语句。若使用关键字 FOR，则表示为 AFTER 触发器，该触发器仅能创建在表上。

(3) [INSERT] [,] [UPDATE] [,] [DELETE] 关键字用来指明哪种操作将激活触发器。至少要指明一个选项，在触发器的定义中三者的顺序不受限制，且各选项要用","分隔开。

(4) AS 表明紧跟其后的 SQL 语句块是触发器将要执行的动作。

对于创建触发器语句中各成分更详细的说明可查阅相关资料。

【例 4-17】说明 inserted 表和 deleted 表的作用。程序清单如下：

```
CREATE TABLE 成绩表(
    学号 char(9)NOT NULL,
    课程 ID varchar(5)NOT NULL,
    分数 smallint default 0 ,        /*默认值为0 */
    PRIMARY KEY(学号,课程 ID),
    FOREIGN KEY(课程 ID)REFERENCES 课程表(ID),
    FOREIGN KEY(学号)REFERENCES 学生表(学号)
);
GO

CREATE TRIGGER tri_分数 ON 成绩表
FOR INSERT,UPDATE,DELETE
AS
PRINTN'INSERTED 表：'
SELECT * FROM INSERTED
PRINTN' DELETED 表：'
SELECT * FROM DELETED
GO
INSERT INTO 成绩表 VALUES('153011001',6,78);
UPDATE 成绩表 SET 分数 = 98 WHERE 学号 = '153011001'and 分数 = 78;
```

成绩表及其上的触发器创建完毕后，当使用 INSERT、UPDATE 语句对成绩表进行操作时，会激活触发器，执行触发器中的代码。请在 SQL Server 环境中运行本例代码，观察并分析代码执行结果，体会 inserted 表和 deleted 表的用途。

【例 4-18】在学生表上创建一个插入、更新类型的触发器。程序清单如下。

```
CREATE TRIGGER tri_学号
ON 学生表
FOR INSERT,UPDATE        /*after 类触发器 */
AS
BEGIN
DECLARE @xh Varchar(9)
  SELECT @xh = inserted.学号 FROM inserted/*获取插入或更新时的新学号*/
PRINTN'插入或修改操作产生的新学号为:' + @xh
End
```

然后向学生表中插入记录，观察触发器运行的结果。

```
INSERT INTO 学生表(学号,姓名,性别,出生日期,系部 ID)
VALUES('154011001','王宏伟','男','1998-5-15',4);
```

4. DML 触发器的应用

（1）使用 INSERT 触发器。INSERT 触发器通常被用来更新时间标记字段，或者验证被触发器监控的字段中数据是否满足要求，以确保数据的完整性。

【例 4-19】建立一个触发器，当向成绩表中添加数据时，如果添加的数据与学生表中的数据不匹配（没有对应的学号），则将此数据删除。创建触发器前先删除相关的外键约束，程序清单如下。

```
ALTER TABLE 成绩表 DROP CONSTRAINT C61;
GO
CREATE TRIGGER tri_成绩表_ins
ON 成绩表
FOR INSERT
AS
    BEGIN
    DECLARE @xh Char(9)
    SELECT @xh = inserted.学号 FROM inserted
    IF NOT EXISTS(SELECT 学号 FROM 学生表 WHERE 学号 = @xh)
    BEGIN
    SELECTN'学生表中没有学号为' + @xh +'的这个学生'
    DELETE 成绩表 WHERE 学号 = @xh
    END
    END
```

然后向成绩表中插入一条记录，观察触发器运行的结果。

```
INSERT INTO 成绩表 VALUES('203011020',1,80);
```

使用上述 INSERT 语句向成绩表中插入记录，运行后会发现并未插入成功，因为在关联表学生表中不存在编号为 203011020 的学生。

注意：因为外键约束先于触发器起作用，应先将成绩表上的与学号相关的外键约束删除，才会使表上的触发器发挥作用。

【例 4-20】创建一个触发器，当向课程表插入或修改学分字段时，该触发器应检查插入的学分数据是否处于设定的范围内,程序清单如下。

```
ALTER TABLE 课程表 DROP CONSTRAINT XF;
GO

CREATE TRIGGER tri_学分
ON 课程表 FOR INSERT,UPDATE
AS
  DECLARE @xf smallint;
SELECT @xf = inserted.学分 FROMinserted
IF(@xf < 0 or@xf > 6)
BEGIN
    RAISER ROR('学分的取值必须在0到6之间',16,1)
    ROLLBACK TRANSACTION
END
```

然后向课程表中插入一条有关篮球课的记录,观察触发器运行的结果。

```
INSERT INTO 课程表 VALUES(9,'篮球','',10);
```

注意:由于约束先于触发器起作用,如果课程表的学分字段上有约束,应先删除该约束,才可观察到触发器的作用。

(2) 使用 UPDATE 触发器。

当在一个有 UPDATE 触发器的表中修改记录时,表中原来的记录被移动到 deleted 表中,修改过的记录插入到了 inserted 表中,触发器可以参考 deleted 表和 inserted 表以及被修改的表,以确定如何完成数据库操作。

【例 4-21】当成绩表中的数据发生更新变化时,为了保存更新前的历史数据,在成绩表上创建了触发器。一旦成绩表中的数据被 UPDATE 语句更改,更改前的历史数据将被存入成绩_his 表中。程序清单如下。

```
CREATE TABLE 成绩表_his( /*首先创建存放历史数据的成绩_his 表,结构与成绩表相同 */
    学号 char(9)NOT NULL,
    课程 ID varchar(5)NOT NULL,
    分数 smallint,
    PRIMARY KEY(学号,课程 ID)
)
GO

CREATE TRIGGER tr_成绩_his       /*在成绩表上创建保存历史数据的触发器 */
ON 成绩表
FOR UPDATE
AS
BEGIN
IF(UPDATE(分数))      /*数据更新 */
```

```
            BEGIN
              INSERT 成绩表_his
                  SELECT 学号,课程 ID,分数 FROM deleted
              END
            END
        GO
```
然后修改成绩表中分数的值，观察触发器运行的结果。
```
            UPDATE 成绩表 set 分数 = 60
            WHERE 学号 = '152011001' and 课程 ID = 1
```
经过上述语句的执行，可将成绩表中被 UPDATE 语句更新过的记录的历史数据存入成绩表_his 中。

（3）使用 DELETE 触发器。DELETE 触发器通常用于两种情况，第一种情况是为了防止那些确实需要删除，但会引起数据一致性问题的记录被删除，第二种情况是执行删除主表数据时，子表数据的级联删除操作。

【例4-22】当删除学生表中的记录时，自动删除成绩表中对应学号的记录，从而实现子表中数据的级联删除，程序清单如下。
```
            ALTER TABLE 成绩表 DROP C61; /*外键约束的优先级高,要先删除相关外键约束*/
            GO
```
```
            CREATE TRIGGER tri_del_学生
            ON 学生表
            FO RDELETE
            AS
            BEGIN
            DECLARE @xh Char(9);
            SELECT @xh = 学号 FROM deleted
            DELETE 成绩表 where 学号 = @xh
            END
```
然后删除学生表中的一条记录，观察触发器运行的结果。
```
            DELETE FROM 学生表 WHERE 学号 = '153011006'
            SELECT * FROM 学生表 WHERE 学号 = '153011006'
            SELECT * FROM 成绩表 WHERE 学号 = '153011006'
```
注意：外键约束会优先于触发器执行，请删除有关约束，再检验触发器对表数据的影响。

（4）使用 INSTEAD OF 触发器。前面已经提到，SQL Server 支持 AFTER 和 INSTEAD OF 两种类型的触发器，其主要优点是使不可被修改数据的视图能够支持修改数据。

INSTEAD OF 触发器被用于更新那些没有办法通过正常方式更新的视图，比如不能在一个基于两个表连接的视图上进行删除操作。然而，可以编写一个 INSTEAD OF Delete 触发器来实现删除。上述触发器可以访问那些视图基于一个基本表时已经被删除的数据记录,将被删除的记录存储在 deleted 表中,就像 after 触发器一样。相似的,在 INSTEAD OF Update 触发器或 INSTEAD OF Insert 触发器中可以访问 inserted 表中的新记录。

【例4-23】创建一个信息系学生表和艺术系学生表。设计各自视图与放置在视图上的 INSTEAD OF 触发器,把更新操作重新定向到相应的基本表上。

(1) 创建两个包含学生数据的表:

```
select * into 信息系学生表 from 学生表 where 系部ID = 1;
select * into 艺术系学生表 from 学生表 where 系部ID = 2;
```

(2) 在信息系学生表上创建视图:

```
Create view v_两系学生
As
Select * from 信息系学生表
Union
Select * from 艺术系学生表;
```

然后通过视图修改数据:

```
update v_两系学生 set 电话 = '15902056789'
where 学号 = '153011001';——语句不能被执行
```

(3) 创建一个在上述视图上的 INSTEAD OF 触发器:

```
Create trigger tri_视图数据修改
On v_两系学生
instead of update
as
declare @ID smallint
set @id = (select 系部ID from inserted)
if @ID = 1
    begin
    update 信息系学生表
    set 信息系学生表.电话 = inserted.电话
    from 信息系学生表,inserted
    where 信息系学生表.学号 = inserted.学号
end
else
if @ID = 2
    begin
    update 艺术系学生表
    set 艺术系学生表.电话 = inserted.电话
    from 艺术系学生表,inserted
    where 艺术系学生表.学号 = inserted.学号
end
```

(4) 通过更新视图,测试触发器:

```
select * from v_两系学生
update v_两系学生 set 电话 = '15902056789'
where 学号 = '151011001'                          ——语句正确执行

select 学号,电话 from v_两系学生
where 学号 = '151011001'
select 学号,电话 from 信息系学生表
where 学号 = '151011001'
select 学号,电话 from 艺术系学生表
where 学号 = '151011001'
```

可以发现，这时发生的插入是对信息系学生表的插入，而不是对视图的插入。

4.5.4 DDL触发器的创建和应用

1. DDL触发器简介

DDL触发器会为响应多种数据定义语言（DDL）语句而激发。这些语句主要是以CREATE、ALTER和DROP开头的语句。

DDL触发器与DML触发器比较的不同之处如下。

（1）DML触发器被INSERT、UPDATE和DELETE语句激活。

（2）DDL触发器被CREATE、ALTER、DROP和其他DDL语句激活。

（3）只有在完成相关的DDL语句后才运行DDL触发器。DDL触发器无法作为INSTEAD OF触发器使用。

（4）DDL触发器不会创建inserted表和deleted表，但是可以使用EVENTDATA（ ）函数捕获有关信息。

DDL触发器主要可用于管理任务，例如审核和控制数据库操作。

2. DDL触发器的创建和应用

使用CREATE TRIGGER命令创建DDL触发器的语法形式如下。

```
CREATE TRIGGER 触发器名
ON {ALL SERVER | DATABASE} [,…n]
{FOR | AFTER} { event_type | event_group }[,…n]
AS
{ SQL 语句块}
```

说明：ALL SERVER | DATABASE 指定了DDL触发器的作用域。

（1）数据库范围。数据库范围内的DDL触发器都作为对象存储在创建它们的数据库中。

（2）服务器范围。服务器范围内的DDL触发器作为对象存储在master数据库中。

例如，当数据库中发生CREATE TABLE事件时，都会触发为响应CREATETABLE事件创建的数据库范围DDL触发器。每当服务器上发生CREATE INDEX事件时，都会触发为响应CREATE INDEX事件创建的服务器范围DDL触发器。

event_type：执行之后将导致激活DDL触发器的SQL语句块的事件名称。

event_group：预定义的 T-SQL 语言事件分组的名称。执行任何属于 event_group 的 T-SQL 语言事件之后，都将激活 DDL 触发器。

【例 4-23】使用 DDL 触发器来防止数据库中的任一表被修改或删除，程序清单如下。

```
CREATE TRIGGER tri_表结构安全
ON DATABASE
FOR DROP_TABLE,ALTER_TABLE
AS
PRINT '你无权删除或修改表的结构!'
    ROLLBACK
GO
```

假定上述触发器创建在数据库教务系统数据库中，然后执行下述语句：

```
USE 教务系统数据库
DROP TABLE 信息系学生表
```

将显示出错提示信息：

```
你无权删除或修改表的结构!
消息 3609,级别 16,状态 2,第 1 行
事务在触发器中结束。批处理已中止。
```

也就是说，在教务系统数据库中所执行的所有 DROP TABLE、ALTER TABLE 语句都将被拒绝。

【例 4-24】使用 DDL 触发器来防止在数据库中创建表，程序清单如下。

```
CREATE TRIGGER tri_禁止新表
ON DATABASE
FOR CREATE_TABLE
AS
PRINT '创建表失败.'
SELECT
  EVENTDATA().value('(/EVENT_INSTANCE/TSQLCommand/CommandText)
[1]',' Nvarchar(max)')
RAISERROR('New tables cannot be created in this database.',16,1)
ROLLBACK
GO
```

假定在教务系统数据库中创建上述触发器，然后执行语句

```
CREATE TABLE 运动员表(
    编号 smallint PRIMARY KEY,
    姓名 nvarchar(8) NOT NULL,
    性别 char(2) NOT NULL,
    系部 ID smallint NULL,
    项目1 nvarchar(10),
```

```
项目2 nvarchar(10),
项目3 nvarchar(10),
);
```

将会出现的出错提示：

```
创建表失败.
(1 行受影响)
消息 50000,级别 16,状态 1,过程 tri_禁止新表,第 9 行
New tables cannot be created in this database.
消息 3609,级别 16,状态 2,第 1 行
```

因为本触发器触发后将撤销 CREATE TABLE 语句所创建的表格。

【例 4-25】创建服务器范围的 DDL 触发器 tri_CREATEDATABASE，用来防止在服务器范围内创建新数据库。如果已经存在 tri_CREATEDATABASE 触发器，则先删除再重新创建，程序清单如下。

```
IF EXISTS( SELECT *
FROM sys.server_triggers
WHERE name = 'tri_创建数据库')
DROP TRIGGER tri_创建数据库 ON ALL SERVER;
GO
CREATE TRIGGER tri_创建数据库
ON ALL SERVER
FOR CREATE_DATABASE
AS
PRINT '数据库已创建!'
PRINT CONVERT(Nvarchar(1000),EventData())
ROLLBACK
GO
```

触发器创建成功后，运行下述语句，将会触发 DDL 触发器，并产生相应的反馈信息。

```
CREATE DATABASE db1;
```

收到下列消息：

数据库创建失败!
< EVENT_INSTANCE > < EventType > CREATE_DATABASE < /EventType > < PostTime >2015-01-31T11:31:55.897 < /PostTime > < SPID >52 < /SPID > < ServerName >ANDY-PC < /ServerName > < LoginName > Andy-PC \ Andy < /LoginName > < DatabaseName >db1 < /DatabaseName > < TSQLCommand > < SetOptions ANSI_NULLS ="ON"ANSI_NULL_DEFAULT ="ON" ANSI_PADDING ="ON" QUOTED_IDENTIFIER ="ON" ENCRYPTED ="FALSE"/> < CommandText > CREATE DATABASE db1; < /CommandText > < /TSQLCommand > < /EVENT_INSTANCE >

消息 3609,级别 16,状态 2,第 1 行
事务在触发器中结束。批处理已中止。

4.5.5 查看、修改和删除触发器

1. 查看触发器

如果要显示作用于表上的触发器究竟对表有哪些操作,必须查看触发器信息。在 SQL Server 中,有多种方法可以查看触发器信息,其中最常用的有如下两种。

(1) 使用 SQL Server 管理平台查看触发器信息;

(2) 使用系统存储过程查看触发器。

系统存储过程 sp_help、sp_helptext 和 sp_depends 分别提供有关触发器的不同信息。

其具体用途和语法形式如下。

sp_help:用于查看触发器的一般信息,如触发器的名称、字段、类型和创建时间。

```
sp_help '触发器名称'
```

sp_helptext:用于查看触发器的正文信息。

```
sp_helptext '触发器名称'
```

sp_depends:用于查看指定触发器所引用的表。

```
sp_depends '触发器名称'
```

2. 修改触发器

修改 DML 触发器的语法形式如下。

```
ALTER TRIGGER 触发器名
ON(表 | 视图)
[WITH dml 触发器选项]
(FOR | AFTER | INSTEAD OF)
{[DELETE][,][INSERT][,][UPDATE]}
[NOT FOR REPLICATION]
AS {SQL 语句块}
```

修改 DDL 触发器的语法形式如下。

```
ALTER TRIGGER 触发器名
ON { DATABASE | ALL SERVER }
[WITH ddl 触发器选项]
{ FOR | AFTER } { event_type | event_group }
AS { SQL 语句块 }
```

使用 sp_rename 命令修改触发器的名称,sp_rename 命令的语法形式如下。

```
sp_rename 原触发器名,新触发器名
```

【例 4-26】修改教务系统数据库中学生表上的 DML 触发器。首先创建触发器 tri_更改学生表,然后再修改。

程序单如下。

```
CREATE TRIGGER tri_更改学生表
```

```
ON 学生表
WITH ENCRYPTION              ——文本加密
AFTER INSERT,UPDATE
AS
RAISERROR('不能对该表执行添加、更新操作',16,10)
ROLLBACK
GO
```

下面修改触发器。

```
ALTER TRIGGER tri_更改学生表
ON 学生表
—WITH ENCRYPTION              /*取消文本加密*/
AFTER INSERT—,UPDATE 取消数据修改
AS
RAISERROR('不能对该表执行添加数据操作',16,10)
ROLLBACK
GO
```

然后执行插入语句：

```
insert into 学生表
values('152021010','刘向前','男','1998-9-2','13802912345',2,'广东')
```

执行插入语句，将返回以下提示信息：

```
消息 50000,级别 16,状态 10,过程 tri_更改学生表,第 6 行
不能对该表执行添加数据操作
消息 3609,级别 16,状态 1,第 1 行
事务在触发器中结束。批处理已中止。
```

3. 删除触发器

由于某种原因，需要从表中删除触发器或者需要使用新的触发器，这就必须首先删除旧的触发器。只有触发器所有者才有权删除触发器。删除已创建的触发器有三种方法。

（1）用系统命令 DROP TRIGGER 删除指定的触发器，其语法形式如下。

```
DROP TRIGGER { 触发器名 }[ON DATABASE | ON ALL SERVER]
```

其中，ON DATABASEION ALL SERVER 适用于 DDL 触发器。

（2）删除触发器所在的表。删除表时，SQL Server 将会自动删除与该表相关的触发器。

（3）在 SQL Server 管理平台中，展开指定的服务器和数据库，选择并展开指定的表，右击要删除的触发器，从弹出的快捷菜单中选择"删除"选项，即可删除该触发器。

4. 禁用触发器

当不再需要某个 DDL 触发器时，可以禁用该触发器。禁用 DDL 触发器不会将其删除，该触发器仍然作为对象存在于当前数据库中。但是，当运行编写触发器程序所用的任何 DDL 语句时，不会激发触发器。语法格式如下。

DISABLE TRIGGER {触发器名}[ON Table_Name | DATABASE | ALL SERVER]

例如，禁用例 4-25 中创建的 DDL 触发器 tri_创建数据库。

DISABLE TRIGGER tri_创建数据库 ONALLSERVER

禁用例 4-26 中创建的 DML 触发器 tri_更改表。

DISABLE TRIGGER tri_更改学生表 ON 学生表

可以重新启用禁用的 DDL 触发器。

ENABLE TRIGGER tri_更改学生表 ON 学生表

4.6 本章小结

数据库的完整性是为了保证数据库中存储的数据是正确的。正确的是指符合现实世界语义的。本章讲解了 RDBMS 完整性实现的机制，包括完整性约束定义机制、完整性检查机制和违背完整性约束条件时 RDBMS 应采取的动作等。

在关系系统中，最重要的完整性约束是实体完整性和参照完整性，其他完整性约束条件则可以归入用户定义完整性。

这些数据库完整性的定义一般由 SQL 的 DDL 语句实现。它们作为数据库模式的一部分存入数据字典中，在数据库数据修改时 RDBMS 的完整性检查机制就按照数据字典中定义的这些约束进行检查。

完整性机制的实施会影响系统性能。因此，许多数据库管理系统对完整性机制的支持比对安全性的支持要晚得多也弱得多。随着硬件性能的提高，数据库技术的发展，目前的 RDBMS 都提供了定义和检查实体完整性、参照完整性和用户定义完整性的功能。

对于违反完整性的操作一般的处理是采用默认方式，即拒绝执行。对于违反参照完整性的操作，我们讲解了不同的处理策略。用户要根据应用语义来定义合适的处理策略，以保证数据库的正确性。

实现数据库完整性的一个重要方法是触发器。触发是定义在关系表上的由事件驱动的特殊存储过程。它的功能非常强，不仅可以用于数据库完整性检查，也可以用来实现数据库系统的其他功能，包括数据库安全性，以及更加广泛的应用系统的一些业务流程和控制流程，基于规则的数据和业务控制功能。

习题 4

1. 什么是数据库的完整性？
2. 数据库的完整性概念与数据库的安全性概念有什么区别和联系？
3. 为维护数据库的完整性，DBMS 的完整性控制机制应具有哪些功能？
4. RDBMS 在实现参照完整性时需要考虑哪些方面？
5. 设有下面两个关系模式。

职工（<u>职工号</u>，姓名，年龄，职务，工资，部门号），其中职工号为主码；

部门（<u>部门号</u>，名称，经理名，电话），其中部门号为主码。

用 SQL 语言定义这两个关系模式，要求在模式中完成以下完整性约束条件的定义。

①定义每个模式的主码；②定义参照完整性；③定义职工年龄不得超过60岁。

6. 学生成绩管理数据库中有三张表：学生情况表 xsqk，学生课程表 xskc，学生成绩表 xscj。每张表的结构及表中记录如表 4-2 至表 4-4 所示。

表 4-2 学生情况表（xsqk）结构

列名	数据类型	长度	允许空值	字段语义说明
xib	Nchar	10	√	系别
bj	Nchar	12	√	班级
zy	Nvarchar	30	√	专业
xh	Nchar	8	×	学号，主码
xm	Nchar	8	×	姓名
xb	Nchar	2	√	性别，默认值为男
csrq	Datetime	4	√	出生日期
zxf	Int		√	总学分

表 4-3 学生课程表（xskc）结构

列名	数据类型	长度	允许空值	字段语义说明
kch	Nchar	3	×	课程号，主码
kcm	Nvarchar	30	×	课程名
kkxq	Tinyint		√	开课学期，取值范围 1~8
xs	Tinyint		√	学时

表 4-4 学生成绩表（xscj）结构

列名	数据类型	长度	允许空值	字段语义说明
xh	Nchar	9	×	学号，主码
kch	Nchar	3	×	课程号，主码
cj	int		√	成绩
xf	int		√	学分

各表中记录情况如表 4-5 至表 4-7 所示。

表 4-5 学生情况表（xsqk）记录

xib	bj	zy	xh	xm	xb	csrq	zxf	bz
计算机	计算机1班	计算机科学与技术	153011001	王玲玲	女	1998-08-26	9	
计算机	计算机1班	计算机科学与技术	153011002	张燕红	女	1998-10-20	9	
计算机	计算机1班	计算机科学与技术	153011003	杨 勇	男	1998-03-15		
计算机	计算机1班	计算机科学与技术	153011004	王洪庆	男	1998-05-17		
计算机	计算机1班	计算机科学与技术	153011005	陈 园	女	1998-04-15		
计算机	信息管理1班	信息管理	150111006	黄薇娜	女	1998-08-19	8	
计算机	信息管理1班	信息管理	150111007	沈 昊	男	1998-03-18	8	
计算机	信息管理1班	信息管理	150111008	傅亮达	男	1998-01-22		
计算机	信息管理1班	信息管理	150111009	任建刚	男	1998-12-21		

表 4-6 学生课程表（xskc）记录

kch	kcm	kkxq	xs	xf	kch	kcm	kkxq	xs	xf
101	办公软件	1	86	4	210	操作系统	3	64	4
102	Java	1	68	4	212	计算机组成	4	86	5
205	离散数学	3	64	4	216	数据库原理	2	68	4
206	C++	2	68	4	301	计算机网络	5	56	3
208	数据结构	2	68	4					

表 4-7 学生成绩表（xscj）记录

xh	kch	cj	xf	xh	kch	cj	xf
153011001	101	85	4	153011001	101	86	4
153011001	212	70	5	153011001	208	80	4
153011002	101	90	4	153011002	208	50	4
153011002	102	80	4	153011002	216	60	4

要求：

① 首先，根据给出的三张表的结构，创建带有主码等约束的三张表。

② 将各表记录添加到相对应的表中。

③ 在学生成绩管理数据库中创建触发器 tri_ins_XSCJ，实现如下功能。当在 xscj 表中插入一条学生选课成绩信息后，实现自动更新该学生在学生情况表中的总学分信息。

④ 建触发器 tri_delete_xskc，实现当删除学生课程表 xskc 中某门课程的记录时，对应学生成绩表中所有有关此课程的记录均删除。

⑤ 建触发器 tri_update_xskc，实现当修改学生课程表（xskc）中的某门课的课程

号时，对应学生成绩表（xscj）中的课程号也做相应修改。

⑥ 建触发器 tri_delete_xscj，实现如下功能。当在 xscj 表中删除一条学生选课成绩信息后，实现自动更新该学生在学生情况表中的总学分信息。

第 5 章　关系数据库的规范化

设计一个良好的数据库，会使数据库得到较好的应用。如何建立一个规范的数据库模式，是数据库设计中的一个重要的研究课题。

总的来说，关系数据库设计的目标是建立一组关系模式，使我们尽量减少不必要的冗余信息，可以方便地查询所需信息。关系数库设计的一个方法就是设计满足适当范式的模式。要确定关系模式是否属于某一范式，还需要运用关系数据库理论加以分析。关系数据库的创始人埃德加·弗兰克·科德在 20 世纪 70 年代提出了关系数据库的规范化理论，后来许多专家学者又对关系数据库理论作了深入的研究和扩展，形成了一整套关系数据库设计的理论。

在关系数据库系统中，关系模型包括一组关系模式，并且各个关系模式可能存在着一定的联系。设计好一个合适的关系数据库系统，主要是设计关系数据库模式。一个良好的关系数据库模式应该包括若干个关系模式，而每一个关系模式又应该包括若干属性。将这些相互关联的关系模式组成一个适合的关系模型，这些关系模型决定了数据库系统运行的效率与成败，因此良好的关系数据库设计必须在相关的规范化理论指导下逐步完成。

关系数据库逻辑设计的理论依据是关系数据库规范化理论。规范化理论研究关系模式中各属性之间的依赖关系及其对关系模式性能的影响，探讨良好的关系模式应该具备的性质以及达到良好的关系模式的方法。规范化理论为我们提供了判断关系模式好坏的理论标准，帮助预测可能出现的问题，是数据库设计人员的有力工具，同时也使数据库设计有了严格的理论基础。

关系数据库的规范化理论主要包括三个方面的内容：函数依赖、范式（Normal Form）和模式设计。其中函数依赖起着核心的作用，是模式分解和模式设计的基础，范式是模式分解的标准。

本章主要讨论关系数据库规范化理论，讨论一个好的关系模式标准，以及讨论如何将不好的关系模式转换成好的关系模式，并能保证所得到的关系模式仍能表达原来的语义。

5.1　为什么要规范化

5.1.1　规范化理论相关的基本概念

在关系模式设计过程中，最初设计的关系模式可能会存在数据冗余、数据操作异常等不正常的现象。这些最初的关系模式经过分解可以成为最终合适的关系模式。我们开始设计的数据库模式可能不太合理，但是经过逐步的分解可以把这种最初设计的关系模式分解为符合规范化要求的关系模式集合。

第 5 章 关系数据库的规范化

下面是关系模式的形式化定义及相关概念。

（1）关系模式就是对一个关系的描述。

（2）关系模式的一般形式为 R（U，D，DOM，F），即一个关系模式在一般情况下是一个五元组。

其中，R 表示关系名，U 表示全部属性集合，D 表示属性域的集合，即属性组 U 中属性所来自的域，DOM 表示属性的类型及其宽度、关系运算的安全限制，F 表示属性间的各种约束关系，即作用于 U 上的函数依赖集。

由于 D、DOM 对模式设计关系影响不大，因此在本章中把关系模式简化为一个三元组 R（U，F）。

例如：学生关系模式可表示为

学生{(学号,姓名,年龄,所在系),(学号→姓名,学号→年龄,学号→所在系)}

（3）当且仅当 U 上的一个关系 r 满足 F 时，r 称为关系模式 R（U，F）的一个关系。其中，R 称为关系的型（或模式），r 为关系的值，每一个值 r 称为关系模式 R 的一个关系实例。

（4）一个关系数据库由多个具体关系构成。一个关系数据库模式包括多个不同的关系模式。换句话说，一个关系数据库模式就是一个数据库中所有关系模式的集合，它规定了一个关系数据库的全局逻辑结构。

（5）关系数据库模式中所有关系模式的具体关系的集合称为关系数据库。关系数据库模式是数据库的型的表示，而关系数据库则是数据库的值的表示。

5.1.2 异常问题

关系模式最基本的规范化要求是一个关系模式的所有属性必须是不可再分的原子项。但一个已经满足了属性是不可再分的原子项的关系模式，还会存在一些问题。下面通过一个具体的数据库模式设计情况分析加以说明。

假设需要设计一个教务管理数据库 JWXTDB，它的属性包括学号、姓名、所在系、年龄、课程号、课程名、学分、先修课编号、成绩。基于这 9 个属性，可以构造出几种不同的关系数据库模式，下面是其中两种。

（1）数据库模式一。

学生情况（学号，姓名，年龄，所在系，课程号，课程名，学分，成绩，先修课编号）

（2）数据库模式二。

学生（学号，姓名，年龄，所在系）

课程（课程号，课程名，学分，先修课编号）

学习（学号，课程号，成绩）

假设表 5-1 是关系模式学生情况的一个实例。

表 5-1 学生情况的一个实例

学号	姓名	年龄	所在系	课程号	课程名	学分	先修课程号	成绩
151011001	张 明	17	计算机系	1	离散数学	2		78
151011001	张 明	17	计算机系	2	数据结构	2	1	82
151011001	张 明	17	计算机系	5	数据库	3	2	79
156010002	李 华	19	自动化系	3	操作系统	3	2	85
156010002	李 华	19	自动化系	5	数据库	3	2	90
155013001	赵 强	18	机电工程系	7	机械制图	3		75

表 5-1 存在着以下一些问题：

（1）冗余度大。数据冗余是指相同信息的数据在关系的多个元组中反复出现。它不仅导致数据量的增加，使系统处理速度变慢，效率降低，而且容易发生错误，影响整个系统的性能。

表 5-1 就存在着这样的一些问题。学生每选一门课，有关他本人的信息都要重复存储一次，从而造成数据的冗余，这样将浪费大量的存储空间。例如"张明"选修三门课程，其个人信息重复存放了三遍。

（2）修改异常。由于数据冗余，当修改数据库中的数据时，系统要付出很大的代价来维护数据库的完整性，否则会面临数据不一致的状况。比如，"张明"调换专业，由"计算机系"调换到"机电工程系"，但在修改时由于疏忽大意，只修改了第一行的内容，忘记修改后两条记录。导致"张明"的"所在系"有两个，因此存在着修改异常。

（3）插入异常。当向关系插入一个元组数据时，如果只知道该元组的一部分成绩，而另外一部分成绩不知道，结果已知的数据由于未知的数据而不能插入到关系中，这是数据库功能上的一种不健全现象，称之为插入异常。

表 5-1 中的关系模式中，其主码由学号和课程号组成。如果要向数据库中插入一门课程的信息，则学号和课程号都不能为空。但该课程暂时还无学生选修，则学号为空，导致无法将该课程的数据信息插入到数据库中，这种不正常现象，就是插入异常。

（4）删除异常。当删除元组中的某一属性值后，导致同一元组中的其他属性值也一同删除。这种数据库功能上的不正常现象，称之为删除异常。

例如，表 5-1 数据库中的 155013001 号同学"赵强"因某种原因退学，需要把他的信息从数据库中删除。但因为 7 号课程只有"刘强"一个人选修，所以在删除刘强本人信息的同时，也把本该保留的 7 号课程机械制图的信息也一同删除了。这种现象就是删除异常。

再分析第二种数据库模式的实例（见表 5-2），我们发现，将学生、课程及学生选修课程的成绩分离成不同的关系，使得数据冗余大大减少，而且不存在修改异常、插入异常和删除异常等情况。

表5-2　第二种数据库模式的一个实例

(a) 关系学生

学号	姓名姓名	年龄	所在系
151011001	张　明	17	计算机系
156010002	李　华	19	自动化系
155013001	赵　强	18	机电工程系

(b) 关系课程

课程号	课程名	先修课程号
1	离散数学	
2	数据结构	1
3	操作系统	2
5	数据库	2
8	汇编语言	
7	机械制图	

(C) 关系学习

学号	课程号	成绩
151011001	1	5
151011001	2	5
151011001	5	3
156010002	3	3
156010002	5	3
155013001	7	4

从上面的例子可以看出，第一种设计表5-1中存在许多异常现象，分析其原因，是由于在学号、姓名、年龄、所在系等字段中均出现了数据冗余现象。数据冗余将导致数据操作异常现象的产生，这些现象包括修改异常、插入异常、删除异常等不正常现象。而第二种设计是比较合理的，降低了数据冗余，消除了操作异常。

操作异常与数据冗余一般是互相伴随产生的，因此我们常常通过检查冗余来发现是否可能存在操作异常。而操作异常的产生，主要原因在于关系模式设计的不合理。

我们知道，不仅客观事物彼此互相联系、互相制约，而且，客观事物本身的各个属性之间也互相联系、互相制约，属性之间的这种依赖关系表达了一定的语义信息。在设计数据库时，对于事物之间的联系和事物属性之间的联系都要考虑。例如在上面的例子中，有关学生的4个属性都依赖于学号（在无同名同姓时也可以依赖于姓名），但与课程的三个属性没有什么直接联系。然而，我们在构造数据库模式时，并没有按照事物的"本来面貌"去考虑，而是为了方便，硬是把本来独立的学生信息和课程信息拼凑在一起，从而出现了上述的数据冗余和操作异常现象。由此可见，我们在设计关系数据库模式时，必须从语义上摸清这些数据的联系（实体联系和属性联系），尽可能将互相依赖、联系密切的属性构成单独的模式，切忌把依赖关系不密切特别是具有"排他"性的属性硬凑在一起。正如我们在上面例子中看到的，第二种方案把原来的一个"大"关系分解成三个结构比较简单的"小"关系后，基本上反映了事物的内在关系，从而得到了较为合理的设计方案。

5.2 函数依赖

关系模式中的各属性之间相互依赖、相互制约的内在联系称为数据依赖。数据依赖一般分为函数依赖、多值依赖和连接依赖。其中函数依赖是最重要的数据依赖。

5.2.1 函数依赖的定义

1. 什么是函数依赖

函数依赖（Functional Dependency，FD）是关系模式中属性之间最常见的一种依赖关系，也是关系模式中最重要的一种约束。函数依赖是最基本的一种数据依赖形式，它反映关系中属性或属性组之间相互依存、互相制约的关系，即反映了现实世界的约束关系。认识和掌握函数依赖知识，对于数据库的约束和规范化设计有着重要的意义。

属性间的依赖关系类似于数学中的函数 $y=f(x)$，自变量 x 确定之后，相应的函数值 y 也就唯一地确定了。例如，在关系模式学生中，属性学号与所在系之间有依赖关系，因为对于学号的一个确定值，所在系也有且只有一个值与之相对应。类似的有姓名 $=f$（学号），年龄 $=f$（学号），即学号函数决定姓名，学号函数决定年龄，或者说姓名和年龄函数依赖于学号，记作学号→姓名，学号→年龄。

在关系学习中，除学号与成绩之外是否还存在这种函数依赖关系？因为对于一个确定的学生学号，可能有多个成绩，表示该学生选修了多门课程，所以，一个确定的学号不能唯一地确定一个成绩，即学号不能函数决定成绩，表示为

学号↛成绩

但是（学号，课程号）能唯一地确定某科成绩，于是表示为

（学号，课程号）→成绩

由此初步看到，函数依赖能够表达一个关系模式属性之间的语义联系，而且这种联系只能通过语义分析才能确定，别无他法。

下面给出函数依赖的一般定义。

函数依赖的定义 设 $R(U)$ 是属性集 U 上的关系模式，X 和 Y 是 U 的子集，若对于 $R(U)$ 的任意一个可能的关系 r，如果 r 中不存在两个元组在 X 上的属性值相等，而在 Y 上的属性值不等，则称"X 函数决定 Y"或"Y 函数依赖于 X"，用 $X→Y$ 表示。

例如有

职工关系（职工号，姓名，性别，年龄，职务）

则其函数依赖记为

$$职工号 \rightarrow （姓名，性别，年龄，职务）$$

对于函数依赖有几点要注意：

（1）函数依赖关系的存在与时间无关。如果一个关系模式 R 中存在函数依赖 $X \rightarrow Y$，要求该模式的所有具体关系都满足 $X \rightarrow Y$，只要其中有一个关系实例不满足 $X \rightarrow Y$，就不能认为该关系模式中存在 $X \rightarrow Y$。同理，函数依赖是指关系中的所有元组应该满足的约束条件，而不是指关系中某个或某些元组所满足的约束条件。当关系中的元组增加、删除或更新后都不能破坏这种函数依赖。因此，必须根据语义来确定属性之间的函数依赖，而不能单凭某一时刻关系中的实际数据值来判断。例如，对于关系模式学生，假设没有给出不允许存在重名的学生这种语义规定，则即使当前关系中没有重名的记录，也只能存在函数依赖学号→姓名，而不能存在函数依赖姓名→学号。因为如果新增加一个重名的学生，函数依赖姓名→学号必然不成立。所以函数依赖关系的存在与时间无关，而只与数据之间的语义规定有关。

（2）函数依赖是语义范畴的概念。函数依赖是关系数据库用以表示数据语义的机制。我们只能根据语义来确定一个函数依赖，而不能按照其形式化定义来证明一个函数依赖是否成立，因为函数依赖实际上是对现实世界中事物性质之间相关性的一种判断。例如，对于关系模式学生，当学生不存在重名的情况下，可以得到

$$学号 \rightarrow 年龄，姓名 \rightarrow 所在系$$

这种函数依赖关系，必须是在没有重名的学生条件下才成立的，否则就不存在函数依赖了。所以函数依赖反映了一种语义完整性约束。

可见，函数依赖不取决于属性构成关系的方式（即关系结构），而取决于关系所表达的信息本身所具有的语义特性，我们也只能根据这种语义信息来确定函数依赖。

设计者也可以对现实世界作强制的规定。例如规定不允许同名人出现，因而使"姓名→年龄"函数依赖成立。这样当插入某个元组时这个元组上的属性值必须满足规定的函数依赖，若发现有同名人存在，则拒绝插入该元组。

函数依赖是数据库设计者对于关系模式的一种断言或决策，这意味着，在设计关系数据库时不仅要设计关系结构，而且要定义数据依赖条件，并在 DBMS 中设置一种强制性机构，限制进入关系的所有元组都必须符合所定义的条件，否则，拒绝接受输入。

（3）函数依赖与属性之间的联系类型有关。存在下面 3 种情况。

① 在一个关系模式中，如果存在函数依赖 $X \rightarrow Y$，$Y \rightarrow X$，即 $X \leftarrow \rightarrow Y$，则称 X 与 Y 之间存在着一对一的关系，记为 1:1。例如，课程号←→课程名，即课程号与课程名是 1:1 的关系。

② 如果属性 X 与 Y 之间有一对多的联系，记为 $1:m$。$1:m$ 联系只存在函数依赖 $X \rightarrow Y$。例如，班级与学生之间为 $1:m$ 联系，那么有班级→学生。

③ 如果属性 X 与 Y 有 $m:n$ 的联系，即 X 与 Y 之间是多对多的联系，则 X 与 Y 之间不存在任何函数依赖关系。例如，一个学生可以选修多门课程，一门课程又可以被多个学生选修，那么学号与课程号之间不存在函数依赖关系。

由于函数依赖与属性之间的联系类型有关，所以在确定属性间的函数依赖关系时，

可以从分析属性间的联系类型入手，即可确定属性间的函数依赖。

2. 几种其他类型的函数依赖

为了深入研究函数依赖，也为了阐述规范化理论的需要，下面引入几种不同类型的函数依赖。

首先，介绍一些术语和记号。

(1) 若 $X \to Y$，则 X 称为这个函数依赖的决定属性组，也称为决定因素（Determinant）。

(2) 若 $X \to Y$，$Y \to X$，则记作 $X \leftarrow \to Y$（二者相互依赖，一一对应，是1:1关系）。

说明：$\leftarrow \to$ 是等价联接词。

(3) 若 Y 不函数依赖于 X，则记作 $X \nrightarrow Y$。

非平凡函数依赖定义 一个函数依赖 $X \to Y$，如果满足 $Y \subseteq X$，则称此函数依赖为非平凡函数依赖（Nontrivial Dependency）。否则称之为平凡函数依赖（Trivial Dependency）。

例如，$X \to X$，$XZ \to X$ 等都是平凡函数依赖。平凡的函数依赖并没有实际意义，若不特别声明，我们讨论的都是非平凡的函数依赖，非平凡的函数依赖才和"真正的"完整性约束条件相关。

完全函数依赖定义 设 R、X、Y 的含义同定义 5.1，若 Y 函数依赖于 X，但不依赖于 X 的任何子集 X'，则称 Y 完全函数依赖（Fully Dependency）于 X，记为

$$X \xrightarrow{f} Y$$

例如，在关系 S 中学号→所在系，同样有（学号，姓名）→所在系和（学号，年龄）→所在系。比较这三个函数依赖会发现，实际上真正起作用的函数依赖是学号→所在系，其他都是派生的。因此，学号→所在系是完全函数依赖，其他两个由于存在多余的不起决定作用的属性，则不属于完全函数依赖。

部分函数依赖定义 若 Y 函数依赖于 X，但并非完全函数依赖于 X，则称 Y 部分函数依赖（Partially Dependency）于 X，记为 $X \xrightarrow{P} y$。

例如，（学号，姓名）$\xrightarrow{P}$ 所在系，（学号，年龄）$\xrightarrow{P}$ 所在系。

部分函数依赖定义和完全函数依赖定义也可以表述如下。

在 $R(U)$ 中，如果 $X \to Y$，并且对于 X 的任何一个真子集 X'，都有 $X' \nrightarrow Y$，则称 Y 对 X 完全函数依赖，记作

$$X \xrightarrow{f} Y$$

若 $X \to Y$，但 Y 不完全函数依赖于 X，则称 Y 对 X 部分函数依赖，记作

$$X \xrightarrow{P} y$$

在属性 Y 与 X 之间，除了完全函数依赖和部分函数依赖关系外，还有直接函数依赖和间接函数依赖关系。前面提到的函数依赖都是直接的。但是，如果在关系 S 中增加系的电话号码（假设每个系只有唯一的一个号码），从而有学号→所在系，所在系→系电话号码，于是学号→系电话号码。在这个函数依赖中，系电话号码并不直接依赖于学

号,是通过中间属性所在系间接依赖于学号。

传递函数依赖定义 在关系模式 $R(U)$ 中,如果 $X \to Y$, $Y \to Z$,并且 X 不包含 Y, Y 也不能函数决定于 X,则称 Z 传递函数依赖于 X,否则,称为 Z 非传递函数依赖于 X。记作 $X \xrightarrow{传递} Z$。

本定义中的 $Y \to X$,是因为如果 $Y \to X$,则 $X \leftarrow \to Y$,实际上是 $X \xrightarrow{直接} Z$,是直接函数依赖,而不是传递函数依赖。

【例 5-1】 在教务管理数据库 JWXTDB 里,涉及的对象包括学生的学号、所在系、系负责人、课程号和成绩。假设用一个单一的关系模式学生来表示,则该关系模式的属性集合为

$$U = \{学号,所在系,系负责人,课程号,成绩\}$$

现实世界的已知事实(语义)告诉我们:

(1) 一个系有若干学生,但一个学生只属于一个系;
(2) 一个系只有一名正职的负责人;
(3) 一个学生可以选修多门课程,每门课程有若干名学生选修;
(4) 每个学生学习每门课程都有一个学习成绩。

于是得到属性组 U 上的一组函数依赖 F(如图 5-1 所示)。

$$F = \{学号 \to 所在系,所在系 \to 系负责人,(学号,课程号) \to 成绩\}$$

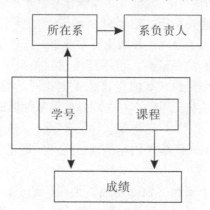

图 5-1 关系模式学生的函数依赖图

在本例中的所有函数依赖均为完全函数依赖,但如果在某个完全函数依赖的决定因素中增加额外的属性,则会产生部分函数依赖的情形,比如 (学号,课程号) $\xrightarrow{P}$ 所在系是部分函数依赖,因为学号 $\to$ 所在系成立,而学号是 (学号,课程号) 的真子集。因为有学号 $\to$ 所在系,所在系 $\to$ 系负责人成立,所以学号 $\xrightarrow{传递}$ 系负责人。

5.2.2 多值依赖

除了函数依赖外,关系的属性间还有其他一些依赖关系,多值依赖就是其中之一,即对于一个属性值,另一个属性有多个值与其对应。这些依赖关系同样是现实世界中事

物间关系的反映，其存在与否决定于数据的语义，而不是主观的臆断。如表 5-3 所示，给定一个课程名，有多个任课教师和它对应，给定一个任课教师，有多本参考教材与之对应。

表 5-3 关系模式教学

课程名	教师	参考教材
操作系统	赵老师	操作系统教程
		操作系统原理
	钱老师	Windows 内幕
		Linux 系统
数据库系统原理	孙老师	Database Principles
	李老师	数据库系统原理教程
		数据库系统原理与应用

属性间的数据依赖，不是由抽象的规则集决定，而是由假设、用户意识中的模型和数据库开发人员的事务规则决定的，是由数据库的基本语义决定的。表 5-3 中，教材选择依赖于任课教师的意识。

范式可以使关系模式消除一些数据冗余及操作异常现象。但是，还不能消除所有的数据冗余现象。例如，某些关系模式已经满足了 3NF 的要求，但是该关系实例依然存在着许多数据冗余现象。为了消除这种数据异常现象，需要研究多值依赖。

函数依赖规定了关系模式中某些元组不能出现在关系中，例如，如果 $A \rightarrow B$ 成立，那么就不能存在这样的两个元组，其值在属性 A 上相同，而在属性 B 上不相同。多值依赖不是排除关系模式中某些元组的存在，而是要求某种形式的某些元组必须在关系中出现。

【例 5-2】有一关系模式汽车（汽车厂商，生产厂地点，品牌），其对应的一个关系实例如表 5-4 所示。

该关系模式的所有 3 个属性（汽车厂商，生产厂地点，品牌）共同构成了该关系的唯一码，即全码，因此不存在主属性对码的部分依赖和传递依赖，所以该关系模式属于 BCNF。在该关系实例中，出现汽车厂的三个生产厂地点和 4 个品牌的相关信息。其中，汽车厂商重复了 7 次，3 个生产厂地点和 4 个品牌重复出现，数据冗余明显。

表 5-4 关系模式汽车

汽车厂商	生产厂地点	品牌
东风汽车	湖北十堰	风行
东风汽车	湖北十堰	风神
东风汽车	湖北十堰	帅客
东风汽车	湖北武汉	风神

续上表

汽车厂商	生产厂地点	品牌
东风汽车	湖北武汉	小康
东风汽车	河南郑州	帅客
东风汽车	河南郑州	风神

由上例可引出多值依赖的概念。多值依赖的含义是如果确定了关系 R 中的一个属性集的取值，则其他某些特定属性的取值与该关系的所有其他属性的取值无关，则称多值依赖在关系 R 中成立，记为 $A\rightarrow\rightarrow B$。

多值依赖不同于函数依赖，多值依赖是属性间多对多的关系，而函数依赖是属性间多对一的关系。

多值依赖定义 给定关系模式 R（U）及其属性 X，Y，Z，对于一个给定的 X 值，就有一组 Y 属性值（其个数可以从 0 到 n 个）与之对应，而与其他的属性 $Z=(U-X-Y)$ 没有关系，则称"Y 多值依赖于 X"或"X 多值决定 Y"，记作 $X\rightarrow\rightarrow Y$。

换言之，在关系模式 R（U，F）中，如果 $Z\neq\emptyset$（$\emptyset$ 表示为空集）并且 $X\cup Y\neq U$，则多值依赖 $X\rightarrow\rightarrow Y$ 是非平凡的多值依赖。

例如，在如表 5-4 所示的关系模式汽车中，有如下多值依赖。

$$汽车厂商\rightarrow\rightarrow（生产厂地点，品牌）$$

该多值依赖的含义是：对于每一个汽车厂商，其生产厂地点可能有多个。

根据多值依赖的定义，可知当在"汽车厂商"上取值一定时，汽车厂商的"生产厂地点"的取值与"品牌"的取值无关。

【例 5-3】大学里某一门课程由多个教师讲授，他们使用相同的一套参考书。可以用一个非规范化的关系来表示教师、课程和参考书之间的关系，具体情况如表 5-5 所示。

表 5-5 非规范化的关系教学

课程	教师	参考书	课程	教师	参考书
物理	任勇 王军	普通物理 光学原理 物理习题集	数学	任勇 张平	数学分析 微分方程 高等代数

转变成一张规范化的二维表，就变为如表 5-6 所示的情形。

表 5-6 规范化后的关系教学

课程	教师	参考书	课程	教师	参考书
物理	任勇	普通物理	数学	任勇	数学分析
物理	任勇	光学原理	数学	任勇	微分方程

续上表

课程	教师	参考书	课程	教师	参考书
物理	任勇	物理习题集	数学	任勇	高等代数
物理	王军	普通物理	数学	张平	数学分析
物理	王军	光学原理	数学	张平	微分方程
物理	王军	物理习题集	数学	张平	高等代数

如果要增加某任课教师周阳，则要考虑其任课的课程（如物理），同时要考虑增加三本参考书（如普通物理），所以必须增加多个（这里是三个）元组：

(物理，周阳，普通物理学)，(物理，周阳，光学原理)，(物理，周阳，物理习题集)

同样，某一门课（如数学）要去掉一本参考书（如微分方程），则必须删除多个（这里是两个）元组：

(数学，任勇，微分方程)，(数学，张平，微分方程)

本关系模式数据冗余十分明显，数据增加删除很不方便，究其原因是存在多值依赖。

在关系模式教学中，对于一个（物理，光学原理）有一组教师值（任勇，王军），这组值仅仅决定于课程上的值（物理），而与参考书无关。也就是说对于另一个（物理，普通物理学），它对应的一组教师值仍是（任勇，王军），尽管这时参考书的值已经改变了。因此老师多值依赖于课程，即课程→→教师。

5.2.3 关系的码

码是关系模式中的一个重要概念。在前面的章节中已给出了有关码的定义，这里用函数依赖的概念来重新定义码。

码的定义 设关系模式 R 的属性集是 U，K 是 U 的一个子集，F 是在 R 上成立的一个函数依赖集。如果 $K \rightarrow U$ 在 R 上成立，那么称 K 是 R 的一个码。如果 $K \rightarrow U$ 在 R 上成立，但对 K 的任一真子集 K' 都有 $K' \rightarrow U$ 不成立，或者说若 $K \xrightarrow{f} U$，则称 K 为 R 的一个候选码（Candidate Key）。若候选码多于一个，则选定其中的一个为主码（Primary Key）。

包含在任何一个候选码中的属性，称为主属性（Prime Attribute）。不包含在任何码中的属性称为非主属性（Nonprime Attribute）或非码属性（Non-key Attribute）。最简单的情况，某一个属性是码。最极端的情况，整个属性组是码，称为全码（All-key）。

一个关系模式是否会没有码呢？不可能。因为如果在一个关系模式的所有属性中没有任何属性子集可以作为码的话，就可以用关系模式的全部属性作为码，这种码叫作全码。

如果一个关系模式 $R(U)$ 很大，并且只有全码，则检索 R 元组的效率极低，这是因为检索需要很多信息，这些信息只能从码得到。在这种情况下，比较好的做法是，"人为"地给 R 增加一个属性作为码，即保证该属性的取值在所有元组上都不相同，然后就可以用此属性作为关系的码了。

【例 5-4】关系模式学生（<u>学号</u>，姓名，性别，年龄，所在系）中单个属性学号是码，可用下横线加以标识；学习（<u>学号，课程号</u>，成绩）中属性组合（<u>学号，课程号</u>）是码。

【例 5-5】有关系模式图书（作者，书名，读者）。假设一个作者可以写作多个作品，某一作品可被多个读者阅读。读者可以阅读不同作者的不同作品，这个关系模式的码为（<u>作者，书名，读者</u>），即为全码 All - key。

外码的定义 关系模式 R 中属性或属性组 X 并非 R 的码，但 X 是另一个关系模式的码，则称 X 是 R 的外部码（Foreign Key），简称外码。

例如在关系学习（<u>学号，课程号</u>，成绩）中，学号不是码，学号与课程号组合才是码，但学号是关系模式学生（<u>学号</u>，姓名，性别，年龄，所在系）的码，则学号是关系模式学习的外码。同样的，在关系学习（<u>学号，课程号</u>，成绩）中，课程号不是码，课程号与学号组合才是码，课程号是关系模式课程（<u>课程号</u>，课程名，学分，先修课程号）的码，因此课程号是关系模式学习的外码。主码与外码提供了一个关系间联系的手段，如关系模式学生与学习的联系就是通过学号这个主码与外码来体现的。

5.3 范 式

5.3.1 范式的概念

关系数据库中的关系是要满足一定要求的，满足不同程度要求的关系则属于不同的范式。满足最低要求的叫第一范式，简称 1NF。在第一范式中满足更进一步要求的属于第二范式，其余以此类推。

范式（Normal Form，NF）的概念，主要是科德做的工作，1971—1972 年他系统地提出了 1NF、2NF、3NF 的概念，讨论了规范化的问题，即范式表示了关系模式的规范化程度。1974 年，科德和博伊斯又共同提出了一个新范式，即 BCNF。1976 年，费金又提出了第 4 范式 4NF。后来又有人提出第 5 范式（5NF）、DK 范式（DKNF）、第 6 范式（6NF）。随着范式等级的提高，关系模式的规范化程度也越来越高。

关系模式是否需要分解，分解后的关系模式的好坏，需要用什么标准来衡量呢？这种标准就是关系模式的范式。范式的种类与函数依赖有着直接的联系。

满足某一级别约束条件的关系模式的集合称为范式。根据满足约束条件的级别不同，范式由低到高分为 1NF，2NF，3NF，BCNF，4NF，5NF，DKNF，6NF。最重要的是 3NF 和 BCNF 两种范式。R 属于第几范式可以写成 $R \in x\text{NF}$。

各种范式之间的联系可表示为 6NF ⊂ DKNF ⊂ 5NF ⊂ 4NF ⊂ GBCNF ⊂ 3NF ⊂ 2NF ⊂ 1NF。

一个低级别范式中的关系模式，通过模式分解可以转换为若干个高一级别范式中的关系模式，这个模式分解的过程就叫关系模式的规范化（Normalization）。

关系设计得不到位，会引起插入、删除、更新异常。20世纪70年代，理论家们各自研究了发生异常的类型及防止异常的方法，使得设计关系的准则得到了改进，这些用以防止异常发生的技术称为规范化。范式则是符合某些规则的关系，即关系模式的规范化程度，满足最低要求的范式是第一范式1NF，在第一范式的基础上进一步满足更多要求的称为第二范式2NF，依此类推。一般说来，数据库只需满足第三范式3NF，就基本可以满足业务需求，就能较好地保证数据的无损连接和函数依赖。

5.3.2 第一范式（1NF）

第一范式是最基本的范式。如果关系模式 R 中的所有属性值都是不可再分解的原子值，那么就称关系 R 是第一范式（First Normal Form，1NF）的关系模式。

第一范式定义 设 R 是一个关系模式，关系 R 中的任意两属性都不能表达同质事务，每个元组的每个属性都是原子项，即不可再分割的数据项，而不是一些值的集合，则称 R 属于第一范式（1NF），记为 $R \in 1NF$。

不是1NF的关系称为非规范化的关系。满足1NF的关系简称为关系。在关系型数据库管理系统中，涉及的研究对象都是满足1NF的规范化关系。

但是，关系中的属性是否都是原子的，取决于实际研究对象的重要程度。例如，在某个关系中，属性地址是否是原子的，取决于该属性所属的关系模式在数据库模式中的重要程度和该属性在所在关系模式中的重要程度。如果属性地址在该关系模式中非常重要，那么属性地址就是非原子的，应该继续细分成属性省、市、街道、门牌号；如果属性地址不重要，就可以认为该属性是原子的。

下面给出几个非规范化的关系示例。对于非规范化的模式，通过将包含非原子项的属性域变为只包含原子项的简单域可转变为1NF。

【例5-6】有关系模式工资（工号，姓名，实发工资（基本工资，津贴，奖金））。其中实发工资是基本工资、津贴和奖金三项的集合，不是原子项。关系数据模型不能存储以上形式的关系（非规范化关系），在关系数据库中不允许非规范化关系的存在。

非规范化关系，可转化为规范化关系即工资（工号，姓名，基本工资，津贴，奖金）。

【例5-7】某一个公司的职工表的表头如表5-7所示。

表5-7 非第一范式

职工号	部门	电话	
		手机号	住宅电话

在表5-7中，"电话"是一个元组，不符合原子项要求，应横向展开成多个属性。电话元组属性展开后，转化为第一范式。展开后规范化为1NF的关系模式结构如表5-8所示。

表5-8 第一范式

职工号	部门	手机号	住宅电话

【例5-8】表5-9、表5-10中,"课程号"是个集合,应将此集合属性改为单个课程号。如果一个学生选三门课,则需三个元组表示他所选的课。

表5-9 非第一范式

学号	姓名	系别	课程号		
151011001	张小明	01	1	5	10

表5-10 第一范式

学号	姓名	系别	课程号
151011001	张小明	01	1
151011001	张小明	01	5
151011001	张小明	01	10

5.3.3 第二范式(2NF)

第二范式是在第一范式的基础上建立起来的,即满足第二范式必须满足第一范式。

第二范式定义 如果关系模式 $R \in 1NF$,且关系模式 R 的任一非主属性都完全函数依赖于任一候选码(简称码),则称 R 属于第二范式,记为 $R \in 2NF$。

【例5-9】有关系模式选课(<u>学号</u>,<u>课程号</u>,学分,成绩),这个关系的码为组合关键字(<u>学号</u>,<u>课程号</u>)。如表5-11所示。

表5-11 关系模式选课

学号	课程号	学分	成绩
151011001	1	3	85
151011001	5	4	92
151011001	10	2	69

在应用中使用以上关系模式,存在以下问题:

(1) 数据冗余。假设1号课程由50个学生选修,则3学分数据就重复50次。

(2) 更新异常。若调整了某课程的学分,相应的元组值学分都要调整,不然的话,有可能出现同一门课学分不同的现象。

(3) 插入异常。如计划开新课,由于还没有人选修,没有学号关键字,只能等有学生选修了该新课,才能把课程号和学分录入,这是因为主键不能为空。

(4) 删除异常。若选修某门课程的学生已经结业,从当前数据库删除选修了该课程的相关记录,该门课程新生尚未选修,则该门课程的课程号及学分记录无法保存。这也是因为主键不能为空。

在关系模式选课中,因为学分部分函数依赖于码(学号,课程号),即非主属性部分,而不是全部依赖于码(学号,课程号),所以课程号→学分。

其函数依赖集为 $F=\{$（学号，课程号）→成绩，课程号→学分$\}$，判断其是否达到 2NF，如果未达到则加以分解，使其达到 2NF。

为回答本问题，首先确定本关系模式的候选码为（学号，课程号）。

根据候选码的定义可知，（学号，课程号）→（成绩），但根据已知的 F 可确定（学号，课程号）$\xrightarrow{P}$（学分）。

关系模式选课的函数依赖集 F 可用函数依赖图加以表示（如图 5-2 所示）。图中虚线表示部分函数依赖。

从图中可以看出，非主属性学分部分函数依赖于码。因此关系模式选课不符合 2NF 定义，即关系模式选课 $\notin$ 2NF。

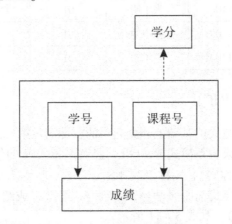

图 5-2　选课的函数依赖图

当一个关系模式 R $\notin$ 2NF 时，就会产生如下问题。

（1）插入异常。假如要插入一个新学生的元组，但该生还未选课，即这个学生无课程号，这样的元组就插不进选课中。因为插入元组时必须给定码值，而这时码值的一部分为空，因而学生的固有信息无法插入。

（2）删除异常。假定某个学生只选一门课，那么他在关系中就只有一个元组。比如张小明就选了一门课——高等数学。现在张小明一门课也不选了，那么张小明在关系中的唯一元组就要删除。从而使得张小明的其他信息也被删除了，这就造成了删除异常，即不该删除的信息也被删除了。

（3）修改复杂。当某门课程有 n 个学生选修时，该课程的信息将在关系选课中重复 n 次，即有 n 条相关的元组，造成数据存储冗余度大、修改复杂化。

分析上面的例子，可以发现问题在于有两种非主属性。一种如成绩，它对码是完全函数依赖。另一种如学分，它对码是部分函数依赖。解决操作异常的办法是用投影分解把关系模式选课分解为两个关系模式。

分解为学习（<u>学号，课程号</u>，成绩），课程（<u>课程号</u>，学分）。当然，关系课程的属性还应加上课程名。

分解后，关系模式学习和课程均已符合 2NF 要求，即学习 $\in$ 2NF，课程 $\in$ 2NF。

5.3.4 第三范式（3NF）

第三范式定义 在第 2NF 基础上，若关系模式 $R(U,F)$ 中的所有非主属性完全函数依赖于码并且不传递依赖于码，则称 $R(U,F)$ 属于第三范式，记为 $R(U,F) \in 3NF$。

【例 5-10】如表 5-12 所示的关系模式学生（学号，姓名，系号，系名，系地址），判断其所属范式级别是否为 3NF，如果未达到，分解模式使其达到 3NF。

表 5-12 关系模式学生

学号	姓名	系号	系名	系地址
152011001	王伟	201	信息系	2号教学楼
152011002	高亮	201	信息系	2号教学楼
155011001	李强	501	会计学系	5号教学楼
155011002	于民	501	会计学系	5号教学楼
152011003	田甜	201	信息系	2号教学楼

【解】根据本关系模式的语义规定，可推出函数依赖集

$F = \{(学号\rightarrow姓名),(学号\rightarrow系号),(系号\rightarrow系名),(系号\rightarrow系地址)\}$

由函数依赖集可知本关系模式的码为学号。关键字学号函数决定各个属性。由于单属性关键字没有部分依赖的问题，肯定范式级别是 2NF。但这个关系中有大量的数据冗余，有关学生所在系的几个属性系号、系名、系地址将重复存储，插入、删除和修改时将产生相应的异常，所以达不到 3NF。

原因是关系中存在着传递函数依赖。即学号→系号，而系号→学号却不存在，系号→系地址，因此学号→系地址是通过传递依赖实现的。也就是，学号不直接决定非主属性系地址。

为了去掉传递函数依赖，将其分解为两个关系模式学生（学号，姓名，系号）、系（系号，系名，系地址），如表 5-13、表 5-14 所示，从而消除了非主属性对码的传递函数依赖。

表 5-13 学生

学号	姓名	系号
152011001	王伟	201
152011002	高亮	201
155011001	李强	501
155011002	于民	501
152011003	田甜	201

表 5-14 系

系号	系名	系地址
201	信息系	2号教学楼
501	会计学系	5号教学楼

注意：关系学生中不能缺少外关键字系号，这样才能在两个表中通过系号建立起联系，这个数据冗余是必须的，否则两个关系之间失去了联系。分解后的关系模式不存在传递函数依赖，达到了3NF要求。

5.3.5 BC范式（BCNF）

5.3.5.1 BCNF的定义

BCNF（Boyce CocicI Normal Form）是由博伊斯与科德提出的，比上述的3NF又近了一步，通常认为BCNF是修正的第三范式，有时也称为扩充的第三范式。

BC范式定义 关系模式$R(U, F) \in 1NF$。若$X \rightarrow Y$且$Y \notin X$时，X必含有R的一个候选码，则$R(U, F) \in BCNF$。

也就是说，在关系模式$R(U, F)$中，若F的每一个决定因素都包含R的某一个候选码，则$R(U, F) \in BCNF$。

由BCNF的定义可以得到结论，一个满足BCNF的关系模式有：

（1）所有非主属性对每一个候选码都是完全函数依赖（2NF）。
（2）所有非主属性都不传递依赖于任何一个候选码（3NF）。
（3）所有的主属性对每一个不含它的候选码，也是完全函数依赖。
（4）没有任何属性完全函数依赖于非码的任何一组属性。
（5）所有主属性都不传递依赖于任何一个候选码。

由于$R \in BCNF$，按定义排除了任何属性对码的传递依赖与部分依赖，所以$R \in 3NF$。

反之，若$R \in 3NF$，则R未必属于BCNF。也就是说，属于3NF的关系模式，有的可以达到BCNF，但有的并不满足BCNF要求。

【例5-11】关系模式课程（课程号，课程名，先修课程号），它的唯一候选码为课程号，$F = \{（课程号 \rightarrow 课程名），（课程号 \rightarrow 先修课程名）\}$。这里没有任何属性对码部分依赖或传递依赖，所以关系课程$\in 3NF$。同时，由于课程号是唯一的决定因素，所以关系课程$\in BCNF$。类似情况如关系模式学习（学号，课程号，成绩）也属于BCNF。

【例5-12】关系模式学生（学号，姓名，年龄，所在系），假设姓名也具有唯一性，则关系模式学生有两个候选码学号和姓名。这两个码都由单个属性组成，彼此不相交。其他属性不存在对码的传递依赖与部分依赖，所以$S \in 3NF$。同时由于在该关系模式中，所有函数依赖的决定因素均是候选码，所以$S \in BCNF$。

【例5-13】有关系模式教学（学生，教师，课程）。每一教师只教一门课，每门课有若干教师，某一学生选定某门课，就对应一个固定的教师。由语义可得函数依赖

$F = \{教师 \to 课程,（学生，教师）\to 课程,（学生，课程）\to 教师\}$。

本关系模式候选码为（学生，教师）和（学生，课程）。

该模式达到 3NF，因为没有任何非主属性对码传递依赖或部分依赖。但未达到 BCNF，因为教师是决定因素，而教师不包含码。

经模式分解为生师（学生，教师）、听课（学生，课程）后，两个新关系模式均达到 BCNF。

【例 5-14】有关系模式 R（城市，街道，邮编），函数依赖集 $F = \{$（城市，街道）$\to$ 邮编，邮编 $\to$ 城市$\}$，判断其是否达到 BCNF，若没有，则分解为达到 BCNF 要求的范式。

【解】首先分析出本关系模式码的集合为码 = $\{$（城市，街道），（街道，邮编）$\}$。

分析函数依赖集 F 中所含的函数依赖以及 F 逻辑蕴含的函数依赖（街道，邮编）$\to$ 城市，可知三个属性均为主属性，不存在非主属性对码的传递函数依赖，因而 $R \in 3NF$。

但对于 F 中的函数依赖邮编 $\to$ 城市，邮编不是码，不符合 BCNF 定义要求，则 $R \notin$ BCNF。

把 R 分解成如下两个关系模式：

$R1$（城市，街道），$R2$（城市，邮编）

则 $R1$、$R2$ 均已经达到 BCNF 要求。

3NF 和 BCNF 是在函数依赖的条件下对模式分解所能达到的分离程度的度量。一个模式中的关系模式如果都属于 BCNF，那么在函数依赖范畴内，它已实现了彻底的分离，已消除了插入和删除异常。因为在 BCNF 中，每个关系模式内部的函数依赖均比较单一和有规则，它们紧密依赖，构成一个整体，从而可避免出现异常现象和数据冗余。而 3NF 的"不彻底"性表现在可能存在主属性对码的部分依赖和传递依赖。

5.3.5.2 分解成 BCNF 模式的算法

如果关系模式不属于 BCNF，那么我们需要对原来的关系模式进行分解。分解的目的是保证分解后得到的子集都属于 BCNF，且分解后的数据依然如实地表示原始关系中的数据。

模式分解的关键是使用合适的分解策略。

一般地，分解成 BCNF 模式的算法如下：

第一步，找到一个违背 BCNF 的非平凡依赖，并且在该依赖的右边加上可被左边属性函数决定的所有属性。

第二步，把原始关系模式分解成两个属性重叠的关系模式，一个模式包含了违背 BCNF 的所有属性，另一个模式包含了该依赖左边以及未包含在该依赖中的所有属性。

第三步，判断新关系模式是否满足 BCNF。如果不满足，继续进行分解；如果满足，则停止。

【例 5-15】有关系模式 Book（isbn, title, page, bookType, price, pressName, authorName）。表 5-15 给出了其一个具体的关系实倒。

表 5-15 关系模式 Book 的一个具体的关系实例

isbn	书名	页数	类型	价格（元）	出版社	作者
7-04-001968-x/0.719	概率论与数理统计	403	数学	5.80	高等教育出版社	盛骤
7-04-001968-x/0.719	概率论与数理统计	403	数学	5.80	高等教育出版社	谢式千
7-04-001968-x/0.719	概率论与数理统计	403	数学	5.80	高等教育出版社	潘承毅
7-111-96887-4	可靠性模型与应用	270	数学	19.00	机械工业出版社	蒋仁言
7-111-96887-4	可靠性模型与应用	270	数学	19.00	机械工业出版社	左明健
7-5327-1224-9/1.717	可靠性模型与应用	1428	文学	18.00	上海译文出版社	大仲马
7-5327-1224-9/1.321	基督山伯爵	982	文学	16.07	上海译文出版社	大仲马
7-5327-1224-9/1.321	三个火枪手	1320	文学	16.10	上海译文出版社	米切尔
7-5327-0924-8/1.489	乱世佳人	255	文学	13.00	北京出版社	马克·吐温
7-5063-0281-0/1.280	王子与贫儿	250	文学	5.20	作家出版社	琼瑶
7-5063-0149-0/1.148	金盏花	234	文学	4.90	作家出版社	琼瑶
7-5063-1513-5/1.512	月朦胧，鸟朦胧	288	文学	4.30	作家出版社	琼瑶

该关系模式的函数依赖集 $F = \{$ isbn→书名，页数，类型，价格，出版社），(isbn，作者）→（书名，页数，类型，价格，出版社）$\}$，其中的函数依赖 isbn→（书名，页数，类型，价格，出版社）是一个 BCNF 违例。在这个 BCNF 违例中，函数依赖的右边已经包含了由属性 isbn 函数决定的所有属性。因此，可以使用这个违例把 Book 关系分解成两个模式，即包含该违例依赖所有属性的模式图书 1（isbn，书名，页数，类型，价格，出版社）和包含了该依赖左边以及未包含在该依赖中的所有属性所构成的关系模式图书 2（isbn，作者），经过模式分解后得到的这两个新关系模式就属于 BCNF 了。

【例 5-16】关系模式图书（isbn，书名，价格，出版社，社长，社长住址）中每一个元组都包含了一本书的书号、书名和价格等信息，以及出版社名称、出版社社长姓名和社长住址等信息。该关系的三个函数依赖如下所示：

isbn→（书名，价格，出版社）

出版社→社长

社长→社长住址

由于该关系的唯一码是 isbn，所以上面最后两个函数是传递依赖函数，违背了 BCNF。我们可以从这两个 BCNF 违例中任选一个进行分解。这里，选择函数依赖进行分解。

根据上面的函数依赖，可以把原来的关系模式分解成如下两个关系模式：

图书 1（isbn，书名，价格，出版社）

图书 2（出版社，社长，社长住址）

现在判断，上面第一个关系模式符合 BCNF 条件，而第二个关系模式违背了 BCNF 条件。由于第二个关系模式的码是出版社，其 BCNF 违例是如下所示的函数依赖：

社长→社长住址

现在，根据上面的函数依赖进行分解：

图书1（isbn，书名，价格，出版社）

图书2（出版社，社长）

图书3（社长，社长住址）

在最终未得到满足 BCNF 条件的关系模式的情况下，我们需要根据实际情况多次应用分解规则（此处指分解为 BCNF 的算法），直到所有的关系模式都属于 BCNF 为止。因为每一个分解之后，得到的关系模式的属性都比分解前的关系模式的属性少，最多分解到具有两个属性的关系模式，而所有包括两个属性的关系模式都必然满足 BCNF 条件。

定理 任何包括两个属性的关系模式都必然满足 BCNF 条件。

【证明】假设在某个关系模式中，包含的两个属性分别是 A 和 B。下面分 4 种情况讨论。

第一种情况：关系中没有非平凡依赖。此时，关系的唯一码是 $\{A, B\}$，由于没有非平凡依赖，所以该关系满足 BCNF 条件。

第二种情况：$A \rightarrow B$ 成立，$B \rightarrow A$ 不成立。在这种情况下，属性 A 是唯一的候选码，且任何非平凡依赖的左边必然是 A，所以该关系满足 BCNF 条件。

第三种情况：$B \rightarrow A$ 成立，$A \rightarrow B$ 不成立。与第二种情况类似。

第四种情况：$A \rightarrow B$ 和 $B \rightarrow A$ 都成立。这时，A 或 B 都是关系模式的候选码，因此任何依赖的左边都至少包括一个码，所以该关系满足 BCNF 条件。

5.3.6 规范化小结

在关系数据库中，关系模式的范式等级表示了其规范化的程度。对关系模式的基本要求是满足第一范式。满足第一范式的关系模式就是合法的、允许的。但是，人们发现有些关系模式存在插入异常、删除异常、修改复杂、数据冗余等问题。人们寻求解决这些问题的方法，这就是规范化的目的。

规范化的基本思想是逐步消除数据依赖中不合适的部分，使模式中的各关系模式达到某种程度的"分离"，即"一事一地"的模式设计原则，就是让一个关系描述一个概念、一个实体或者实体间的一种联系。若多于一个概念就把它"分离"出去。因此，所谓规范化，实质上是概念的单一化。

人们认识这个原则是经历了一个过程的：从认识非主属性的部分函数依赖的危害开始，2NF、3NF……的提出是这个认识过程逐步深化的标志。

按照 1NF、2NF、3NF 的顺序，范式的条件越来越严格。严格的范式形式隐含了相对不严格的范式形式。例如，如果某一个关系模式满足了 3NF 的条件，那么它自然就满足了第一范式和第二范式的条件。

最后，应当强调的是，规范化理论为数据库设计提供了理论的指南和工具，但仅仅是指南和工具，并不是规范化程度越高越好，必须结合应用环境和现实世界的具体情况合理地选择数据库模式。

关系模式的规范化过程是通过对关系模式的分解来实现的，即把低一级的关系模式分解为若干个高一级的关系模式。这种分解不是唯一的。下面就将进一步讨论分解后的关系模式与原关系模式"等价"的问题以及分解的算法。

5.4 关系模式分解

通过前面的学习已经知道，如果不把属性间的函数依赖情况分析清楚，笼统地把各种数据混在一个关系模式里，这种数据结构本身蕴藏着许多弊病，将会使数据的操作（修改、插入和删除）出现异常情况。解决这些异常情况出现的方法是关系规范化。关系规范化是把关系模式按一定原则分解为多个关系，数据操作异常问题可以通过对原关系模式的分解处理来解决。通俗地讲，分解就是运用关系代数的投影运算把一个关系模式拆分成几个关系模式，从关系实例的角度看，就是用几个小表来替换原来的一个大表，使得数据结构更合理，避免数据操作时出现异常情况。

5.4.1 模式分解的三条准则

对于一个模式的分解是多种多样的，但是分解后产生的模式应与原模式等价。人们从不同的角度去观察问题，对"等价"的概念形成了三种不同的定义：

分解具有"无损连接性"（Lossless Join）；

分解要"保持函数依赖"（Preserve functional Dependency）；

分解既要"保持函数依赖"，又要具有"无损连接性"。

这三个定义是实行分解的三条不同的准则。按照不同的分解准则，模式所能达到的分离程度各不相同，各种范式就是对分离程度的度量。

无损连接性是指通过对分解后形成的关系模式进行某种连接运算，能使之还原到分解前的关系模式，从而保证分解前后关系模式的信息不丢失、不增加，保持原有的信息不变。

保持函数依赖性是指分解过程中不能丢失或破坏原有关系模式中的函数依赖关系，即保持分解后原有的函数依赖依然成立。

关系模式分解定义 设有关系模式 $R(U)$，R_1、$R_2 \cdots R_k$ 都是 R 的子集（此处把关系模式看成是属性的集合），$R = R_1 \cup R_2 \cup \cdots \cup R_n$，关系模式的集合用 ρ 表示，$\rho = \{R_1, R_2, \cdots, R_n\}$。用 ρ 代替 R 的过程称为关系模式的分解。这里 ρ 称为 R 的一个分解，也称为数据库模式。

关系模式的分解，不仅仅是属性集合的分解，它同时体现了对关系模式上的函数依赖集和关系模式的当前值（关系实例）的分解。衡量关系模式的一个分解是否可取，主要有两个标准：一个是分解是否具有无损连接性；另一个是分解是否具有保持函数依赖性。下面举例说明模式分解三条准则的应用。

【例 5-17】已知关系模式 $R(U, F)$，其中 $U = \{$工号，部门，经理$\}$，$F = \{$工号→部门，部门→经理$\}$。$R(U, F)$ 的元组语义是职工在某部门工作，该部门有一个经理。并且一个职工只在一个部门工作，一个部门只有一个经理。R 的一个关系实例如表 5-16 所示。

表 5-16　R 的一个关系实例

工号	部门	经理
101	销售部	王一
102	销售部	王一
201	采购部	赵五
301	仓库	张六

由于 R 中存在传递函数依赖工号→经理，它会发生操作异常。例如，如果 101 调离，则部门的经理是王一的信息也就丢掉了。反过来，如果仓库这个部门刚刚组建，还没有员工，那么这个部门的经理是张六的信息也无法存入。于是再进行如下分解。

$\rho_1 = \{R_1(工号, \emptyset), R_2(部门, \emptyset), R_3(经理, \emptyset)\}$

分解后各 R_i 的关系 r_i 是 R 在 U_i 上的投影，即 $r_i = R[U_i]$。

$r_1 = \{101, 102, 201, 301\}$；

$r_2 = \{销售部, 采购部, 仓库\}$；

$r_3 = \{王一, 赵五, 张六\}$。

对于分解后的数据库，要回答"101 在哪个部门工作"也不可能了，这样的分解没有意义。本例的分解 ρ_1 所产生的各关系自然连接的结果，实际上是它们的笛卡儿积，元组增加了，信息丢失了。只有分解后的各个关系模式能够通过自然连接恢复到原来的情况，才能达到不丢失信息的要求。这就产生了无损连接性的概念。

为确保分解的无损连接性，可对 R 进行另一种分解。

$\rho_2 = \{R_1(\{工号, 部门\}, (工号→部门))\}$
$\qquad R_2(\{工号, 经理\}, (工号→经理))\}$

ρ_2 对 R 的分解是可恢复的，但是前面提到的插入和删除异常仍然没有解决，原因就在于原来在 R 中存在的函数依赖部门→经理，现在在 R_1 和 R_2 中都不再存在了。因此人们又要求分解具有"保持函数依赖"的特性。

最后对 R 进行了以下分解。

$\rho_3 = \{R_1(\{工号, 部门\}, \{工号→部门\})$
$\qquad R_2(\{部门, 经理\}, (部门→经理))\}$

经过分解的 ρ_3，既具有无损连接性，又具有保持函数依赖性。它解决了更新异常，又没有丢失原数据库的信息，这是理想的分解。

由此，可以看出为什么要提出对数据库模式"等价"的三个不同定义了。

下面严格地定义分解的无损连接性和保持函数依赖性并讨论它们的判别算法。

5.4.2　无损连接分解

无损连接分解，是要求关系模式分解后经过某种连接，可以得到原来的数据。数据分解具有无损连接性是必要的，因为它保证了 R 上每个满足 F 的具体关系 r，在分解后都可以由 r 的那些投影经自然连接得以恢复原样，还原的信息既不多也不少。

无损连接分解定义 设有关系模式 R,F 是 R 上的函数依赖集,R 分解为数据库模式 $\rho = \{R_1, R_2, \cdots, R_k\}$。如果对 R 中满足 F 的每一个关系 r,有 $r = \prod_{R1}(r) \bowtie \prod_{R2}(r) \cdots \bowtie \prod_{Rk}(r)$,那么就称分解 ρ 相对于 F 是"无损连接分解"(Lossless Join Decomposition),简称"无损分解";否则称为"有损分解"(Lossy Decomposition)。

其中,符号 $r = \prod_{Ri}(r)$ 表示 r 在模式 R_i 属性上的投影。r 的投影连接用 $\prod_{R1}(r) \bowtie \prod_{R2}(r) \cdots \bowtie \prod_{Rk}(r)$ 表示,说明 r 在 ρ 中各关系模式上的投影连接,称为关系 r 的投影连接变换。

【例 5-18】设有关系模式 $R(A, B, C)$,分解成 $\rho = \{AB, AC\}$。

(1) 设 $F = \{A \rightarrow C\}$ 是 R 上的函数依赖集。如图 5-3 (a) 所示为 R 上的一个关系 r,如图 5-3 (b) 和图 5-3 (c) 所示为 r 在 AB 和 AC 上的投影 r_1 和 r_2。显然,此时满足 $r_1 \bowtie r_2 = r$,也就是投影连接变换以后未丢失信息,这正是我们所期望的。这种分解称为"无损分解"。

(2) $F = \{B \rightarrow C\}$ 是 R 上的函数依赖集。图 5-4 (a) 所示是 R 上的一个关系 r,图 5-4 (b) 和图 5-4 (c) 所示为 r 在 AB 和 AC 上的投影 r_1 和 r_2,表 5-4 (d) 所示为 $r_1 \bowtie r_2$。显然,此时 $r_1 \bowtie r_2 \neq r$,r 在投影连接变换后比原来多了两个元组(增加了噪声)。这种分解不是我们所期望的,因此将其称为"有损连接分解"。

从本例可以看出,分解是否具有无损连接性与函数依赖有直接关系。

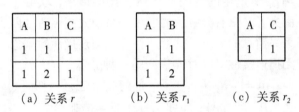

图 5-3 未丢失信息的分解

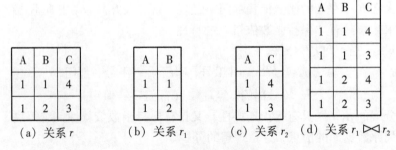

图 5-4 丢失信息的分解

5.4.3 保持函数依赖的分解

为了保证分解关系模式的有效,新的关系模式要满足高一级别范式的条件。这就需要新的关系模式保持原有关系模式的函数依赖,即新的关系模式中的函数依赖是原关系模式的函数依赖在新关系模式上的投影。

设有关系模式 $R(U, F)$,F 是 R 的函数依赖集,U_i 是 U 的一个属性子集,则称

U_i 所涉及的 F^+ 中所有函数依赖为 F 在属性集 U_i ($\in U$) 上的投影。

设有关系模式 $R(U)$，F 是 $R(U)$ 上的函数依赖集，$\rho = \{R_1, R_2, \cdots, Rk\}$ 是 R 的一个分解。

F 在 R_i 上的一个投影用 $\prod_{Ri}$ 表示，

$$\bigcup_{i=1}^{k} = \prod_{Ri}(F) = \prod_{R1}(F) \cup \prod_{R2}(F) \cup \cdots \cup \prod_{Rk}(F);$$

如果有 $F^+ = (\prod Ri(F))^+$，则称 ρ 是保持函数依赖集 F 的分解。

可以看出，保持函数依赖的分解是把 R 分解为 R_1，R_2，$\cdots$，R_k 后，函数依赖集 F 应被其在这些 R_i 上的投影所蕴涵。因为 F 中的函数依赖实质上是对关系模式 R 的完整性约束，R 分解后也要保持 F 的有效性，否则数据的完整性将受到破坏。

但是，一个无损连接分解不一定是保持函数依赖的。同样，一个保持函数依赖的分解也不一定是无损连接的。

【例 5-19】设有关系模式 R（学号，所在系，系办公地点）。函数依赖集有 $F = \{$学号→所在系，所在系→系办公地点$\}$，R 分解成

$\rho = \{R_1$（学号，所在系），R_2（学号，系办公地点）$\}$

（1）判断 ρ 是否具有无损连接性。

（2）判断 ρ 是否具有保持函数依赖性。

【解】

（1）判断 ρ 是否具有无损连接性。

因为 $R_1 \cap R_2$ 为（学号，所在系）∩（学号，系办公地点）= 学号，$R_1 - R_2 =$（学号，所在系）-（学号，系办公地点）= 所在系，已知学号→所在系，所以，$R_1 \cap R_2$ → ($R_1 - R_2$)，因此，$\rho = \{R_1$（学号，所在系），R_2（学号，系办公地点）$\}$ 是无损分解。

（2）判断 ρ 是否具有保持函数依赖性。

R_1 上的函数依赖是学号→所在系，R_2 上的函数依赖是学号→系办公地点，但从这两个函数依赖推不出在 R 上成立的函数依赖所在系→系办公地点，分解 ρ 把所在系→系办公地点丢失了，因此，分解 ρ 不具有保持函数依赖性。

规范化理论提供的一套完整的模式分解方法，通过对这些分解算法的研究，有如下结论。

（1）若要求分解具有无损连接性，那么分解一定可以达到 BCNF。

（2）若要求分解保持函数依赖，那么分解可以达到 3NF，但不一定能达到 BCNF。

（3）若要求分解既保持函数依赖，又具有无损连接性，那么分解一定可以达到 3NF，但不一定能达到 BCNF。所以在 3NF 的规范化中，既要检查分解是否具有无损连接性，又要检查分解是否具有函数依赖保持性。只有这两条都满足，才能保证分解的正确性和有效性，才能既不发生信息丢失，又保证关系中的数据满足完整性约束。

从以上两小节的学习中我们知道，无损连接性是模式分解的一个重要原则，而在分解过程中能否保持函数集不被破坏和不丢失函数依赖集，则是模式分解的另一个重要原则。如果不能保持函数依赖，那么数据的语义就会出现问题。

关系规范化是一个关系按一定原则分解为多个关系的过程。任何一个非规范的关系都可以经过分解达到3NF。随着关系规范程度的提高，数据冗余会得到有效的控制。操作异常会不再发生，但是关系模式的数量也会增多。原本可以在一个关系模式上执行或在较少关系模式上执行的操作应用，现在可能要在多个关系模式上进行。此时在检索数据时常采用两种方法，第一种是先在第一个关系中查询，再到别的关系中查找相关数据，又回到第一个关系中查找相关数据或查找新的数据……这实际上是依照人工查找的方法操作，程序编制较复杂，执行效率低；另一种方法是设法把两个关系连接在一起，生成一个临时性的关系或非正式的关系，也就是还原成分解前的那个关系，然后再进行检索，这个关系仅供检索使用。还原关系不影响对单个关系的检索，也不必担心操作异常问题。但连接过程耗费时间，而且连接的文件往往较大，使检索速度大大下降。在实际应用中，设计人员应根据具体应用需求灵活掌握，不必一味地追求规范化的程度。

关系分解的方案是多样的，要注意保证分解的正解性，确保分解后所形成的关系与原关系等价。

所谓分解的正确性是指分解的无损连接性和保持函数依赖性。无损连接性是指通过对分解后形成关系的某种连接运算能使之还原到分解前的关系；保持函数依赖性是指分解过程中，不能丢失或破坏原有关系的函数依赖关系。

在教务系统中，通过连接学生关系、课程关系以及成绩关系，使之能够还原出某个学生的某科成绩。三个关系之间通过学号、课程号在不同表中的重复设置，使关系与关系连接在一起，连接后就可以还原出我们所需要的某个学生的某科成绩的数据。

在实体联系模型转化成关系模型设计过程中，强调一对多的转化时，在多方应有一方的标识属性。对于多对多的联系，要建立一个新的联系关系，其属性要包括原相关两实体的关键字。这些措施保证了不同实体集对应的关系模式之间的函数依赖关系不变。这样形成的关系最后可以通过相关的关键字连接，通过一定规则的运算，最终把相关的关系连接成一个关系，使分解后的关系还原为原来的关系。否则相关的问题就无法查询。例如，在成绩关系中，去掉学号属性，要查询某个学生的某科成绩，将无法进行。

5.5 本章小结

本章主要讨论关系数据库规范化理论，讨论一个好的关系模式标准，以及讨论如何将不好的关系模式转换成好的关系模式，并能保证所得到的关系模式仍能表达原来的语义。

在关系模式设计过程中，最初设计的关系模式可能会存在数据冗余、数据操作异常等不正常的现象。这些最初的关系模式经过分解可以成为最终合适的关系模式。

函数依赖是最基本的一种数据依赖形式，它反映关系中属性或属性组之间相互依存、互相制约的关系，即反映了现实世界的约束关系。

范式（Normal Form，NF）是满足某一级别约束条件的关系模式的集合。根据满足约束条件的级别不同，范式由低到高分为1NF，2NF，3NF，BCNF，4NF，5NF，DKNF，6NF。最重要的是3NF和BCNF两种范式。范式主要表示了关系模式的规范化程度。

关系规范化是把关系模式按一定原则分解为多个关系,数据操作异常问题可以通过对原关系模式的分解处理来解决。通俗地讲,分解就是运用关系代数的投影运算把一个关系模式拆分成几个关系模式,从关系实例的角度看,就是用几个小表来替换原来的一个大表,使得数据结构更合理,避免数据操作时出现异常情况。

习题 5

1. 将表 5-17 改写为 1NF。

表 5-17 选课表

学号	课程
152012001	数据库原理、数据结构、编译原理、Android 应用开发
152012002	Java 语言程序设计、编译原理、Android 应用开发

2. 假设某商业集团数据库中有一个关系模式 R(商店编号,商品编号,数量,部门编号,负责人)。如果规定:

· 每个商店的每种商品只在一个部门销售;
· 每个商店的每个部门只有一个负责人;
· 每个商店的每种商品只有一个库存数量。

(1) 写出关系模式 R 的基本函数依赖集。
(2) 找出关系模式 R 的候选码。
(3) 关系模式 R 最高已经达到第几范式?为什么?
(4) 如果 R 不属于 3NF,请将 R 分解成 3NF。

3. 将表 5-18 改写为 1NF。

表 5-18 选修课程表

学　号	课　程
152010001	数据库原理、数据结构、编译原理、Android 应用开发
152010002	Java 语言程序设计、编译原理、Android 应用开发

第6章 数据库的安全性

保持数据的完整性是为了防止数据库中存在不符合语义的数据,也就是防止数据库中存在不正确的数据。完整性约束提供了一种手段来保证当授权用户对数据库做修改时不会破坏数据的一致性。因此,完整性检查和约束的目标是防止不合语义的、不正确的数据进入数据库以及授权用户对数据的意外破坏。而安全性则是防范非法用户和非法操作,防止非法用户对数据库数据的非法存取。因此,完整性与安全性是两个不同的概念。

6.1 数据库安全性概述

6.1.1 对数据库安全的威胁

由于数据库系统中的数据为系统中的用户所共享,因此数据库的安全性问题显得特别突出。数据库安全性,是指通过各种技术或非技术手段保证数据安全,防止因用户非法使用数据库造成数据泄露、更改或破坏。

安全性问题并非数据库系统所独有,而是存在于所有计算机系统中。数据库信息储存方式的集中性、共享性,以及数据本身的重要性,决定了数据库安全问题尤为重要。同时,数据库安全是计算机系统安全的重要组成部分,对计算机系统安全性的研究和评估对数据库系统同样适用。

对数据库安全的威胁分为两种情况,一种情况是非授权访问,另一种情况是合法访问得不到满足。即凡是造成对数据库存储数据的非授权访问——读取,或非授权的写入——增加、删除、修改等,都属于对数据库的数据安全造成了威胁或破坏;凡是影响授权用户以正常方式使用数据库系统数据服务的,称之为对数据造成侵犯,当授权用户访问数据库却不能得到数据库的正常服务时,也被认为是数据库的安全受到了威胁或破坏。

因此,数据库管理系统安全机制的作用是提供具备安全存取数据能力的服务器,既在向授权用户提供可靠的数据服务的同时,又要拒绝非授权用户对数据的存取访问请求,保证数据的可用性、完整性和一致性,进而保护数据库所有者和使用者的合法权益。

从对数据库安全的威胁方式角度来看,对数据库安全的威胁具体有以下表现:
1. 偶然地、无意地接触或修改 DBMS 管理下的数据
(1) 自然的或意外的事故;
(2) 硬件或软件的故障/错误导致数据丢失;
(3) 人为的失误,如错误的输入和应用系统的不正常使用。

2. 蓄意的侵犯和敌意的攻击

(1) 授权用户可能滥用其权力；
(2) 信息的非正常扩散——泄密；
(3) 由授权读取的数据推论出不应访问的数据；
(4) 对信息的非正常修改；
(5) 敌对方的攻击，内部的或外部的非授权用户从不同渠道进行攻击；
(6) 敌对方对软件和硬件的蛮力破坏；
(7) 绕过 DBMS 直接对数据进行读写；
(8) 病毒；
(9) 通过各种途径干扰 DBMS 的正常工作状态，使之在授权用户提出数据请求时，不能提供正常服务。

6.1.2 数据库安全技术标准

在安全性评估准则的发展历程中，有三个非常重要的里程碑式的标准：TCSEC、ITSEC 和 CC 标准。

6.1.2.1 TCSEC 标准

数据库安全技术作为信息安全技术的分支，开始于 20 世纪 70 年代中期，并且自 80 年代末和 90 年代初开始迅速发展，目前已得到许多国家的重视，将其作为国家信息安全的重要基础技术。1985 年，美国国防部（DoD）正式颁布《DoD 可信计算机系统评估标准》（Trusted Computer System Evaluation Criteria，简称 TCSEC 或 DoD85），TCSEC 又称桔皮书。

制定 TCSEC 标准的目的有两点：第一，提供一种标准，使用户可以对其计算机系统内敏感信息安全操作的可信程度做评估。第二，给计算机行业的制造商提供一种可循的指导规则，使其产品能够更好地满足敏感应用的安全需求。

1991 年 4 月，美国 NCSC（国家计算机安全中心）颁布了《可信计算机系统评估标准关于可信数据库系统的解释》（Trusted Database Interpretation，简称 TDI）。TDI 又称紫皮书。它将 TCSEC 扩展到数据库管理系统，TDI 中定义了数据库管理系统的设计与实现中需满足和用以进行安全性级别评估的标准。

TCSEC/TDI 安全级别划分为四组（division）共七个等级。各安全级别之间具有向下兼容的关系，即较高安全性级别提供的安全保护要包含较低级别的所有保护要求，同时提供更多或更完善的保护能力。各级别定义见表 6-1。

表 6-1 TCSEC 级别定义

安全级别	定义	应用举例
A1	验证设计 （Verified Design）	提供 B 级保护的同时给出系统的形式化设计说明和验证，以确保各安全保护的真正实现。现仍处于理论研究阶段，没有应用产品。

续上表

安全级别	定义	应用举例
B3	安全域 (Security Domain)	能够访问监控器，审计跟踪能力更强，并提供系统恢复功能。现仍处于理论研究阶段，没有应用产品。
B2	结构化保护 (Structural Protection)	可建立形式化的安全策略模型。数据库方面没有符合 B2 级标准的产品。
B1	标记安全保护 (Labeled Security Protection)	可对系统的数据加以标记，实施强制存取控制等。例如 Trusted Oracel7 数据库。
C2	受控存取保护 (Controlled Access Protection)	受控的存取保护，可实施审计和资源隔离。例如 Oracle7 数据库。
C1	自主安全保护 (Discretionary Security Protection)	非常初级的自主安全保护。例如现有采取自主存取控制（DAC）的商业数据库系统。
D	最小保护 (Minimal Protection)	级别最低，几乎没有专门的安全机制，例如 DOS 系统。

我国于 1999 年将其转化为《计算机信息系统安全防护等级划分准则》（GB/T17859），基本等同 TCSEC。

6.1.2.2 ITSEC 标准

1991 年，由西欧四国（英、法、荷、德）联合提出了《欧洲安全评价标准》（Information Technology Security Evaluation Criteria，简称 ITSEC），目的是适应各种产品、应用和环境的需要。ITSEC 在当时很快成为欧盟各国使用的共同评估标准，这为多国共同制定信息安全标准开了先河。与 TCSEC 不同，它并不把保密措施直接与计算机功能相联系，而是只叙述技术安全的要求，把保密作为安全增强功能。ITSEC 与 TCSEC 的主要区别是，TCSEC 把保密作为安全的重点，而 ITSEC 则把完整性、可用性与保密性作为同等重要的因素。ITSEC 较美国军方制定的 TCSEC 在功能的灵活性、有关的评估技术方面均有很大的进步。

ITSEC 定义了从 E0 级（不满足品质）到 E6 级（形式化验证）的 7 个安全等级，对于每个系统，安全功能可分别定义。

这 7 个安全等级分别是：

E0 级：该级别表示不充分的安全保证。

E1 级：该级别必须有一个安全目标和一个对产品或系统结构设计非形式化的描述，还需要有功能测试，以表明是否达到安全目标。

E2 级：除了 E1 级的要求外，还必须对详细的设计有非形式化描述。另外，功能测试的证据必须被评估，必须有配置控制系统和认可的分配过程。

E3 级：除了 E2 级的要求外，不仅要评估与安全机制相对应的源代码和硬件设计图，还要评估测试这些机制的证据。

E4 级：除了 E3 级的要求外，必须有支持安全目标的安全策略的基本形式模型。用半形式说明安全加强功能、体系结构和详细的设计。

E5 级：除了 E4 级的要求外，在详细的设计和源代码或硬件设计图之间有紧密的对应关系。

E6 级：除了 E5 级的要求外，必须正式说明安全加强功能和体系结构设计，使其与安全策略的基本形式模型一致。

6.1.2.3 CC 标准

1993 年 6 月，在欧洲四国出台 ITSEC 之后，在 TCSEC、ITSEC 等信息安全准则的基础上，由 6 个国家 7 方（美国国家安全局和国家技术标准研究所、加、英、法、德、荷）共同提出了《信息技术安全评价通用准则》（The Common Criteria for Information Technology security Evaluation，CC），简称 CC 标准，它综合了已有的信息安全的准则和标准，形成了一个更全面的框架。为了适应经济全球化的形势要求，在 CC 标准制定不久，六国七方即推动国际标准化组织（ISO）将 CC 标准纳入国际标准体系。经过多年协商和切磋，国际标准组织于 1999 年批准 CC 标准以"ISO/IEC 15408—1999"名称正式列入国际标准系列。CC 标准各级别定义见表 6-2。

表 6-2 CC 评估级别定义

评估保级	定 义	TCSEC 安全级别（近似相当）
EAL7	形式化验证的设计和测试（formally verified design and tested）	A1
EAL6	半形式化验证的设计和测试（semiformally verified design and tested）	B3
EAL5	半形式化设计和测试（semiformally designed and tested）	B2
EAL4	系统地设计、测试和复查（methodically designed, tested, and reviewed）	B1
EAL3	系统地测试和检查（methodically tested and checked）	C2
EAL2	结构测试（structurally tested）	C1
EAL1	功能测试（functionally tested）	

分级评估是通过对信息技术产品的安全性进行独立评估后所取得的安全保证等级，表明产品的安全性及可信度。获得的认证级别越高，安全性与可信度越高，产品可对抗更高级别的威胁，适用于较高的风险环境。

CC 标准是目前国际通行的信息技术产品安全性评价规范，基于功能要求和保证要求进行安全评估，能够实现分级评估目标，不仅考虑了保密性评估要求，还考虑了完整性和可用性多方面安全要求。目前已经有 17 个国家签署了互认协议，即一个 IT 产品在英国通过 CC 评估以后，在美国就不需要再进行评估了，反之亦然。目前我国还未加入互认协议。

不同的应用场合（或环境）对信息技术产品能够提供的安全性保证程度的要求不同。产品认证所需代价随着认证级别升高而增加。通过区分认证级别满足适应不同使用环境的需要。

6.1.2.4 我国的国家标准

我国1999年制定了《标准计算机信息系统安全保护等级划分准则》（GB 17859—1999），该准则的制定主要参考了美国的TCSEC标准，规定了计算机系统安全保护能力的五个等级，即：

第一级：用户自主保护级。
第二级：系统审计保护级。
第三级：安全标记保护级。
第四级：结构化保护级。
第五级：访问验证保护级。

2001年3月由国家信息安全测评认证中心主持，与信息产业部电子第三十研究所、国家信息中心和复旦大学等单位共同起草的《信息技术安全性评估准则》（GB/T 18336—2001）由国家质量技术监督局正式颁布。该标准等同于CC标准（ISO/IEC 15408—1999）。

6.2 数据库安全性控制

数据库安全性控制的常用方法有用户标识和鉴定、存取控制、视图、审计、密码存储。在数据库系统中，安全措施是一级一级层层设置的，数据库系统的安全性控制层次如图6-1所示。

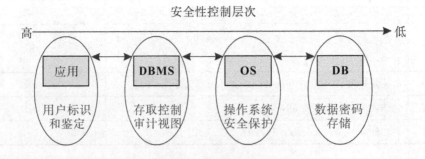

图6-1 数据库系统的安全性控制层次

当用户进入数据库系统时，系统根据输入的用户标识进行身份鉴别，系统阻止非法用户进入系统，允许合法用户进入系统。对已进入系统的用户，DBMS还要进行存取控制，只允许用户进行合法的操作。DBMS是建立在操作系统之上的，安全的操作系统是数据库安全的前提。操作系统应能保证数据库中的数据必须由DBMS访问，而不允许用户越过DBMS直接通过操作系统访问。数据库系统的安全机制如图6-2所示。

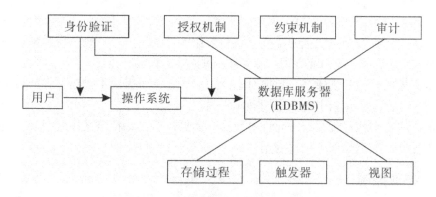

图 6-2 数据库系统的安全机制

6.2.1 用户标识与鉴别

数据库管理系统安全子系统（Security Subsystem of Database Management System，简称 SSODB）是数据库管理中安全保护装置的总称，包括硬件、软件和负责执行安全策略的组合体。它建立了一个基本的数据库管理系统安全保护环境，并提供安全数据库管理系统所要求的附加用户服务。

用户标识信息是公开信息，一般以用户名和用户 ID 实现。为了管理方便，可将用户分组，也可使用别名。无论用户名、用户 ID、用户组还是用户别名，都要遵守标识的唯一性原则。用户标识分为下列 3 种。

(1) 基本标识：用户名和用户 ID。

(2) 唯一性标识：确保所标识用户在信息系统生存周期内的唯一性，并将用户标识与审计相关联。

(3) 标识信息管理：对用户标识信息进行管理、维护，确保其不被非授权地访问、修改或删除。

用户鉴别，即对登录到数据库管理系统的用户进行身份真实性鉴别。通过对用户所提供的"鉴别信息"进行验证，证明该用户确有所声称的某种身份，"鉴别信息"须保密并且不易伪造。用户鉴别分为下列 5 种。

(1) 基本鉴别：对用户身份进行鉴别。

(2) 不可伪造鉴别：检测并防止使用伪造或复制的鉴别数据。一方面，应检测或防止由任何别的用户伪造的鉴别数据；另一方面，应检测或防止当前用户从任何其他用户处复制鉴别数据的使用。

(3) 一次性使用鉴别：提供一次性使用鉴别数据操作的鉴别机制，即防止与已标识过的鉴别机制有关的鉴别数据的重用。

(4) 多机制鉴别：提供不同的鉴别机制，用于鉴别特定事件的用户身份，并且根据所描述的多种鉴别机制提供鉴别的规则，来鉴别任何用户所声称的身份。

(5) 重新鉴别：重新鉴别用户。例如，用户终端操作超时被断开后，重新连接时需要进行重新鉴别。

数据库用户一般可分为 4 类：系统用户（DBA）、数据对象的属主（Owner）、一个或多个具体用户和公共用户（Public）。

系统用户指具有至高无上的系统控制与操作特权的用户，一般是指系统管理员或数据库管理员（DBA），他们拥有数据库系统可能提供的全部权限。

数据对象的属主是创建某个数据对象的用户，如一个表属主创建了某个表，就具有对该表更新、删除、建索引等所有的操作权限。

一般用户指那些经过授权被允许对数据库数据进行某些特定操作的用户。公共用户是为了方便共享数据操作而设置的用户。

6.2.2 存取控制

用户使用数据库的方式称为权限。在数据库系统中，为了保证用户只能访问他有权存取的数据，必须预先对每个用户定义存取权限。对于通过鉴定获得上机权的用户（即合法用户），系统根据他的存取权限定义对他的各种操作请求进行控制，确保他只执行合法操作。用户权限定义和合法权检查机制一起组成了 DBMS 的安全子系统。

访问数据的权限包括读数据权限、插入数据权限、修改数据权限、删除数据权限。修改数据库模式的权限包括创建和删除索引的索引权限、创建新表的资源权限、允许修改表结构的修改权限、允许撤销关系表的撤销权限等。关系数据库系统中存取控制对象见表 6-3。

表 6-3 关系数据库系统中存取控制对象

对象类型	对象	操作类型
数据库	模式	CREATE SCHEMA
	基本表	CREATE TABLE，ALTER TABLE
模式	视图	CREATE VIEW
	索引	CREATE INDEX
数据	基本表和视图	SELECT，INSERT，UPDATE，DELETE，REFERENCES，ALL PRIVILEGES
数据	属性列	SELECT，INSERT，UPDATE，REFERENCES ALL PRIVILEGES

常用的存取控制方法有：自主存取控制（Discretionary Access Control，DAC），在安全等级中属于 C2 级，使用起来比较灵活；强制存取控制（Mandatory Access Control，MAC），在安全等级中属于 B1 级，较为严格。

（1）自主存取控制方法：① 同一用户对于不同的数据对象有不同的存取权限；② 不同的用户对同一对象也有不同的权限；③ 用户还可将其拥有的存取权限转授给其他用户。

（2）强制存取控制方法：① 每一个数据对象被标以一定的密级；② 每一个用户也被授予某一个级别的许可证；③ 对于任意一个对象，只有具有合法许可证的用户才可以存取。

6.2.3 授权与回收

定义存取权限被称为授权。存取权限由两个要素组成，数据对象和操作类型。定义一个用户的存取权限就是要定义这个用户可以在哪些数据对象上进行哪些类型的操作。

在对用户授权时，DBMS 把授权的结果存入数据字典。当用户提出操作请求时，DBMS 根据授权定义进行检查，以决定是否执行操作请求。取消已定义的存取权限，被称为授权的回收。

DBMS 提供了功能强大的授权机制，它可以给用户授予各种不同对象（表、视图等）的不同使用权限（如 SELECT、UPDATE、INSERT、DELETE 等）。用户对自己建立的基本表和视图拥有全部的操作权限，并且可以用 GRANT 语句把其中某些权限授予其他用户。

被授权的用户如果有"继续授权"的许可，还可以把获得的权限再授予其他用户。所有授予出去的权力在必要时又都可以用 REVOKE 语句收回。

授权语句 GRANT 一般格式如下：

```
GRANT <权限1>[,<权限2>]…
[ON <对象类型> <对象名>]
TO <用户1>[,<用户2>]…
[WITH GRANT OPTION];
```

其语义功能为：将指定操作对象的特定操作权限授予指定的用户。建立表（CREATE TABLE）的权限属于 DBA，可由 DBA 授予普通用户。基本表或视图的属主拥有对该表或视图的一切操作权限，并可将权限授予一个或多个具体用户。With Grant Option 则允许被授权的用户将指定的用户级权限或角色授予其他用户。注意不允许循环授权。

授权回收语句 REVOKE 的一般格式如下：

```
REVOKE <权限1>[,<权限2>]…
[ON <对象类型> <对象名>]
FROM <用户1>[,<用户2>]…;
```

其语义功能为：从指定用户那里收回对指定对象的操作权限。

【例6-1】把查询教师表的权限授给用户1。

```
GRANT SELECT
ON 教师表
TO 用户1;
```

【例6-2】把对学生表和课程表的全部权限授予用户2和用户3。

```
GRANT ALL PRIVILEGES
ON TABLE 学生表,课程表
TO 用户2,用户3;
```

【例6-3】把对表学生表的查询权限授予所有用户。

```
GRANT SELECT
ON TABLE 学生表
```

TO PUBLIC;

【例 6-4】 把查询学生表和修改学生姓名的权限授给用户 4。

  GRANT UPDATE(Name),SELECT
  ON TABLE 学生表
  TO 用户4;

【例 6-5】 把对表学生表的 INSERT 权限授予用户 5，并允许他再将此权限授予其他用户。

  GRANT INSERT
  ON TABLE 学生表
  TO 用户5
  WITH GRANT OPTION;

执行【例 6-5】后，用户 5 不仅拥有了对学生表的 INSERT 权限，还可以传播此权限，如用户 5 可以执行下述语句：

  GRANT INSERT
  ON TABLE 学生表
  TO 用户6
  WITH GRANT OPTION;

【例 6-6】 DBA 把在数据库 jwxtdb 中建立表的权限授予用户 7。

  GRANT CREATE TABLE
  ON DATABASE jwxtdb
  TO 用户7;

【例 6-7】 把用户 4 修改学生姓名的权限收回。

  REVOKE UPDATE(Name)
  ON TABLE 学生表
  FROM 用户4;

【例 6-8】 收回所有用户对学生表的查询权限。

  REVOKE SELECT
  ON TABLE 学生表
  FROM PUBLIC;

【例 6-9】 把用户 5 对学生表的 INSERT 权限收回。

  REVOKE INSERT
  ON TABLE 学生表
  FROM 用户5;

注意：此时系统将同时收回直接或间接从用户 5 处获得的对学生表的 INSERT 权限。

6.2.4 数据库角色

数据库角色是被命名的一组与数据库操作相关的权限，可以为一组具有相同权限的用户创建一个角色，使用角色来管理数据库权限可以简化授权的过程。先创建一个角色，并把相应的权限分配给角色，在需要的时候把角色分配给用户，然后用户就拥有了角色所具有的权限。

用户与角色之间存在多对多的联系，一个用户允许被授予多个角色使用，同一个角色的使用也可被授予多个用户，一个角色的使用也可以被授权于另一个角色。

角色有以下三个特点：
（1）角色是权限的集合；
（2）可以为一组具有相同权限的用户创建一个角色；
（3）简化授权的过程。

数据库角色的一般格式：
①角色的创建。

    CREATE ROLE <角色名>

②给角色授权。

    GRANT <权限1>[,<权限2>]…
    ON <对象类型>对象名
    TO <角色1>[,<角色2>]…

③将一个角色授予其他的角色或用户。

    GRANT <角色1>[,<角色2>]…
    TO <角色3>[,<用户1>]…
    [WITH ADMIN OPTION]

④角色权限的收回。

    REVOKE <权限1>[,<权限2>]…
    ON <对象类型> <对象名>
    FROM <角色1>[,<角色2>]…

【例6-10】通过角色来实现将一组权限授予一个用户。

步骤如下：
①首先创建一个角色 R1。

    CREATE ROLE R1;

②然后使用 GRANT 语句，使角色 R1 拥有"学生表"的 SELECT、UPDATE、INSERT 权限。

    GRANT SELECT,UPDATE,INSERT
    ON TABLE 学生表
    TO R1;

③将这个角色授予张明、王跃、赵晓玲。使他们具有角色 R1 所包含的全部权限。

    GRANT R1
    TO 张明,王跃,赵晓玲;

④可以一次性通过 R1 来回收王跃的这3个权限。

    REVOKE R1
    FROM 王跃;

【例6-11】授予角色 R1 对学生表的删除权限

    GRANT DELETE

```
ON TABLE 学生表
TO R1;
```

【例 6-12】 收回角色 R1 对学生表的查询权限。

```
REVOKE SELECT
ON TABLE 学生表
FROM R1;
```

6.2.5 自主存取控制与强制存取控制

存取控制又可以分为自主存取控制（DAC）和强制存取控制（MAC）两类。DBMS 可以支持 C2 级的自主存取控制（DAC），以及支持 B1 级的强制存取控制（MAC）。

自主存取控制，同一用户对于不同的数据对象有不同的存取权限，不同的用户对同一对象也有不同的权限，用户还可将其拥有的存取权限转授给其他用户。目前的 SQL 标准也支持自主存取控制，主要通过 SQL 的数据控制语句来实现。

授权粒度是指在授权时可以指定的数据对象的范围，它是衡量授权机制是否灵活的一个重要指标。授权定义中数据对象的粒度越细，即可以定义的数据对象的范围越小，授权子系统就越灵活。关系数据库中授权的数据对象粒度包括数据库、表、属性列、属性行。

自主存取控制能够通过授权机制有效地控制其他用户对敏感数据的存取，这种控制是很灵活的。然而，这种灵活性带来方便的同时，也容易带来问题。由于用户对数据的存取是完全自主独立的，用户可以自由地决定是否将数据的存取权限授予他人，而系统对此无法控制，从而造成数据的泄漏问题。造成这种问题的原因主要是这种授权机制仅是通过对数据的存取进行了安全控制，而数据本身并没有安全性标记。因此，在要求保证更高程度的安全性系统中，需要对系统控制下的所有主客体采取强制存取控制的方法。

强制存取控制是系统为保证更高程度的安全性，按照 TCSEC/TDI 标准中安全策略的要求所采取的强制存取检查手段。MAC 适用于那些对数据有严格而固定密级分类的部门，例如军事部门或政府部门。

强制存取控制中，每一个数据对象均被标以一定的密级，每一个用户也都被授予某一个级别的许可证，对于任意一个对象，只有具有合法许可证的用户才可以存取。

强制访问控制模型基于与每个数据对象和每个用户关联的安全性标识（Security Label）。安全性标识被分为 4 个级别：绝密（Top Secret）、机密（Secret）、秘密（Confidential）、公开（Public）。

在强制存取控制机制中，一般把被访问的资源称为"客体"，把以用户名义进行资源访问的进程、事务等实体称为"主体"。主体的敏感度标记称为许可证级别（Clearance Level），客体的敏感度标记称为密级（Classification Level）。在计算机系统中，每个运行的程序继承用户的许可证级别，也可以说，用户的许可证级别不仅仅应用于作为人的用户，而且应用于该用户运行的所有程序。当某一用户（或某一主体）以标记 Label 注册入系统时，系统要求该用户对任何客体的存取必须遵循如下规则：

(1) 当且仅当用户许可证级别大于等于数据的密级时，该用户才能对该数据进行读操作。

(2) 当且仅当用户的许可证级别等于数据的密级时，该用户才能对该数据进行写操作。

规则（1）的意义很明显。对于第二种规则，在某些系统中的要求有些差别。这些系统规定：仅当主体的许可证级别小于或等于客体密级时，该主体才能写入相应的客体，即用户可以为写入的数据对象赋予高于自己的许可证级别的密级。一旦数据被写入，该用户自己也不能再读该数据对象了。这两种规则的共同点在于它们均禁止了拥有高许可证级别的主体更新低密级的数据对象，从而防止了敏感数据的泄漏。

强制存取控制是对数据本身进行密级标记，无论数据如何复制，标记与数据是一个不可分的整体，只有符合密级标记要求的用户才可以操纵数据，从而提供了更高级别的安全性。

较高安全性级别提供的安全保护要包括较低级别的所有保护，因此在实现强制存取控制时要首先实现自主存取控制，即由自主存取控制和强制存取控制共同构成数据库管理系统的安全机制。在这种机制里，系统首先进行强制存取控制，再对通过强制存取控制检查的允许存取的数据对象进行自主存取控制检查，这种检查由系统自动完成，只有通过自主存取控制检查的数据对象才可以进行存取。因此，在实现 MAC 时要首先实现 DAC，即 DAC 与 MAC 共同构成 DBMS 的安全机制，如图 6-3 所示。

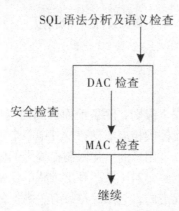

图 6-3　DAC + MAC 安全检查示意

6.3　视图机制

几乎所有的 DBMS 都提供视图机制，视图机制可提供数据的逻辑独立性，可增加数据的保密性和安全性。

视图将经常要用到的数据访问范围保存为虚拟表，当打开视图的时候就会从数据库表中提取相应数据呈现给用户，而且还可以在用户修改数据后将修改结果保存到数据库表中。

视图不同于数据库表，数据库表存储实际数据，而视图不存储实际数据，视图是基于数据库表的虚拟表。当用户通过视图访问数据时，从基本表获得数据，但却是由视图中定义的列或行构成的。

为不同的用户定义不同的视图,可以限制各个用户的访问范围。视图机制应用于安全保护时,应与授权机制配合使用。首先用视图机制屏蔽掉一部分保密数据,在视图上面再进一步定义存取权限。在授予用户对特定视图的访问权限时,该权限只用于在该视图中定义的数据项,而未用于完整基本表本身。因此,在使用视图的时候不用担心用户会无意地删除数据或者在基本表中添加有害的数据,并且可以限制用户只能使用指定部分的数据,增加了数据的保密性和安全性。因此在使用视图的时候,不用担心用户会访问基本表中视图规定范围以外的数据。

例如,如果要限定用户1只能对计算机系的学生进行操作,一种方法是通过授权机制对用户1授权,另一种简单的方法就是定义一个"计算机系"的视图。但视图机制的安全保护功能不够精细,往往不能达到应用系统的要求,其主要功能在于提供了数据的逻辑独立性。在实际应用中,通常将视图机制与授权机制结合起来使用,首先用视图机制屏蔽一部分保密数据,然后在视图上再进一步定义存取权限。

【例6-13】让用户王跃只能查询信息系学生的信息。

先建立计算机系学生的视图V_学生表。

    CREATE VIEW V_学生表
   AS
    SELECT *FROM 学生表
    WHERE 系部 ID = 1;

在视图基础上进一步对用户"王跃"定义存取权限。

    GRANT SELECT ON V_学生表 TO 王跃;

6.4 审 计

为了使DBMS达到一定的安全级别,除了前面讲到的用户标识与鉴别、存取控制、视图机制外,还需要在其他方面提供相应的支持,其中一个重要的措施就是审计。虽然各种数据库的安全性措施都可以将用户的操作限制在规定的安全范围内,但实际上任何系统的安全性措施都可能受到威胁,对于某些高度敏感的保密数据,也必须以审计作为安全手段。审计功能是一种监视措施,它跟踪记录有关数据的访问活动。审计功能主要用于安全性要求较高的部门,例如C2以上安全级别的DBMS必须具有审计功能;但使用审计功能会大大增加系统的开销,所以DBMS通常将其作为可选特征,提供相应的操作语句可灵活地打开或关闭审计功能。

审计是用一个专门的审计日志(Audit Log),将用户对数据库的所有操作记录在上面。DBA可以利用审计日志中的追踪信息,找出非法存取数据的人。

审计还可以监视和收集关于指定数据库活动的数据,如正在使用哪些系统权限、使用频率是多少、多少用户正在登录、哪些表经常被修改、用户执行了多少次逻辑I/O操作、会话平均持续多长时间等。DBA可以收集这些统计数据,为数据库优化与性能调整提供依据。

审计日志一般包括下列内容:

(1) 操作类型（如修改、查询等）。
(2) 操作的数据对象（如表、视图、记录、属性等）。
(3) 操作终端标识与操作人员标识。
(4) 操作日期和时间。
(5) 数据修改前后的值。

审计通常用于下列情况：

(1) 审查可疑的活动。例如：当出现数据被非授权用户删除、用户越权操作或权限管理不正确时，安全管理员可以设置对该数据库的所有连接进行审计，以及对数据库中所有表的操作进行审计。

(2) 监视和收集关于指定数据库活动的数据。例如：DBA 可收集哪些表经常被修改、用户执行了多少次逻辑 I/O 操作等统计数据，为数据库优化与性能调整提供依据。

审计能帮助 DBA 完成的操作类型包括以下几种：

(1) 为管理程序准备数据库使用报表（每天/周连接多少用户，每月发出多少查询，上周添加或删除了多少雇员记录）。
(2) 如果怀疑有黑客活动，记录企图闯入数据库的失败尝试。
(3) 确定最繁忙的表，它可能需要额外的调整。
(4) 调查对关键表的可疑更改。
(5) 根据用户负载方面的预期增长，规划资源消耗。

审计一般可以分为用户级审计和系统级审计：

(1) 用户级审计是任何用户可设置的审计，主要是针对自己创建的数据库或视图进行审计，记录所有用户对这些表或视图的一切成功及不成功的访问要求以及各种类型的 SQL 操作。

(2) 系统级审计只能由 DBA 设置，用以监测成功或失败的登录要求、监测 GRANT 和 REVOKE 操作以及其他数据库级权限下的操作。

AUDIT 语句：设置审计功能。

NOAUDIT 语句：取消审计功能。

例如：审计属于用户王跃的 dept 表上的所有的 SELECT、INSERT 和 DELETE 语句。

```
AUDIT SELECT,INSERT,DELETE
  ON 王跃.dept;
```

【例 6-14】对修改成绩表结构或修改成绩表数据的操作进行审计。

```
AUDIT ALTER,UPDATE
  ON 成绩表；
```

【例 6-15】取消对成绩表的一切审计。

```
NOAUDIT ALTER,UPDATE
  ON 成绩表；
```

6.5 数据加密

对于非常重要的数据，例如国家机密、银行金融、个人账号等数据，除了对数据库采取上述安全措施外，还要采取进一步的措施提高其安全性，这就是对数据进行加密。

通过对数据库中的数据对象进行加密处理，可以有效地防止数据库中的数据被非法窃取，也可以防止数据在存储和转发过程中被人为非法截取等。加密的基本思想就是用数学方法对传送的信息进行再组织，使得加密后的信息在传送时，对非法接收者而言是毫无意义的数据符号或文字。数据加密技术要求只有在指定的用户或网络下，才能解除密码而获得原来的数据，因此需要给数据发送方和接受方一些特殊的信息用于加解密，这就是所谓的密钥。合法接收者可以通过其掌握的密钥和算法得到原始信息。

一个好的加密技术应具有下列特征：

（1）对授权客户来说，对数据的加密过程和解密过程都很简单。

（2）加密模式不应依赖于算法的保密，而是依赖于被称为密钥的算法参数。

（3）对入侵者来说，确定密钥极其困难。

数据库加密后，不知道解密算法的人即使利用系统安全措施的漏洞非法访问数据库，也只能看到一些无法辨认的二进制代码。而合法的用户检索数据时，首先提供密码钥匙，由系统进行译码，然后才能得到可识别的数据。

加密格式存储数据库数据，需要加密（encrypt）和解密（decrypt），这个过程会占用大量系统资源，降低数据库的性能。因此数据加密功能通常也是一个可选的特征，允许客户自由决定是否进行数据加密或者选择只对高度机密的数据进行加密。

6.5.1　数据加密的原理

任何一个加密系统都是由明文、密文、算法和密钥组成。发送方通过加密设备或加密算法，用加密密钥将数据加密后发送出去。接收方在收到密文后，用解密密钥将密文解密，恢复为明文。

常用加密方法包括以下三种。

1. 编码

编码是最简单、最方便的方法。例如，银行数据库中的个人账号，可以通过存储代码来表示。

2. 替代

替代是使用密钥将明文中的每一个字符转换为密文中的一个字符，即逐个替代明文中的字母，生成密文。

3. 转置

转置是使用特殊算法重新排列明文中的字符。

通常替代和转置结合使用可取得理想效果，将这两种方法结合起来就能够提供相当高的安全度。数据加密标准（Data Encryption Standard，简称DES）就采用了这种结合算法，它由IBM制定，并在1977年成为美国官方加密标准。

根据加密密钥的使用和部署，一般将加密技术分为对称加密和非对称加密两种类型。

1. 对称加密算法

此算法在加密和解密时使用相同的密钥，称为对称加密算法。由于对称密钥加密算法一般要比公用密钥算法更快,所以无论是对少量数据或是大量数据的加密,对称算法都是很适合的。对称加密算法在数据库加密中应用较为普遍。

典型的对称密钥加密算法是 DES,它将数据分成长度为 64 位的数据块,其中 8 位用作奇偶校验,剩余的 56 位作为密码的长度。第一步将原文进行置换,得到 64 位的杂乱无章的数据组;第二步将其分成均等两段;第三步用加密函数进行变换,并在给定的密钥参数条件下,进行多次迭代而得到加密密文。

对称加密算法主要有两种类型:块加密和流加密。块加密每次是对一组固定 bit 长度的数据进行加密,而流加密则是在数据流传入时按每个 bit 逐次加密。由于块加密算法必须能够处理大于块长度的数据,因此原始数据首先被拆分成相应大小的不同块,然后再应用加密算法对每一块数据进行加密。

针对数据库加密的流加密算法的主要优点是避免了数据填充(Padding)。块加密算法以固定块长度来处理数据,因此当任何一块数据的长度小于固定块长度时,都必须在此块数据中填充数据。而流加密算法避免了这种情况的发生,当数据流结束时,加密过程也就结束了。

对称密钥加密算法的主要缺点是需要密钥管理工作。由于在加密和解密过程中使用相同的密钥,因此密钥必须分发到每个需要处理此数据的实体中。一旦非法入侵者获得此密钥后,不仅是数据机密性遭到威胁,而且由于此密钥既可以用于解密,也可以用于加密,从而可以伪造合法数据,给数据完整性带来威胁。

2. 非对称加密算法

公用密钥加密算法也被称为非对称加密算法。公钥加密(RSA)技术由莱斯维特、沙米尔和阿德尔曼提出,结合三名创始者的姓名首字母,将其称为 RSA。RSA 为公用密钥加密算法的代表。

非对称加密算法的加密密钥和解密密钥是不同的。这两个密钥一起被称为一个密钥对,其中由可以被公开分发的公用密钥(Public Key,简称公钥)和必须作为机密保护的私用密钥(Private Key,简称私钥)组成。一般情况下,公钥被用作加密密钥,而私钥用作解密密钥。

公钥密钥加密算法比对称密钥加密算法要慢得多,因此它常常只用于少量数据的加密。公钥密钥算法的一个常见的用途就是用来安全地分发对称密钥。发送者首先利用一个对称密钥来加密消息,然后利用接收者的公钥来加密对称密钥,接着它把这两者都发送给接收者,接收者利用其私钥来解开对称密钥,然后利用此对称密钥来解密消息。在这种做法中,既利用了对称加密算法的速度优势,又避免了分发对称密钥的问题,这样的系统被称为混合密码系统(Hybrid Crypto system)。

6.5.2 数据库加密方法

数据库加密通过对明文进行复杂的加密操作,以达到无法发现明文和密文之间、密文和密钥之间的内在关系的目的,也就是说经过加密的数据经得起来自操作系统和数据库管理系统(DBMS)的攻击。另一方面,数据库管理系统(DBMS)要完成对数据库文件的管理和使用,必须具有能够识别部分数据的条件,而对数据库中的部分数据进行加密处理后,会影响到数据库管理系统(DBMS)对数据库管理的原有功能。传统的加密以报文为单位,加密解密都是从头至尾顺序进行的。较之传统的数据加密技术,数据库密码系统有其自身的要求和特点。数据库数据的使用方法决定了它不可能以整个数据库文件为单位进行加密。

数据库加密较多采用以下两种方式:

1. 字段加密

通常情况下,索引字段、关系运算的比较字段、表间的连接码字段不要加密。

为了达到迅速查询的目的,数据库文件需要建立一些索引。它们的建立和应用必须是明文状态,索引字段加密将失去索引的作用。

DBMS 要组织和完成关系运算,参加并、交、差、商、投影、选择和连接等操作的数据一般都要经过条件筛选,这种条件选择项必须是明文,否则 DBMS 将无法进行比较筛选。

数据模型规范化以后,数据库表之间存在着密切的联系,这种相关性往往是通过外部编码联系的,这些编码若加密就无法进行表与表之间的连接运算。

2. 记录加密

字段加密具有最高的安全性,但是字段加解密过程会严重影响应用程序访问数据库数据的效率。如果应用系统对数据库安全等级要求不是过高的话,可以考虑直接对整个记录结构进行加密。记录加密的过程是将表中行的所有字段或部分字段组成一个整体,进行统一加密,当应用程序访问数据库中的表记录时,再将行的所有字段或部分字段进行统一解密。

6.5.3 数据库的密码系统

在使用密码系统来保护数据库的安全时,需要进行谨慎的考虑和设计。对于开发人员来说,在接到数据库加密的需求时,可以使用非常简便的实现方法——密钥加密,并且将加密密钥嵌入在代码中。下面来简单地分析一下这种方法所带来的问题。

当这个系统在投入使用之后,随着时间的推移,越来越多的应用系统和程序需要访问数据库中的加密数据,于是开发者不断地复制密钥并把它加入到新应用系统或程序中。很快,密钥就会在很多程序和服务器中存在,甚至在最终用户的机器中也会存在。由于开发人员的流动和更换,新来的开发人员接管了代码,这样,在很短的时间内,就有很多人看到了代码中的密钥,其中有些人已经不再是公司的员工了。

当公司发现密钥已经泄漏并决定更换密钥时,就会碰到一个新的棘手问题。由于密钥被嵌入到很多程序中,因此要在每个程序中寻找密钥,然后再进行修改和测试。此外,所有使用旧密码加密的数据都需要解密,再重新利用新密钥加密。在一个完善的安全策略中,会要求定期更换密钥,因此上述复杂的过程会频繁发生。

因此需要构建数据库的密码系统来解决这个问题。

数据库的密码系统由七个逻辑组件构成,其中有三个是数据存储组件,另外四个是数据处理组件。如图 6-4 所示。

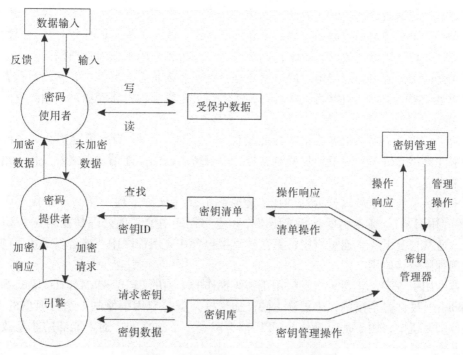

图 6-4　数据库密码系统的基本结构

七个逻辑组件的主要功能：

(1) 密码引擎（Cryptographic Engine）：真正执行加密、解密的组件。

(2) 密钥库（Key Vault）：用来安全地存储密码引擎所使用的密钥。

(3) 密钥清单（Key Manifest）：记录密钥的明细信息，包括密钥别名、所属的密钥族、状态和密码引擎。

(4) 密钥管理器（Key Manager）：管理密钥库和密钥清单里的密钥。

(5) 密码提供者（Cryptographic Provider）：沟通密码引擎和密码使用者的桥梁。

(6) 密码使用者（Cryptographic Consumer）：管理并处理那些需要被加密或解密的数据。

(7) 受保护的数据（Protected Data）：需要使用加密保护的数据。

数据库密码系统的工作原理如下：

首先，管理员使用密钥管理器在密钥库中创建一个新密钥，然后把它添加到密钥清单中，同时为密钥指定一个密钥族并设置启用日期。

当密码使用者需要加密的数据时，将数据传递给密码提供者进行加密，密码使用者还会找出在加密数据时应该使用哪个密钥族。密码提供者会在密钥清单中查找这个密钥族当前正在使用的密钥，然后确定这个密钥所在的密钥库及所属的密码引擎，同时提供者也会收集并生成一些必要的辅助信息。

密码提供者将所有这些信息全部传递给密码引擎，密码引擎从密钥库中找到真正的密钥，对数据进行加密，然后将加密后的数据返回给密码提供者，这时密码提供者会创建一个票据，其中包含所使用的密钥标识（Key ID）及其他必要信息，最后将票据和加密数据一起返回给密码使用者。

密码使用者将加密数据和票据写入到数据库中。之后，当密码使用者需要对数据进行解密时，它会把加密数据和票据传回给密码提供者，密码提供者从票据中提取必要的数据并查询密钥清单，以确定对应的密钥是否处于有效状态，确认后，密码提供者会把数据传递给密码引擎，引擎将数据解密，然后通过密码提供者将解密后的数据返回给密码使用者。

密码引擎是密码基础设施中的核心模块，它实现了诸如 AES 等算法，为系统中的其他组件提供支持。实际上，任何数据加密、解密运算的操作请求最终都是传递给密码引擎来完成的。

密码引擎大体上可以分为两种：本地密码引擎（又称本地引擎）和专用密码引擎（又称专用引擎）。本地引擎是指密码操作和应用程序中的其他处理都在同一个 CPU 上进行。通常情况下，本地引擎中的算法被直接包含在应用程序中，或者以函数库的形式被应用程序链接调用。

在专用引擎中，包含一个专门用于密码操作的单独的 CPU。HSM（Hardware Security Module，硬件安全模块，也被称为硬件加密机）就是专用引擎的一个最典型的例子，在硬件加密机中，用于密码操作的 CPU 被加载到一个独立的、通常能够防止篡改的隔离区。

6.6　统计数据库安全性

有一类数据库称为"统计数据库"，例如职工工资收入数据库、人口调查数据库等，它们包含大量个人机密信息，但其目的只是向公众提供统计、汇总信息，而不提供单个记录的内容。

统计数据库允许用户查询聚集类型的信息，如合计、平均值等，但是不允许查询单个记录信息。例如，查询"退休人员的平均退休金是多少？"是合法的，而查询"退休人员王某的退体金是多少？"是不允许的。也就是说，统计数据库仅允许查询某些记录的统计值，包括记录数、和、平均值等。"职员的平均工资是多少？"是一个合法查询；而"某职员的工资是多少？"就是一个非法查询。

在统计数据库中，虽然不允许用户查询单个记录的信息，但是用户可以通过处理足够多的汇总信息分析出单个记录的信息，这就给统计数据库的安全性带来了严重威胁。需要制定如下规则：

(1) 任何查询至少要涉及 n（n 足够大）个以上的记录。
(2) 任意两个查询的相交数据项不能超过 m 个。
(3) 任一用户的查询次数不能超过 $1 + (n-2)/m$。

以下说明各规则可能面对的实际应用情况如【例 6-16】、【例 6-17】所示。

【例 6-16】假设下面两个查询都是合法的：
(1) 本公司共有多少女高级会计师？
(2) 本公司女高级会计师的平均工资是多少？

如果第一个查询的结果是本公司只有 1 位女高级会计师，那么第二个查询的结果显然就是这个女高级会计师工资数。这样统计数据库的安全机制就失效了。规则1就可以限制这个例子实际应用。

【例6-17】甲想知道乙的工资数额，他可以通过下面两个合法查询获取：

（1）甲和其他n个高级职员的工资总额是多少？

（2）乙和其他n个高级职员的工资总额是多少？

这个例子的关键之处在于两个查询之间有很多重复的数据项，即其他n个高级职员的工资总额。因此，制定规则"任意两个查询的相交数据项不能超过m个"。可以证明在上述两条规则下，如果用户A想获得另一个用户B的工资数额，至少要进行$1+(n-2)/m$次查询。

无论采用什么样的安全机制，仍然会存在绕过这些机制的途径。好的安全性措施应该使得那些试图破坏安全的人所花费的代价远远超过他们所得到的利益，这也是整个数据库安全机制设计的目标。

6.7 本章小结

本章概述了数据库安全性的有关概念，详细介绍了数据库安全性控制、视图机制、审计、数据加密和统计数据库安全性。

数据库安全技术有三个重要标准TCSEC、ITSEC和CC标准。CC标准是目前国际通行的信息技术产品安全性评价规范，国际标准组织于1999年接纳CC标准，并将其以"ISO/IEC 15408—1999"名称正式列入国际标准系列。

常用的存取控制方法有自主存取控制（DAC）和强制存取控制（MAC）。用户权限定义和合法权检查机制一起组成了DBMS的安全子系统。DBMS提供了功能强大的授权机制，它可以给用户授予各种不同对象（表、视图等）的不同使用权限，一般通过SQL的GRANT语句把其中某些权限授予其他用户；所有授予出去的权力在必要时又都可以用REVOKE语句收回。使用角色来管理数据库权限可以简化授权的过程，在需要的时候把角色分配给用户，然后用户就拥有了角色所具有的权限。视图机制可提供数据的逻辑独立性，可增加数据的保密性和安全性。审计功能是一种监视措施，它跟踪记录有关数据的访问活动；对于某些高度敏感的保密数据，可以利用审计日志中的追踪信息、监视和收集关于指定数据库活动的数据。

通过对数据库中的数据对象进行加密处理，可以有效地防止数据库中的数据被非法窃取，也可以防止数据在存储和转发过程中被人非法截取。一般将加密技术分为对称加密和非对称加密两种类型。数据库密码系统可方便地对密钥和密钥库进行管理。统计数据库允许用户查询聚集类型的信息，通过制定查询规则可提高统计数据库的安全性。

习题6

1. 什么是数据库的安全性？
2. 数据库系统安全性和计算机系统安全性之间有什么样的关系？
3. 数据库系统安全性涉及哪些安全层次？

4. SQL 语言中用于实现自主存取控制授权和回收的语句是什么？

5. 假设有下面两个关系模式：

职工（职工号，姓名，年龄，职务，工资，部门号）；

部门（部门号，名称，经理名，地址，电话号码）。

对于上面的两个关系模式，请用 SQL 的 GRANT 和 REVOKE 语句（加上视图机制）完成以下授权定义或存取控制功能。

（1）用户王冬对两个表有 SELECT 权限；

（2）用户李利对两个表有 INSERT 和 DELETE 权限；

（3）每位职工只对自己的记录拥有 SELECT 权力；

（4）用户刘雪对职工表有 SELECT 权力，对工资字段具有更新权限；

（5）用户张芬具有修改这两个表的结构的权限；

（6）用户于平具有对两个表的所有权限（查询、增、删、改数据），并具有给其他用户授权的权限；

（7）用户杨兰具有从每个部门职工中查询最高工资、最低工资、平均工资的权限，但他不能查看每个人的工资。

6. 对上题中的每一种情况，撤销各用户所获得的权限。

7. 什么是数据库的自主存取控制方式和强制存取控制方式？

8. 什么是数据库的审计功能，为什么要提供审计功能？

第7章 数据库设计

数据库是计算机应用系统的核心。数据库设计是数据库应用系统设计与实现的关键技术和工作，是一项综合性的技术，涉及信息技术、数据库技术、软件工程、程序设计技术等多个学科。

随着计算机技术的广泛应用，数据库设计的方法和技术也越来越受到用户的重视。数据库设计是指在一个特定的应用环境下，构造最优的数据库模式，建立数据库及其应用系统，使之能够有效地存储数据，满足不同用户的信息处理需求。

大型数据库的设计与实现是一项巨大的工程，开发周期长、各项资源耗费高、承担的风险大，所以，从事数据库设计的专业人员应该具备多方面的技术和知识，针对不同应用领域下的数据库设计，数据库设计人员必须深入实际与用户进行沟通，对应用环境、业务流程有具体的、深入的了解后，才能设计出符合具体应用领域的数据库应用系统。

通过本章的学习，读者应在掌握基本方法的基础上，能够灵活运用这些方法和思想，设计符合实际需求的数据库应用系统。

7.1 数据库设计概述

7.1.1 数据库设计的任务

数据库设计是指对于一个给定的应用环境，构造最优的数据库模式，建立数据库及其应用系统，使之能够有效地存储数据，满足用户的信息处理需求。在实际开发过程中，需要把现实世界中的数据，根据用户各种应用处理的要求，加以合理组织，使之能够满足硬件和软件特性，利用已有的 DBMS，建立能够实现系统目标的数据库。

7.1.2 数据库设计的特点

数据库设计的特点主要体现在以下几个方面：

(1)"三分技术，七分管理，十二分基础数据"是数据库设计的特点之一，是数据库建设的基本规律。

建设一个优秀的数据库应用系统，不仅要涉及开发技术，更多地依赖管理，"三分技术，七分管理"是说开发技术固然重要，但是相比之下管理更加重要，这里的管理不仅包括大型工程项目本身的项目管理，而且包括数据库应用部门的业务管理。

"十二分基础数据"则强调了在数据库建设过程中，基础数据库的收集、整理、组织和不断更新是一个重要的环节。基础数据的收集、入库是数据库建立初期工作量最大、最繁琐和最细致的工作，在数据库运行过程中需要把更新的数据加入到数据库中，使数据库不断更新，以满足系统的应用价值。

(2) 数据设计与行为设计相结合。数据库设计和应用系统设计相结合，即在整个设计过程中要把数据库结构设计和对数据的处理设计密切结合起来，这是数据库设计的重要特点之一，是软件开发过程中不容忽视的问题。

数据库设计应包含两方面内容：

(1) 数据（结构）设计：指数据库结构设计，根据具体的应用环境，进行数据库的模式或子模式的设计，包括数据库的概念设计、逻辑设计和物理设计。结构设计是静态的、稳定的设计，设计完成后一般情况下不容易改变。

(2) 数据行为（处理）设计：指确定数据库用户的行为和动作，也就是对数据库的操作。这些操作需要通过应用程序来实现，是动态的设计，所以行为设计就是应用程序的设计。

7.1.3 数据库设计的基本步骤

数据库的设计过程可以使用软件工程中的生存周期来描述，即"数据库设计的生存期"，按照规范设计的方法，考虑数据库及其应用系统开发全过程，数据库设计分为6个阶段（如图7-1所示）：

(1) 需求分析；
(2) 概念结构设计；
(3) 逻辑结构设计；
(4) 物理结构设计；
(5) 数据库实施；
(6) 数据库运行和维护。

在数据库设计过程中，需求分析和概念结构设计是面向用户的应用要求，可以独立于任何数据库管理系统；逻辑结构设计和物理结构设计与选用的 DBMS 密切相关；数据库实施和数据库运行和维护是面向具体的实现方法。

参与数据库设计的人员包括系统分析员、数据库设计员、应用开发员、数据库管理员和用户代表。系统分析员和数据库设计员是数据库设计的核心人员，自始至终参与数据库设计，他们的能力决定了数据库系统的质量；用户和数据库管理员主要参与需求分析、数据库的运行和维护；应用开发员主要负责在系统实施阶段编制程序和准备软硬件环境。

1. 需求分析阶段

需求分析是整个数据库设计过程的基础，是最困难、最耗费时间的一步，它决定了以后各部设计的速度与质量。本阶段要收集数据库所有用户的信息内容和处理要求，并加以规格化和分析。需求分析做得不好，可能会导致整个数据库设计返工重做。

2. 概念结构设计阶段

概念结构设计是整个数据库设计的关键，通过对用户需求进行综合、归纳与抽象，形成一个独立于具体 DBMS 的概念模型。

3. 逻辑结构设计阶段

逻辑结构设计将概念模型转换为某个 DBMS 支持的数据模型，并对其进行优化。

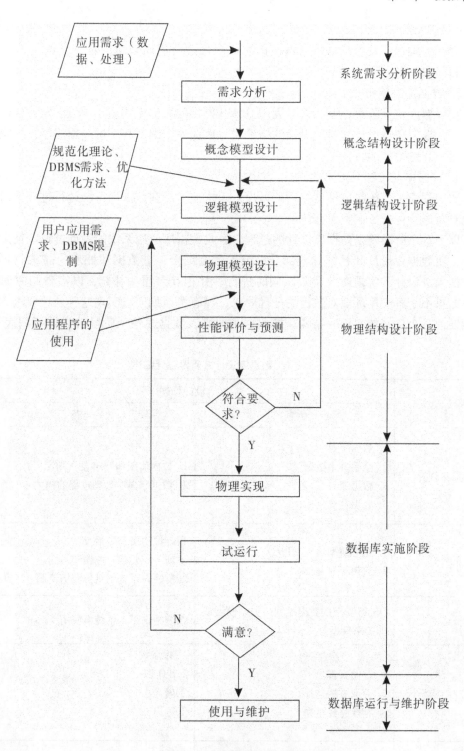

图 7-1 数据库设计步骤

4. 物理结构设计阶段

物理结构设计是为逻辑数据模型选取一个最适合应用环境的物理结构（包括存储结构和存取方法）。

5. 数据库实施阶段

在数据库实施阶段，设计人员运用 DBMS 提供的数据库语言（如 T-SQL）及其宿主语言，根据逻辑设计和物理设计的结果建立数据库，编制与调试应用程序，组织数据库入库，并进行试运行。

6. 数据库运行和维护阶段

数据库应用系统经过试运行后即可投入正式运行。在数据库系统运行过程中需要不断地对其进行评价、调整与修改。

以上 6 个阶段既是数据库设计的过程，也是数据库应用系统的设计过程。在设计过程中，使数据库设计和系统其他部分的设计紧密结合，把数据和处理的需求收集、分析、抽象、设计和实现在各个阶段同时进行，并相互参照和补充，以完善两方面的设计。如果不了解应用环境对数据的处理要求，没有考虑如何去实现这些处理要求，将不可能设计一个良好的数据库结构。按照这个原则，数据库各个阶段的设计可用表 7-1 来描述。

表 7-1 数据库设计各阶段设计描述

设计阶段	设计描述	
	数据	处理
需求分析	1. 数据字典 2. 全系统中数据项 3. 数据流 4. 数据存储的描述	1. 数据流图和判定表（判定树） 2. 数据字典中处理过程的描述
概念结构设计	1. 概念模型（E-R 图） 2. 数据字典	系统说明书，包括： ①新系统要求、方案和概图 ②反映新系统信息的数据流图
逻辑结构设计	DBMS 支持的数据模型：关系模型或非关系模型	系统结构图：系统模块图
物理结构设计	1. 存储安排 2. 存取方法选择 3. 存取路径建立	1. 模块设计 2. IPO 表： ①输入 ②输出 ③处理
数据库实施	1. 编写模式 2. 装入数据 3. 数据库试运行	1. 程序编码 2. 编译连接 3. 测试

续上表

设计阶段	设计描述	
	数据	处理
数据库运行和维护	1. 性能测试 2. 数据转储 3. 数据库恢复 4. 数据库重组织和重构	新旧系统转换、运行、维护

7.2 需求分析

需求分析是数据库设计的起点，主要分析用户的数据需求和处理需求，分析的结果要能准确完整地反映用户的实际需要，其分析结果将直接影响到以后各个阶段的设计，并最终影响到设计结果是否合理、实用。由于设计要求的不正确或误解，在进行系统测试时才发现很多错误，这时再进行纠正将会付出很大代价，所以需求分析阶段非常重要。

7.2.1 需求分析的任务

需求分析阶段的主要任务是通过对现实世界要处理的对象（公司、企业、部门）或者用户现行系统的工作情况进行调查，深入了解其数据的性质、数据的使用情况和数据的处理流程，详细分析用户在数据处理、数据库安全性、数据库可靠性、数据库的完整性等方面的需求，确定新系统的功能，最终按照一定的规范要求写出设计者和用户都能理解的文档——需求分析说明书。

需求分析的重点是弄清数据需求和处理需求，以及数据流程和业务流程。数据需求是指应用系统要存储和管理的数据；处理需求是用户针对具体的数据要完成的处理功能。所以，一般用户的需求主要包含以下几个方面：

1. 数据（信息）需求

数据需求定义数据库系统用到的所有信息，明确在数据库中需要存储哪些数据，对这些数据将作哪些处理，以及如何描述数据之间的联系等。

2. 处理需求

处理需求定义系统数据处理的操作功能，包括用户要完成哪些处理、处理的对象是什么、处理的方式和方法、用户的处理要求等。

3. 性能要求

性能要求描述用户对系统性能的要求，如系统的响应时间、系统的容量、可靠性等属性。

确定用户的最终需求是比较困难的事情，特别是大型数据库设计，原因如下：

（1）大部分用户缺少计算机知识，不清楚计算机究竟能做什么、不能做什么，因此不能准确表达自己的需求。

(2) 数据库设计人员缺少用户的专业知识，不易理解用户的实际需求，甚至误解用户的需求。这就需要设计人员不断深入地与用户交流，才能逐步确定用户的实际需求。

(3) 由于系统对象（公司、企业、部门）的内部结构调整、管理体制的改变、市场需求的变化等因素，导致用户的需求可能是变化的。

所以，需求分析是整个数据库设计中最重要且最困难的一步，是其他各步骤的基础。如果需求分析工作没有做好，后续的设计有可能会前功尽弃。在需求分析中，可通过自顶向下、逐步分解的方法分析系统，所以任何一个系统都可以抽象为图 7-2 所示的数据流图形式。

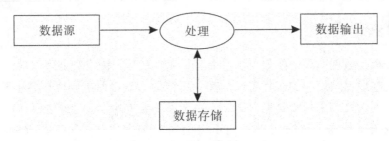

图 7-2　数据库设计步骤

数据流图是从"数据"和"处理"两方面表达数据处理的一种图形化表示形式。在需求分析阶段不需要确定数据的具体存储方式，"处理"表示系统的功能需求，通过逐步分解的过程，可以将系统的工作过程细分，直至表达清楚为止。

7.2.2　收集需求分析的步骤与方法

进行需求分析，首先要调查清楚用户的实际需求，与用户达成共识，然后分析和表达这些需求。收集用户需求的主要步骤如下：

(1) 调查组织机构。包括用户的部门组成、各部门的工作职责、部门的岗位设置和岗位职责、部门之间的关系等。

(2) 调查部门的业务活动。包括各部门使用哪些输入数据、输入数据从哪些部门来、输入数据的格式和含义、部门对数据进行加工处理的方法和规则、数据输出到什么部门、输出数据的格式和含义等。

(3) 各部门中岗位的业务操作。在具体的业务操作中，需要输入、处理和输出的数据及数据格式。

(4) 已有系统和数据库。对现有的系统和数据库进行分析，发现旧系统和数据库存在的问题，以辅助设计新的系统和数据库。

(5) 组织机构现有的管理模式。用户目前的管理手段，哪些是手工管理，哪些已经使用了软件系统，同时存在哪些问题。

(6) 用户对系统的预期目标。在熟悉业务活动的基础上，协助用户明确对新系统的各种要求，包括信息要求、处理要求、安全性与完整性要求等。

(7) 确定新系统的边界。确定哪些功能由计算机完成或将来准备由计算机完成，哪些功能由人工完成。由计算机完成的功能即为新系统应该实现的功能。

为了完成以上信息的收集，可以根据不同的问题和条件，采用不同的调查方法。常用的调查方法包括：

（1）跟班作业。通过亲身参加业务工作来了解业务活动的情况。

（2）开调查会。通过与用户座谈来了解业务活动的情况及用户需求。一般与用户中有丰富业务经验和有较好业务背景（例如：原来设计过类似系统）的人进行座谈，双方根据具体问题有针对性地交流和讨论。

（3）问卷调查。设计调查问卷并发放给用户填写，调查问卷的填写最好有样板，同时可将相关数据的表格附在调查问卷中，以便用户参考。

（4）访谈。针对调查问卷和调查会，如果有不清楚的地方，可以访问有经验的业务人员。

（5）查阅记录。查阅与原系统有关的数据记录。

为了全面、准确地收集用户的需求，往往同时采用多种调查方法，但都必须有用户的积极参与和配合。

7.2.3 需求分析的方法

通过用户调查，收集到的需求信息和资料一般都是零散的，需要对其进行整理和系统性分析，以便从整体上表达用户提出的需求。用户需求分析的方法很多，可以采用结构化分析方法、面向对象分析方法、面向问题域的分析方法等。

结构化分析（Structured Analysis，SA）方法采用自顶向下、逐步求精的方法进行需求分析，从最上层的组织机构入手，自顶向下、逐步分解。结构化分析方法主要采用数据流图来表达数据和处理过程的关系，用数据字典和加工说明来表示系统中的数据。

数据流图（Data Flow Diagram，DFD）是用于表达数据流向、存储和加工处理过程的一种图形表示法，是具有直观性和易于被用户、软件开发人员双方理解的一种表达系统功能的描述形式。由于它只反映系统必须完成的逻辑功能，所以它是一种功能模型，将数据独立抽象出来，通过图形方式描述信息的来龙去脉和实际流程。

数据流图包括系统的外部实体、处理过程、数据存储和系统中的数据流共4个组成部分。

1. 外部实体

外部实体是指系统以外又和系统有联系的人或事物，说明数据的外部来源和去处，属于系统的外部。外部实体中支持系统数据输入的实体称为源点，支持系统数据输出的实体称为终点。通常外部实体在数据流图中用矩形或立方体表示。

2. 处理过程

处理过程是指对数据的逻辑处理，也称为数据变换，用来改变数据值。每一种处理包括数据输入、数据处理和数据输出等部分。处理过程使用圆形或圆角矩形表示。

3. 数据流

数据流是指处理功能的输入或输出，用来表示中间数据流值，但不能用来改变数据值。数据流是模拟系统数据在系统中传递过程的工具。数据流用箭头表示，箭头指向数据的流动方向。

4. 数据存储

数据存储表示数据保存的地方，用来存储数据。系统处理从数据存储中提取数据，也将处理的数据返回数据存储。与数据流不同的是，数据存储本身不产生任何操作，仅仅响应存储和访问数据的要求。在数据流图中用开口矩形或两条平行横线表示。

数据流图中所使用的符号如图7-3所示。

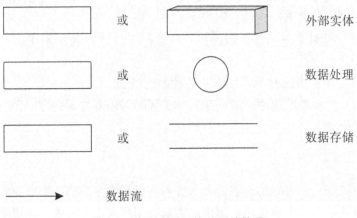

图7-3　数据流图中使用的符号

采用自顶向下、逐步分解的方法构造数据流图时，越高层的数据流图表示的业务逻辑越抽象，越低层的数据流图表示的业务逻辑越具体。采用结构化分析方法，任何一个系统都可抽象为如图7-4所示的数据流图，它是最高层次的数据抽象，在实际使用中可根据需要，将图7-4中的处理功能分解为若干子功能处理，每个子处理功能还可继续分解，直到把系统工作过程描述清楚为止，从而形成若干层次的数据流图。

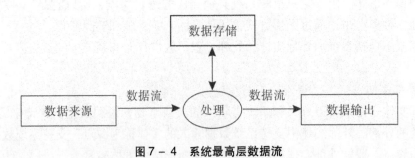

图7-4　系统最高层数据流

图7-5和图7-6为考试系统的最高层数据流图和学生在线考试的部分数据流图。

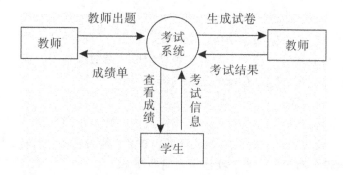

图 7-5 考试系统最高层数据流

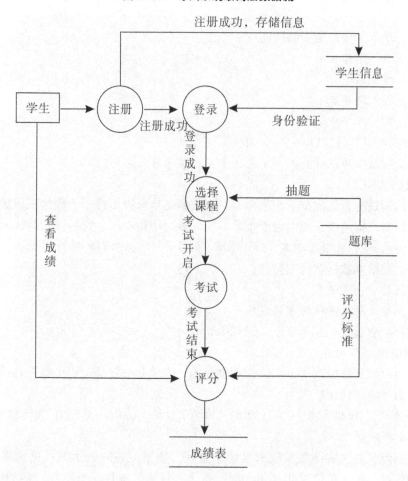

图 7-6 考试过程数据流

7.2.4 数据字典

数据字典（Data Dictionary，DD）是系统中各类数据描述的集合，产生于数据流图，是对数据流图中各个成分的详细描述，是数据流图的补充，可以帮助系统分析员全面确定用户的需求，并为以后的系统设计提供参考。数据字典在数据库设计中占有很重要的地位。

　　数据字典通常包括数据项、结构、数据流、数据存储和处理过程共 5 个部分。数据项是数据的最小组成单位，若干个数据项可以组成一个数据结构，通过数据项和数据结构的定义来描述数据流、数据存储的逻辑内容。

1. 数据项

　　数据项是不可再分的数据单位，在数据字典中，数据项通常包括以下内容：

　　数据项 = ｛数据项目，数据项含义说明，别名，数据类型，长度，取值范围，取值含义，与其他数据项的逻辑关系，数据项之间的联系｝

其中，取值范围、与其他数据项的逻辑关系定义了完整性约束条件，是设计数据检验功能的依据。

　　例如，学生学号数据项的描述：

　　数据项名：学号

　　别名：学生编号

　　数据类型：符号串

　　长度：9

　　取值范围：111111111～999999999

　　与其他数据项的逻辑关系：学号与专业、学号与姓名

2. 数据结构

　　数据结构是有意义数据项的集合，一个数据结构可以由若干个数据项组成，也可以由若干个数据结构组成，或由若干个数据项和数据结构组成，它的描述格式为：

　　数据结构 = ｛数据结构名，含义说明，组成：｛数据项和数据结构｝｝

　　例如，成绩单数据结构的描述：

　　数据结构名：成绩单

　　说明：学生所选课程的考试成绩

　　组成：学号，姓名，课程号，课程名，成绩

3. 数据流

　　数据流可以是数据项，也可以是数据结构，表示某一处理过程中数据在系统内传输的路径。数据流的描述格式为：

　　数据流 = ｛数据流名，说明，数据流来源，数据流去向，组成：｛数据结构｝，平均流量，高峰期流量｝

其中，数据流来源表示该数据流来自哪个过程，数据流去向表示该数据流将到哪个过程，平均流量表示在单位时间（每小时、每天、每周、每月、每年等）内的传输次数，高峰期流量表示在高峰时期数据的流量。

　　例如，成绩数据流的描述：

　　数据流名称：学生的成绩信息

　　来源：查阅某门课程学生的考试成绩

　　去向：统计成绩

　　组成：学号，课程号，成绩

平均流量：100 次/天

高峰值流量：500 次/天

4. 数据存储

数据存储是数据结构停留或保存的地方，也是数据流的来源和去向之一。数据存储的描述格式为：

数据存储 = ｛数据存储名，说明，编号，流入的数据流，流出的数据流，组成：｛数据结构｝，数据量，存储频度，存取方式｝

其中，数据量表示每次存取多少数据；存取频度表示每小时（或每天、每周、每月等）存取次数、每次存取多少数据等信息；存取方式包括是批处理还是联机处理，是检索还是更新，是顺序检索还是随机检索等；流入的数据流要指出其来源，流出的数据流要指出其去向。

例如，课程信息的数据存储描述：

数据存储名：课程信息表

说明：记录每学期所开设课程的课程信息

组成：课程号，课程名，学分，学期，专业，开课院系，课程性质

输入：课程信息，学生信息

输出：处理学生所考课程

存取方式：写操作提供对课程的修改、删除和添加等操作；检索操作提供对课程各项内容的显示。

存取频度：200 次/天

5. 处理过程

处理过程用来说明输入与输出之间的逻辑关系，同时也要说明数据处理的触发条件、错误处理等问题。数据处理的描述格式为：

处理过程 = ｛处理过程名，说明，输入：｛数据流｝，输出：｛数据流｝，处理：｛简要说明｝｝

其中，简要说明主要说明该处理过程的功能及处理要求，功能是指该处理过程用来做什么（而不是怎么做），处理要求包括处理频度要求（如单位时间内处理多少事务、处理多少数据量）、响应时间要求等。这些处理要求是后面物理设计的输入及性能评价的标准。

例如，考试处理过程的描述：

处理过程名：考试

输入数据流：考试课程信息

输出数据流：学生考试信息

处理说明：将课程号、学生学号、成绩记录到数据库

处理频度：根据考试的人数来确定，要充分考虑高峰值的考试流量

7.2.5 需求分析的结果

需求分析的主要成果是需求分析说明书（Software Requirement Specification，SRS），

需求分析说明为用户、系统分析人员、系统设计人员及测试人员之间相互沟通提供了方便，是系统设计、测试和验收的主要依据，同时需求分析说明也起着控制系统演化过程的作用，修改需求应结合需求分析说明书。

需求分析说明具有正确性、无歧义性、完整性、一致性、可理解性、可修改性、可追踪性和注释性等。需求分析说明的书写方式一般有两种：形式化方法和非形式化方法。形式化方法采用完全精确的语义和语法，无歧义。非形式化方法一般采用自然语言描述，可以使用图标和其他符号帮助说明。形式化说明比非形式化说明更不易产生错误理解，而且容易验证，但非形式化说明容易编写，在实际项目中更多的是采用非形式化的说明。

例如，考试系统的需求分析说明书的非形式化表示如表7-2所示，其中T为教师，M为管理员，S为学生。

表7-2 考试系统需求分析说明非形式化表示

名称	描述	参与者
登陆/退出	用户登录进入系统/退出系统	T，M，S
学生管理	管理员对学生进行管理	M
教师管理	管理员对教师管理	M
学系管理	管理员对学系管理	M
专业管理	管理员对专业管理	M
班级管理	管理员对班级管理	M
公告管理	管理员对公告管理	M
科目管理	管理员对科目管理	M
试卷管理	管理员对试卷管理	M
试题管理	管理员对试题管理	M
查看成绩	教师查看考生成绩	T，M
导出成绩	教师导出成绩	T
个人信息管理	可修改个人信息	T，S
查看公告	学生查看公告	S
查看使用说明	学生查看使用说明	S
在线考试	学生在线考试	S

7.3 概念结构设计

把需求分析阶段得到的用户需求（已用数据字典和数据流图表示）抽象为概念模型表示的过程就是概念结构设计，它是整个数据库设计的关键。

数据库概念结构独立于数据库的逻辑结构和具体的数据库管理系统，是现实世界与机器世界的中介。概念模型能充分反映现实世界中实体及实体之间的联系，易于非计算机人员的理解。描述概念模型最常用的工具是 E-R 模型。

7.3.1 概念结构设计的方法和步骤

概念结构设计的方法一般有以下四种：

1. 自顶向下

先定义全局的概念结构框架，然后逐步分解细化。

2. 自底向上

先定义各局部应用的概念结构，然后将它们集成起来，得到全局概念结构。

3. 逐步扩张

首先定义核心的概念结构，然后以核心概念结构为中心，以滚雪球的方式向外扩充逐步生成其他概念结构，直至形成全局的概念结构。

4. 混合策略

将自顶向下和自底向上相结合，用自顶向下策略设计一个全局概念结构的框架，以此为骨架集成由自底向上策略中设计的各局部概念结构。

在实际应用中，具体采用哪种方法与实际的需求分析方法有关。比较常用的方法是自底向上的设计方法，也就是用自底向上的方法进行需求分析，用自底向上的方法进行概念结构设计，概念结构设计方法如图 7-7 所示。

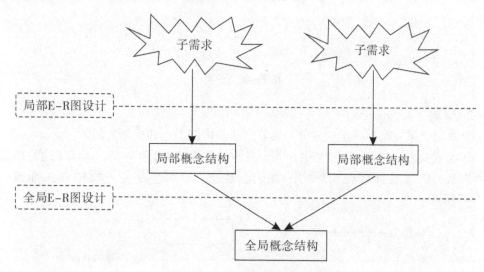

图 7-7 概念结构设计方法

概念结构设计的步骤与设计方法有关，采用自底向上的方法进行概念结构设计时一般分为两步：首先根据需求分析的结果（数据流图、数据字典等）对现实世界的数据进行抽象，设计各个局部视图，即分 E-R 图；然后集成局部视图，设计全局 E-R 图。

7.3.2 局部视图设计

根据自底向上的设计方法，在需求分析前提下，数据库概念结构设计的首要任务是要将用户进行分解，分解为若干个具有一定独立逻辑功能的用户组，并将该用户组的需求分析进行视图设计。一般而言，每个用户组不宜太大、太复杂，实体数一般保持在 (7±1)。

数据库概念设计是对现实世界的一种数据抽象，是对现实世界的人、事、物和概念等进行适当处理，忽略其本质特征，抽取所需要的一般特征和共同本质，并将都有的共性特征用各种概念尽可能精确地表达出来。

抽象一般有三种：

1. 分类（Classification）

分类是定义某一类概念作为现实世界中一组对象的类型，将一组具有某些共同特性和行为的对象抽象为一个实体。它抽象了对象值和型之间的"is member of"的语义，即成员关系。在 E-R 模型中，实体型就是这种抽象。

例如，学生实体由张三、李四、王五等若干成员组成，如图 7-8 所示。

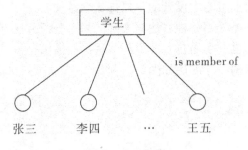

图 7-8 分类

2. 聚集（Aggregation）

聚集定义某一类型的组成成分，抽象了对象内部类型和成份之间的"is part of"语义，即组成关系。在 E-R 模型中，若干属性的聚集组成了实体型，即属于这种抽象。

例如，学生实体型是由学号、姓名、性别、班级、专业等属性聚集而成，如图 7-9 所示。

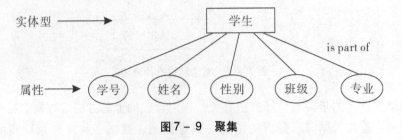

图 7-9 聚集

3. 概括（Generalization）

概括是定义类型之间的一种子集关系，它抽象了类型之间的"is subset of"语义，即子集关系，是从特殊实体到一般实体的抽象。概括有一个很重要的性质：继承性。子类集成超类上定义的所有抽象。

例如，学生是一个实体型，本科生和研究生也是实体型，但是本科生和研究生是学生的子类，实体型"学生"就是对实体型"本科生"和"研究生"的概括，是超类，"本科生"和"专科生"继承了"学生"类型的属性；子类也可以增加自己的某些特殊属性。如图 7-10 所示。

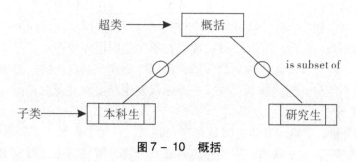

图 7-10 概括

局部 E-R 图的设计共分以下 4 个步骤，具体如图 7-11 所示：

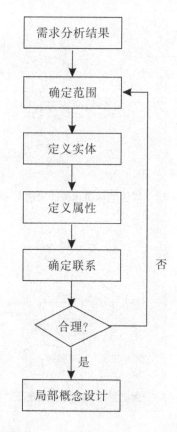

图 7-11 局部 E-R 图设计过程

1. 确定范围

局部 E-R 图的设计范围划分要自然、便于管理，可以按业务部门或业务主题划分。

2. 定义实体

在确定的范围内，定义实体，并确定实体的码。一般方法是在数据字典中按人员、组织、物品、事件等寻找实体，找到实体后，给实体命名，并发现实体之间的差别。

3. 定义属性

属性是描述实体的特征和组成，也是分类的依据。在实体的属性中，有些是系统不需要的属性，可以删除；有的实体在特定应用环境下需要区别状态和处理标识，要增加属性。实体的码需要人工定义。一般来说，在给定的应用环境中：

（1）属性不能再具有需要描述的性质，即属性必须是不可分的数据项。

（2）属性不能与其他实体具有联系，联系只发生在实体之间。

4. 确定联系

根据需求分析，要确定实体之间是否存在联系，有无多余联系。联系的类型是 1:1、1:n 和 $m:n$。如果是 $m:n$ 联系，需要考虑将联系分解，增加实体，形成 1:n 联系。

在考试系统中，学生选择课程考试和教师所授课程出题的局部 E-R 图，如图 7-12 和图 7-13 所示。

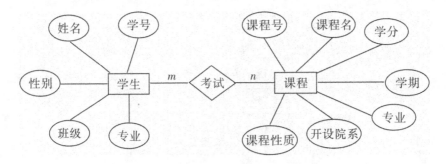

图 7-12　学生选择课程考试局部 E-R 图

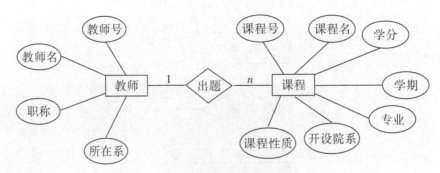

图 7-13　教师授课课程出题局部 E-R 图

7.3.3　全局视图设计

局部 E-R 图设计好后，将所有的局部 E-R 图集成起来，形成一个全局 E-R 图，集成方法包括两种：

1. 一次集成

一次将所有的局部 E-R 图整合，形成总的 E-R 图。该方法比较复杂，难度较大。

2. 逐步集成

一次将一个或几个局部 E-R 图整合，逐步形成总的 E-R 图。该方法难度相对较小。

采用以上两种方法之一可将多个局部 E-R 图集成为一个全局 E-R 图。集成过程一般包含两个步骤：

1. 合并局部 E-R 图，消除冲突，生成初步 E-R 图

由于各个局部 E-R 图面向不同的子应用，且由不同的设计者进行设计、不同设计者在不同时间设计，所以各个 E-R 图存在许多不一致的地方，我们将这些不一致称为"冲突"。合并局部 E-R 图，最关键的问题就是如何消除冲突。一般来说，主要包含以下三种冲突。

（1）属性冲突。例如：学号，在一个局部应用定义为字符型，在另一个局部应用定义为整型；学生成绩，在一个局部应用定义的取值范围为 0~100，在另一个局部应用定义的取值范围为 1~100。属性冲突较容易解决，只要各应用的设计者协商讨论即可。

（2）命名冲突。命名冲突分为同名异义冲突与异名同义冲突。同名异义是指含义不同的对象在不同的局部应用中具有相同的名字，异名同义是指含义相同的对象在不同的局部应用中具有不同的名字。命名冲突可能发生在实体、联系一级上，也可能发生在属性一级上。处理命名冲突和处理属性冲突类型，通过讨论即可解决。

（3）结构冲突。结构冲突的表现及解决方法为：同一对象在不同的局部应用中，有的作为实体，有的作为属性，可通过把属性变为实体或把实体变为属性，使同一对象具有相同的抽象；同一实体在不同的局部 E-R 图中，属性的个数或顺序不一致，可将不同 E-R 图中的属性取并集，再适当调整属性的次序；同一实体在不同的局部 E-R 图中码不同，实体间的联系在不同的局部 E-R 图中联系的类型不同，可根据应用对实体联系的类型进行综合或调整。

2. 消除冗余，生成基本 E-R 图

在初步生成的 E-R 图中，可能存在一些冗余的数据和冗余的实体联系。冗余的数据是指可以用其他数据导出的数据，冗余的实体联系是指可以通过其他实体导出的联系。冗余数据和冗余实体联系容易破坏数据库的完整性，给数据库的维护增加难度，应该予以消除。

在消除冗余时，有时为了提高查询效率，人为地保留一些冗余也是可以的，可根据具体的处理需求和性能要求来确定是否保留冗余。

考试系统中，学生选择课程考试和教师所授课程出题的局部 E-R 图合并后的全局 E-R 图如图 7-14 所示。

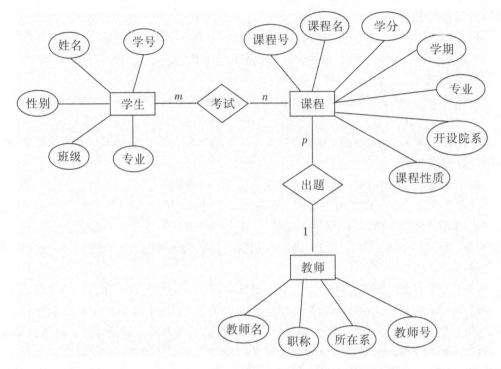

图 7-14 学生考试系统全局 E-R 图

7.4 逻辑结构设计

逻辑结构设计的主要目的是将概念结构设计阶段得到的基本 E-R 图，转化为与选用的 DBMS 所支持的数据模型相符合的逻辑结构。一般选择关系数据模型进行逻辑结构设计。

7.4.1 逻辑结构设计的步骤

基于关系数据模型的逻辑结构的设计一般分为以下步骤，具体如图 7-15 所示。
（1）将概念结构转换为关系结构，这是逻辑结构设计的主要工作。
（2）将转换得到的关系模式再转换为具体 DBMS 所支持的数据模型。
（3）对所得到的数据模型进行必要的优化。

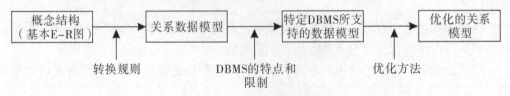

图 7-15 逻辑结构设计步骤

7.4.2 E-R图向关系模型的转换

关系模型的逻辑结构是一组关系模式的集合。由概念模型向关系数据模型转化就是将 E-R 图表示的实体、实体属性和实体联系转化为关系模式。

E-R 模型向关系模型转换，一般遵循以下原则：

7.4.2.1 一个实体型转换为一个关系模式

实体的属性转换为关系的属性，实体的码即为关系的码。

7.4.2.2 实体间的联系根据联系的类型进行转换

一般来说，其转换原则有 6 条。

1. 1∶1 联系

一个 1∶1 联系可以转换为一个独立的关系模式，也可以与任意一端对应的关系模式合并。如果转换为一个独立的关系模式，则与该联系相连的各实体的码以及联系本身的属性均转换为关系的属性，每个实体的码是该关系的候选码。如果与某一端实体对应的关系模式合并，则需要在该关系模式的属性中加入另一个关系模式的码和联系本身的属性。

图 7-16 为 1∶1 联系的概念模型，可将图中的概念模型转化为以下关系模式之一：

（1）辅导员（编号，姓名，性别，院系）；班级（编号，班级名称，专业，年级，班级人数）；班级—辅导员（辅导员编号，班级编号）。

（2）辅导员（编号，姓名，性别，院系，班级编号）；班级（编号，班级名称，专业，年级，班级人数）。

（3）辅导员（编号，姓名，性别，院系）；班级（编号，班级名称，专业，年级，班级人数，辅导员编号）。

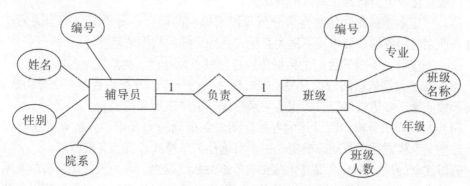

图 7-16 1∶1 联系的概念模型

2. 1∶n 联系

一个 1∶n 联系可以转换为一个独立的关系模式，也可以与 n 端对应的关系模式合并。如果转换为一个独立的关系模式，则与该联系相连的各实体的码以及联系本身的属性均转换为关系模式的属性，而关系模式的码为 n 端实体的码。

图 7-13 为 1∶n 联系的概念模型，可将图中的概念模型转化为以下关系模式之一：

(1) 教师（教师号，教师名，职称，所在系）；课程（课程号，课程名，学分，学期，专业，开设院系，课程性质，教师号）。

(2) 教师（教师号，教师名，职称，所在系）；课程（课程号，课程名，学分，学期，专业，开设院系，课程性质）；教师—课程（教师号，课程号，考试时间）。

3. $m:n$ 联系

一个 $m:n$ 联系转换为一个关系模式，与该联系相连的各实体的码以及联系本身的属性均转换为关系的属性，而关系的码为各实体码的组合。

图 7-12 为 $m:n$ 联系的概念模型，可将图中的概念模型转化为以下关系模式：

学生（学号，姓名，性别，班级，专业）；

课程（课程号，课程名，学分，学期，专业，开设院系，课程性质）；

学生—课程（学号，课程号，成绩）。

4. 三个或三个以上实体间的一个多元联系可以转换为一个关系模式

与该多元联系相连的各实体的码以及联系本身的属性均转换为关系的属性，而关系的码为各实体码的组合。

5. 同一实体集的实体间的联系

即自身联系，也可按照 $1:1$、$1:n$、$n:m$ 分别处理。

6. 具有相同码的关系模式

具有相同码的关系模式可合并。

7.4.3 关系模型的优化

数据库逻辑设计的结果不是唯一的。关系模型的优化是为了进一步提高数据库应用系统的性能，可根据应用需求适当地修改、调整数据模型的结构。关系数据模型的优化通常以规范化理论为指导，具体的方法为：

(1) 确定数据依赖。按照需求分析阶段所得到的语义，分别写出每个关系模式内部各属性之间的数据依赖以及不同关系模式属性之间的数据依赖。

(2) 对于各关系模式之间的数据依赖进行极小化处理，消除冗余的联系。

(3) 按照数据依赖的理论对关系模式逐一进行分析，考查是否存在部分函数依赖、传递函数依赖、多值依赖等，确定各关系模式分别属于第几范式。

(4) 根据需求分析阶段得到的各种应用对数据处理的要求，分析对于这样的应用环境这些关系模式是否合适，确定是否要对这些关系模式进行合并或分解。

值得注意的是，并不是规范化程度越高的关系就越优，因为规范化越高的关系，连接运算越多，而连接运算的代价相当高，可以说关系模型效率低是连接运算引起的，这时可以考虑将几个关系合并为一个关系。在具体的应用环境中，设计者需要仔细分析和平衡规范化的程度，在上述情况下，第二范式甚至第一范式可能更合适。

7.4.4 分解

为了提高数据库系统的效率，经过规范化的关系数据库模式还需要进行优化处理，关系模式的优化是根据需求分析和概念设计中定义事务的特点，对初始关系模式进行分解，提高数据操作的效率和存储空间的利用率。

1. 水平分解

如果一个关系模式 R 的数据量非常大，可以考虑进行水平分解。水平分解是把关系元组分为若干个子集合，定义每个子集合为一个子关系，以提高系统的效率。

水平分解的规则为：

（1）根据"80∶20 原则"，在一个大关系中，经常被使用的数据只是很有限的一部分，约占 20%，可以把经常被使用的数据分解出来，形成一个子关系。

（2）如果关系 R 上具有 n 个事务，而且多数事务存取的数据不相交，则 R 可分解为少于或等于 n 个子关系，使每个事务存取的数据对应一个关系。

例如，图 7-17 表示了将一个关系分解为两个或多个关系。

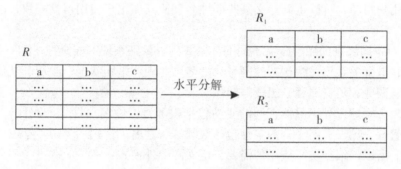

图 7-17 水平分解

2. 垂直分解

如果一个关系模式 R 的属性很多，可以考虑进行垂直分解。垂直分解的原则是：把经常在一起使用的属性从 R 中分解出来形成一个子关系模式。垂直分解可以提高某些事务的效率，但也可能使另一些事务不得不执行连接操作，从而降低了效率。所以，是否进行垂直分解取决于分解后 R 上所有事务的效率是否得到了提高。垂直分解需要确保无损连接性和保持函数依赖，即保证分解后的关系具有无损连接性和保持函数依赖性。

垂直分解也是关系模式规范化的途径之一。为了应用和安全的需要，垂直分解将经常一起使用的数据或机密数据分离，也可以通过视图机制达到同样效果。

例如，图 7-18 表示了将一个关系纵向分解成两个或多个关系。

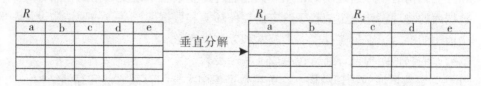

图 7-18 垂直分解

7.4.5 设计用户子模式

将概念模型转化为逻辑模型后，还应根据局部应用需求，结合具体 DBMS 的特点，设计用户的子模式。用户子模式也称为外模式，是全局逻辑模式的子集，是数据库用户（包括程序用户和最终用户）能够看见和使用的局部数据的逻辑结构和特征。

目前关系数据库管理系统一般都提供了视图（View）的概念，可以利用该功能设计更符合局部用户需要的用户外模式。

定义数据库全局模式主要从系统的时间效率、空间效率、易维护等角度出发。由于用户外模式与模式是相对独立的，所以在定义用户外模式时应该更注重考虑用户的习惯与方便，包括以下内容：

1. 使用更符合用户习惯的名称命名

在合并各分 E-R 图时，为了消除命名冲突，使数据库系统中同一关系和属性具有唯一的名字，这在设计数据库整体结构时是必要的。但在定义用户子模式时，用 View 机制设计用户视图，可以重新定义某些属性名，使其与用户使用习惯一致，以方便用户的使用。

2. 针对不同级别的用户定义不同的外模式，以保证系统的安全性

例如，教师关系模式中包括教师号、姓名、性别、婚姻状况、学历、学位、政治面貌、职称、职务、负责课程、工资等属性。

对于教务管理人员，只能查询的属性包括教师号、姓名、性别、职称、负责课程；对于人事管理人员，只能查询的属性包括教师号、姓名、性别、学历、学位、职称、职务、工资。所以，根据实际应用的需要，定义两个外模式：

教师—教务管理（教师号，姓名，性别，职称，负责课程）

教师—人事管理（教师号，姓名，性别，学历，学位，职称，职务，工资）

这样即可防止用户非法访问本来不允许查询的数据，保证系统的安全性。

3. 简化用户对系统的使用

如果某些局部应用中经常要使用某些很复杂的查询，为了方便用户，可以将这些复杂的查询定义为视图，使用户可以每次只对定义好的视图进行查询，大大简化用户的使用。

7.5 物理结构设计

为一个给定的逻辑数据模型选取一个最适合应用要求的物理结构的过程，就是数据库的物理设计。物理结构设计是设计数据的存储方式和存储结构，一般来说数据的存储方式和存储结构对用户是透明的，用户只能通过建立索引来改变数据的存储方式。

数据库的物理设计完全依赖于给定的硬件环境和数据库产品，物理结构设计一般没有一个通用的准则，它只能提供一个技术和方法供参考。

数据库的物理结构设计通常包括以下两个步骤：

（1）确定数据库的物理结构，在关系数据库中主要指存取方法和存储结构。

（2）对物理结构进行评价，评价的重点是时间和空间的效率。

如果评价结果满足原设计要求，则可以进入到数据库实施阶段；否则，需要重新设计或修改物理结构，有时甚至要返回到逻辑设计阶段修改数据模型。

物理结构设计的目的是：提高数据库的性能，满足用户的性能需求；有效利用存储

空间。物理结构设计是为了让数据库系统在时间和空间上达到最优。

7.5.1 存取方法的选择

数据库系统是多用户、共享的系统，为了满足用户快速存取的要求，必须选择有效的存取方法。物理设计的任务之一就是要确定选择哪些存取方法，即建立哪些存取路径。

数据库管理系统一般都提供多种存取方法。常用的存取方法有三类：索引存取方法、聚簇存取方法和 Hash 存取方法。

1. 索引存取方法

索引是数据库表的一个附加表，存储了建立索引列的值和对应的记录地址。查询数据时，先在索引中根据查询的条件值找到相关记录的地址，然后在表中存取对应的记录，所以能加快查询速度。索引本身占用了存储空间，且由系统自动维护。B+树索引和位图索引是常用的两种索引方法。

索引方法实际上是根据应用要求确定在关系的哪个属性或哪些属性上建立索引，在哪些属性上建立复合索引以及哪些索引要设计为唯一索引，哪些索引要设计为聚簇索引。

建立索引一般包含以下几条原则：

(1) 主键和外键上一般建立索引。这样有利于主键唯一性检查、完整性约束检查，以及加快以主键和外键作为连接条件属性的连接操作。

(2) 如果某个（或某些）属性经常作为查询条件，则考虑在该属性或属性组上建立索引。

(3) 如果某个（或某些）属性经常作为表的连接条件，则考虑在该属性或属性组上建立索引。

(4) 如果某个属性经常作为最大值和最小值等聚集函数的参数，则考虑在该属性上建立索引。

(5) 如果某个属性经常作为分组的依据列，则考虑在该属性上建立索引。

需要注意的是，索引并不是越多越好。索引一般可以提高数据查询性能，但会降低数据修改性能。因为在进行数据修改时，系统要同时对索引进行维护，使索引与数据保持一致。维护索引需要占用相当多的时间，且存放索引信息会占用空间资源，所以在考虑是否建立索引时，要权衡数据库的操作，如果查询多，并且对查询性能要求较高，则可以考虑多建索引；如果数据更新多，并且对更改的效率要求较高，则考虑少建索引。

2. 聚簇存取方法

在 RDBMS 中，连接查询是影响系统性能的重要因素之一，为了改善连接查询的性能，很多 RDBMS 提供了聚簇存取方法。

为了提高某个属性（或属性组）的查询速度，把这个（或这些）属性（称为聚簇码，cluster key）上具有相同值的元组集中存放在连续的物理块中称为聚簇。

聚簇的主要思想是：把经常进行连接操作的两个或多个数据表，根据连接属性（聚簇码）的取值，值相同的存放在一起，进而提高连接操作的效率。一个数据库可以建立多个聚簇,一个关系只能加入一个聚簇中。所以选择聚簇存取方法,也就是确定需要建立多少个聚簇,每个聚簇中包含哪些关系。

设计聚簇一般包含以下原则:
(1) 将经常在一起连接操作的表,考虑放在一个聚簇中。
(2) 聚簇中的表,主要是用来查询的静态表,而不是频繁更新的表。

需要注意的是,聚簇只能提高某些应用的性能,建立于维护聚簇的开销是相当大的。对已有关系建立聚簇,将导致关系中的元组移动其物理存储位置,并使此关系上原有的索引无效,必须重建。当一个元组的聚簇码值改变时,该元组的存储位置也要做相应移动,聚簇码值要相对稳定,以减少修改聚簇码值所引起的维护开销。

3. Hash 存取方法

有些数据库管理系统提供了 Hash 存取方法,选择 Hash 存取方法的原则如下:
(1) 等值连接或查询条件是相等比较。
(2) 查询列的取值均匀分布。
(3) 主要用于查询表(静态表),而不是更新表。

7.5.2 确定数据库的物理结构

确定数据库的物理结构主要是指确定数据的存放位置,合理设置系统参数。数据库中的数据主要是指表、索引、聚簇、日志、备份等数据。存储结构选择的主要原则是:数据存取时间上的高效性、存储空间的利用率、存储数据的安全性。

1. 确定数据的存储结构

确定数据库存储结构时要综合考虑存取时间、存储空间利用率和维护代价三方面的因素,而这三个方面常常是相互矛盾的,消除一切冗余数据虽然能够节约存储空间,但往往会导致检索代价的增加,所以必须进行权衡,选一个折中方案。

2. 设计数据的存取路径

在关系数据库中,选择存取路径主要是指确定如何建立索引。例如:应把哪些域建立索引,建立单码索引还是组合索引,是否建立聚簇索引,建立多少个索引较合适等。

3. 确定数据的存放位置

为了提高系统性能,应根据应用环境将数据的易变部分与稳定部分、经常存取部分和不经常存取的部分分开存放,可以放在不同的关系表中或放在不同的外存空间等。

例如,目前许多计算机都有多个磁盘,所以可以考虑将表和索引放在不同的磁盘上,查询时,由于多个磁盘驱动器并行工作,所以可以提高物理读写效率;也可以将比较大的表分别存放在两个磁盘上,以加快存取速度,这在多用户环境下特别有效;还可以将日志文件与数据库对象(表、索引等)放在不同的磁盘以改进系统的性能。在设计过程中可考虑以下原则:

(1) 将比较大的表采用水平或垂直分解的方法分别存放在不同的磁盘上,可以加快存取速度,减少访问磁盘时的冲突,提高读写的并发性。

(2) 把经常访问的数据分散在多个磁盘上,以分散热点数据(经常被访问的数据),充分利用磁盘进行操作。

(3) 经常使用的数据保存在高性能的外存上，保证关键数据的快速访问，缓解系统的瓶颈。

4. 确定系统配置

DBMS 产品一般都提供了一些存储分配参数，供设计人员和 DBA 对数据库进行物理优化。初始情况下，系统都为这些变量赋予了合理的默认值，但是，这些值不一定适合每一种应用环境，在进行物理设计时，需要重新对这些变量赋值以改善系统性能。

需要配置的变量包括：同时使用数据库的用户数，同时打开的数据库对象数，内存分配参数，使用的缓冲区长度、个数，时间片大小，数据库大小，装填因子等。这些参数值影响存取时间和存储空间的分配，在物理设计时要根据应用环境确定这些参数值，以使系统性能最优。

在物理设计时，对系统配置变量的调整只是初步的，在系统运行时还要根据系统实际运行情况做进一步的调整，以期改进系统性能。

7.5.3 物理结构的评价

在数据库物理结构设计过程中，数据库设计人员需要对时间效率、空间效率、维护代价和各种用户要求进行综合考虑，并设计多种方案，在对这些方案进行细致评价的基础上，选择一个较优的方案作为数据库的物理结构。

评价物理数据库的方法完全依赖于所选用的 DBMS，主要从定量估算各种方案的存储空间、存取时间和维护代价入手，对估算结果进行权衡、比较，选择一个较优的合理的物理结构。如果该结构不符合用户需求，则需要对设计进行修改。

7.6　数据库实施

数据库的物理设计完成之后，数据库设计人员使用 DBMS 提供的数据定义语言和其它应用程序将数据库逻辑设计和物理设计结果严格地描述出来，成为 DBMS 可以接受的源代码，经过调试产生出数据库模式，然后就可以组织数据入库，这就是数据库实施阶段。

7.6.1　数据库实施

数据库实施的主要步骤包括：用 DDL 定义数据库结构、组织数据入库、编制与调试应用程序。具体内容如下：

1. 定义数据库的结构

确定数据库的逻辑及物理结构后，就可以用选定的 RDBMS 提供的数据定义语言 DDL 来严格描述数据库的结构。

2. 数据的载入

数据库结构建立后，就可以向数据库中装载数据。一般数据库系统中，数据量都很大，而且数据来源于部门中的各个不同的单位，数据的组织方式、结构和格式都与新设计的数据库系统有相当的差距。组织数据录入就要将各类源数据从各个局部应用中抽取出来，输入计算机，再分类转换，最后综合成符合新设计的数据库结构的形式，输入数据库中。

对数据入库通常采用以下步骤：

（1）筛选数据。需要装入数据库的数据一般是分散在各个部门的数据文件或原始凭证中，首先要从中选出需要入库的数据。

（2）输入数据。如果数据的格式与系统要求的格式不一致，就要进行数据格式的转换。如果数据量小，可以先转换再输入；如果数据量大，可以针对具体的应用环境设计数据录入子系统来完成数据格式的自动转换工作。

（3）检验数据。一般在数据录入子系统的设计中都要设计一定的数据校验功能，检验输入的数据是否有误。

3. 应用程序的编码与调试

数据库应用程序的设计应与数据库设计并行进行，即编写、调试应用程序与数据库设计入库同步进行。如果调试应用程序时，数据库入库尚未完成，可先使用模拟数据。

7.6.2 数据库试运行

应用程序调试完成，并有一小部分数据入库后，可进行数据库的试运行。该阶段要实际运行应用程序，执行对数据库的各种操作，测试应用程序的功能是否满足设计要求。如果不满足，应对应用程序进行修改、调整，直到达到设计要求为止。

1. 数据库试运行内容

（1）功能测试：实际运行应用程序，执行其中的各种操作，测试各项功能是否达到要求。

（2）性能测试：分析系统的性能指标，以验证系统是否达到设计要求。

2. 重新组织入库

如果试运行后，需要修改数据库的设计，还要重新组织数据入库。所以，应分期组织数据入库，先输入小批量数据做调试用，待试运行基本合格后，再大批量录入数据以逐步完成试运行评价。

在数据库试运行阶段，由于系统还不稳定，软、硬件故障随时都可能发生，系统的操作人员对新系统还不熟悉，误操作也不可避免，所以应首先调试运行 DBMS 的恢复功能，做好数据库的转储和恢复工作。一旦故障发生，能使数据库尽快恢复，尽量减少对数据库的破坏。

7.7 数据库运行和维护

在数据库实施后，对数据库进行测试，测试合格后，数据库进入运行阶段。在运行过程中，由于应用环境的变化，数据库运行后物理存储也会跟着变化，为了适应这些变化，就要对数据库设计不断进行评价、调整、修改等工作，这是一个长期的任务。

在数据库运行阶段，对数据库经常性的维护工作是由 DBA 完成的，主要包括以下几方面的工作：

1. 数据库的备份和恢复

要对数据库进行定期的备份，一旦出现故障，要能及时地将数据库恢复到尽可能的正确状态，以减少数据库的损失。

2. 数据库的安全性和完整性控制

在数据库运行过程中，由于应用环境的变化，对安全性的要求也会发生变化，例如，要收回某些用户的权限，或增加、修改某些用户的权限，或增加、删除用户，或某些数据的取值范围发生变化等，这都需要 DBA 对数据库进行适当调整，以适应新变化，满足用户需求。

3. 数据库的重组

数据库经过一段时间的运行后，随着数据的不断增加、删除和修改，会使数据库的存取效率降低，这时 DBA 可以改变数据库数据的组织方式，通过增加、删除或调整部分索引等方法，改善系统的性能。需要注意的是，数据库的重组并不改变数据库的逻辑结构。

数据库的结构和应用程序设计的好坏只是相对的，它并不能保证数据库应用系统始终处于良好的性能状态。这主要是因为数据库中的数据随着数据库的使用而发生变化，随着这些变化的不断增加，系统的性能有可能会日趋下降，所以即使在不出现故障的情况下，也要对数据库进行维护，以便数据库始终能够保持较好的性能。因此，数据库的设计工作并非一劳永逸，一个好的数据库应用系统同样需要精心的维护才能使其保持良好的性能。

7.8 本章小结

本章介绍了数据库设计方法和步骤，详细介绍了数据库设计各个阶段的目标、方法和需注意的事项。数据库设计共分需求分析、概念结构设计、逻辑结构设计、物理结构设计、数据库实施、数据库运行和维护 6 个阶段，其中概念结构设计和逻辑结构设计是最重要的两个阶段。

需求分析是数据库设计的起点，主要分析用户的数据需求和处理需求，分析的结果要能准确完整地反映用户的实际需要，其分析结果将直接影响到以后各个阶段的设计，并最终影响到设计结果是否合理、实用。

概念结构设计是用概念结构描述用户的业务需求，将用户需求抽象为概念模型（E-R 模型），概念结构设计是数据库设计的关键技术，它与具体的数据库管理系统无关。

逻辑结构设计是将概念结构设计阶段得到的 E-R 模型转换为与选用的 DBMS 所支持的数据模型相符的逻辑结构，包括数据库的模式和外模式，它与具体的数据库管理系统有关。

物理结构设计是设计数据的存储方式和存储结构，一般来说数据的存储方式和存储结构对用户是透明的，用户只能通过建立索引来改变数据的存储方式。

数据库设计完成后，就要进行数据库的实施和维护工作。数据库应用系统不同于一般的应用软件，它在投入运行后必须要有专人对其进行监视和调整，以保证应用系统能够保持持续的高效性。

通过本章的学习，应掌握数据库设计各阶段的基本方法，能在实际工作中灵活运用。数据库设计的成功与否与许多具体因素有关，但只要掌握了数据库设计的基本方法，就可以设计出可行的数据库系统。

习题 7

1. 简述数据库设计的特点。
2. 简述数据库的设计过程。
3. 常用的数据库设计方法有哪些？
4. 需求分析阶段的设计目标是什么？
5. 简述收集用户需求的方法和步骤。
6. 什么是数据流图？它包含哪几部分？
7. 简述概念结构设计的方法和步骤。
8. 什么叫数据抽象？抽象有哪些类型？试举例说明。
9. 什么是局部视图？什么是全局视图？试举例说明。
10. 简述全局视图设计的方法和步骤。
11. 什么是逻辑结构设计？试述其具体步骤。
12. E-R 图如何向关系模型转换？
13. 规范化理论对数据库设计有什么指导意义？
14. 简述数据库物理设计的内容与步骤。
15. 简述数据库实施的步骤及数据库为维护所包含的内容。
16. 在教学考勤系统的局部应用中，学生和课程两个实体之间是多对多的联系，请设计适当的属性，画出 E-R 图，再将其转换为关系模式。
17. 设计一个校园订票管理系统，学生的信息包含学号、姓名、性别、所在系、专业、电话；教师的信息包含职工号、姓名、性别、所在系；班车的信息包含车次、路线编号、票价、余票；路线信息包含路线编号、起点、终点、发车时间。请给出 E-R 模型，并将其转换为关系模式。

第8章 关系数据库的查询优化与处理

查询操作是数据库中最常用的数据操作,查询速度的快慢直接影响到数据库系统的执行效率。为了提高系统的效率,必须提高查询的效率。本章主要介绍关系数据库的相关查询优化技术。

本章首先介绍了关系数据库管理系统的查询处理步骤,然后再介绍查询优化的相关技术。查询优化技术有两种:代数优化和物理优化。其中代数优化指的是通过关系代数表达式进行优化;而物理优化则涉及底层的数据存储路径和底层操作算法选择的优化。

本章介绍查询优化的目的就是为了能够使读者了解关系数据库管理系统查询处理的基本步骤和查询优化的相关技术,为数据库应用系统的开发中所用到的查询优化打下基础。

8.1 关系数据库系统的查询处理

查询处理的任务就是将数据库用户提交给 RDBMS 的查询语句转换成高效执行的操作序列。

8.1.1 关系数据库查询处理步骤

查询处理有四个步骤:分析、检查、优化和执行。具体过程如图 8-1 所示,下面分别介绍查询处理每个步骤的具体任务。

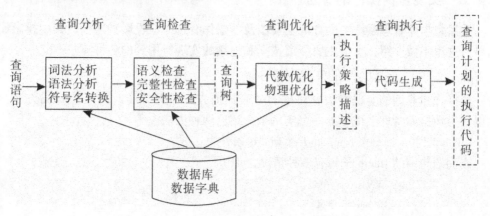

图 8-1 查询处理的具体步骤

1. 查询分析

查询分析首先扫描用户提交的查询语句,从中识别出 DBMS 的语言符号,比如 SQL 的关键字、属性名、关系名等;然后对语句进行语法检查和分析,判读该查询语句是否符合 SQL 的语法规则,不合法的 SQL 语句将被终止,合法语句将会进行接下来的查询检查。

2. 查询检查

查询检查根据数据库和数据字典对合法的 SQL 查询语句进行语义检查，主要是检查语句中所包含的一些数据库对象，比如关系、属性等是否存在、是否有效；另外还要根据数据字典中所记录的用户权限以及数据的完整性约束的定义对用户存取权限进行核查。如果该用户没有对应的存储权限或者违反了某种完整性约束的定义，就拒绝该 SQL 查询语句。通过语义检查的 SQL 查询语句将会被转换成等价的关系代数表达式，通常用查询树来描述关系代数表达式。

3. 查询优化

SQL 的 SELECT 语句功能非常强大，它所涉及的查询可能会有很多可以选择的执行策略，查询优化就是从这些执行策略中选择一个高效的查询执行策略。

查询优化的方法多种多样，但按照优化的层次通常分为两种：代数优化和物理优化。代数优化是指使用关系表达式对查询进行优化，按照一定的等价变化规则，改变关系代数表达式中操作的组合次序，进而提高查询的执行效率。物理优化是指在底层对数据库数据的存储路径和底层操作的算法进行优化选择。这里的选择有三类：基于规则的选择、基于代价的选择和基于语义的选择。

为了能够获得更高的查询执行效率，通常情况下 RDBMS 中查询优化器会综合应用代数优化和物理优化这两类方法进行优化。

4. 查询执行

根据查询优化器所得到的查询策略生成一个查询计划，并由代码生成器来生成该查询计划的代码，最后 RDBMS 执行这些代码。

8.1.2 实现查询操作的算法

关系数据库管理系统中的查询主要涉及的操作有选择、投影和连接，其中投影比较简单，这里不做介绍，本节主要介绍选择和连接的实现所用到的各种算法。

8.1.2.1 选择操作的实现算法

选择操作典型的实现算法有简单的全表扫描方法、索引（或散列）扫描方法。下面以学生数据库管理系统中的一个实例来介绍这两种方法。

【例 8-1】 select * from student where 条件表达式。

查询语句中的 where 子句有多种情况，如下所示：

    C1：无 where 子句
    C2：Sname ='李文'
    C3：Sage >30
    C4：Sname ='李%' and Sage >20

1. 简单的全表扫描方法

简单的全表扫描方法就是对查询的基本表逐行进行扫描，逐一检查每个元组是否满足 where 子句里给出的条件，把满足条件的元组作为结果进行输出。这种方法实现比较简单，对于比较小的基本表简单有效，但是对于大表逐行扫描则十分耗时，查询的效率很低,所以这种方法仅适用于比较小的基本表的查询。

2. 索引(或散列)扫描方法

如果条件表达式中的选择属性列上建立了索引,可以用索引扫描方法。通过数据库中的索引首先找到满足条件的元组的指针,再通过指针直接在查询基本表中找到满足条件的元组。

【例8-2】以 C2 为例,Sname = '李文',并且 Sname 上定义了索引,则可以使用索引得到 Sname 为"李文"的元组的指针,然后通过这个指针在 student 表中查找到该学生的相关信息。

【例8-3】以 C3 为例,Sage > 30,并且 Sage 上定义了 B+树索引,则可以直接使用 B+树索引找到 Sage = 30 的索引项,以该索引项为入口,访问 B+树的顺序集,进而得到 Sage > 30 的所有元组的指针,最后通过这些指针在 student 表中查找到所有年龄大于 30 的学生信息。

【例8-4】以 C4 为例,Sname = '李%' and Sage > 20,假设 student 表中对 Sname 和 Sage 都定义了索引。

该选择操作的执行有两种算法,一种算法是分别找到 Sname = '李%' 的一组元组指针和 Sage > 20 的元组指针,求这两组元组指针的交集,再在 student 表中根据两组元组指针的交集进行检索,就可以得到年龄大于 20,并且姓"李"的同学的学生信息。

另一种实现算法是,先求出 Sname = '李%' 的一组指针,通过这组指针在 student 表中检索,在得到的元组集合中再检查另外一个选择条件 Sage > 20 是否满足,把满足条件的元组作为结果输出。

8.1.2.2 连接操作的实现算法

在实际的数据库的应用中,单一表的查询比较少,大多数的查询都会涉及两个或两个以上的基本表,这就涉及表与表之间的连接操作。连接操作是查询处理中最耗费时间的一个,如果不能够选择一个合适的实现算法,那么查询的效率就会大大降低。

本节主要讨论用得较多的等值连接(或自然连接)最常用的实现算法,这些算法有嵌套循环算法、排序—合并算法和索引连接方法。下面以一个简单的例子分别来介绍这四种算法。

【例8-5】select * from student, sc where student.sno = sc.sno;

1. 嵌套循环方法

这是一种最简单可行的方法,使用两层循环进行查询。对外层循环表(对应基本表 student)的每一个元组,检索内层循环表(对应基本表 sc)中的每一个元组,检查这两个元组在连接属性(sno)上是否相等。如果相等,则把这两个元组串在一起作为查询结果进行输出,直到外层循环表中的元组都处理完为止。

该方法实现起来比较简单,适用于小表;如果表比较大,那么循环检索所要花费的时间会比较长,检索效率较低。

假设 student 表有 1000 条学生记录,每个学生选修 10 门课程,那么 sc 表中将会有 10000 条记录。如果采用嵌套循环方法,学生表只需要检索一次即可,但是 sc 表却要检索 1000 次,每一次都要把它的 10000 条记录检索一遍,总共需要检索 10000 * 1000 =

10000000 条元组，时间代价比较高，检索效率较低。

2. 排序—合并方法

排序合并方法是表与表之间进行连接时常用的一种方法，这种方法特别适合待连接表已经按照连接属性排好序的情况。

使用排序—合并方法进行表连接的步骤如下：

（1）对待连接表按照连接属性进行排序（如已排好序则省略此步骤），对例 8-2 中的连接首先是对 student 表和 sc 表按照连接属性 sno 进行排序。

（2）首先取 student 表中的第一个 sno，然后依次检索 sc 表，只要检索到具有相同 sno 的元组，就进行元组的串接，连接示意图如图 8-2 所示。

（3）当在 sc 表中检索到 sno 不相同的第一个 sc 元组时，就需要返回 student 表扫描下一个元组，再回到 sc 表中扫描和新的 sno 相同的元组，把它们串接起来

（4）重复（2）（3）步骤，直到整个 student 表检索完毕。

该方法的好处是连接的两个表 student 和 sc 只需要检索一遍即可，大大节省了检索所花费的时间。如果两个表开始并未排序，那么整个连接所花费的时间还需要加上排序时间，但是对于大表而言，先排序再使用排序—合并方法进行连接仍然会大大地减少执行的时间，以前面的例子进行说明如下。

Student 表中有 1000 条记录，每个学生 10 门课，sc 表中有 10000 条记录，连接所需要检索的次数为 10000 条，跟前面的 10000000 相比，时间减少了很多。

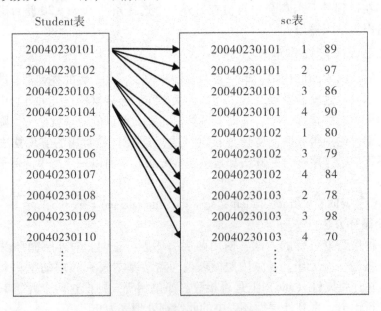

图 8-2 排序合并连接示意

3. 索引连接方法

索引连接方法是建立在索引的基础上的一种连接方法，具体连接步骤如下：

（1）在 sc 表中建立连接属性 sno 的索引，如果原表已经建立，则省略此步骤；

（2）对 student 表中的每一元组，根据 sno 的值通过 sc 表的索引来查找对应的元组

记录；

（3）把找到的 sc 表中的元组和 student 的元组连接起来；

（4）循环执行（2）（3）步骤，直到 Student 表检索完毕。

该方法非常适用于大表，连接所花费的时间非常少，基本不用扫描不满足条件的元组记录。

8.2 关系数据库系统的查询优化

对于一个给定的查询语句，通常情况下可以有很多种不同的执行策略，也就是说我们可以写出许多等价的关系代数表达式，而不同的关系代数表达式则具有不同的执行代价。为了提高数据库系统的执行效率，减少运行的时间，可以在查询语句处理程序执行查询之前，先由系统对用户所给的查询语句进行转换，将其转变为一串所需要执行时间较少的关系代数表达式（代数优化），并为这些运算选择较优的存取路径（物理优化），以便能够大大减少执行时间，这就是查询优化。

8.2.1 查询优化概述

查询优化技术在关系数据库系统中具有非常重要的地位，它的发展直接关系到关系数据库系统的发展和非过程化的 SQL 的成功。关系的查询优化是影响关系数据库管理系统性能好坏的关键因素。

查询优化的目标是：选择可行的执行策略，求得给定关系表达式的值，使得查询总代价最小（实际上，只能做到比较小）。

关系系统的查询优化的优点不仅仅在于用户无需考虑如何最好地表达查询以获取较高的效率，而且在于系统可以比用户程序的"优化"做得更好。

1. 用户无需考虑如何最好地表达查询以获取较好的查询执行效率

关系系统中的查询优化是一种高度非过程化的过程，用户只需要向系统提交"干什么"，而不必向系统指出"如何干"，这就大大减轻了用户选择存取路径的负担。而在非关系系统中，用户通常是采用过程化的语言来表达查询需求的，"如何执行查询"、"执行何种记录级的操作"，以及"具体的操作序列"都需要由用户来决定。所以在非关系系统中，用户必须了解数据的存取路径，而系统给用户提供选择存取路径的方法，用户的存取策略直接关系到查询的效率。即使用户做了不当的存取策略，系统也是无法进行改进的，这就要求系统的用户具备较高的数据库技术和程序设计水平。

2. 系统查询优化器能够获取比用户程序的查询优化更好的查询执行效率

查询优化器可以从数据库的数据字典中获取很多重要的统计信息，比如关系中的元组数、关系中索引的建立情况、关系中每个属性值的分布情况等，这些统计信息可以使优化器做出正确的估算，进而选择高效的查询执行计划；而用户程序是很难获取到这些统计信息的。

数据库的物理统计信息会不断发生改变，系统的优化器可以根据数据库统计信息的改变，自动对查询重新进行优化以选择更合适的执行策略；这在非关系数据库系统中必须要重新写程序进行优化，但是程序重写在实际应用中是不可取的。

对于一个查询表达式，系统优化器可以考虑到数百种执行策略；但程序员通常只能考虑有限的几种执行策略。

另外，优化器里包括了很多只有最好的程序员才能掌握的复杂的优化技术，自动优化使得程序员不用掌握这些技术，也能够通过系统自动进行优化。目前的关系数据库管理系统可以通过某种代数模型来计算各种执行策略的执行代价，从而选择拥有最小执行代价的执行方案。

对于集中式数据库系统，一个查询的执行代价通常情况下是由 I/O 代价、CPU 代价、内存代价组成；而分布式数据库系统中的执行代价还需要考虑通信代价。

查询的执行开销 = I/O 代价 + CPU 代价 + 内存代价 + 通信代价。

查询优化处理由两个部分组成：代数优化和物理优化。下面的两个小节将分别介绍这两个部分的内容。

8.2.2 代数优化

代数优化通过对查询关系代数表达式进行等价变换来提高查询效率。关系代数表达式的等价是指两个关系表达式得到的结果是相同的。

在关系代数运算中，笛卡尔积、连接运算是最费时间和空间的，应该采用何种策略，才能够节省时间和空间，这就是优化的关键问题。

1. 关系代数表达式的优化准则

（1）尽早进行选择运算。对有选择运算的关系表达式，应优化成尽可能先执行选择运算的等价的关系代数表达式，以得到较小的中间运算结果，减少运算量和从外存读块的次数，它通常可以使执行时间节约几个数量级。

（2）同时进行投影运算和选择运算。如果查询关系表达式中有若干投影和选择，并且它们都是对同一个关系上的运算，则可以在扫描该关系时，同时完成这些运算，以避免重复扫描关系。

（3）把投影运算同其前或其后的双目运算结合起来，因为没必要为了去掉关系的某些字段而扫描整个关系。

（4）合并笛卡尔积与其后的选择运算为连接运算。在关系表达式中，当笛卡尔积运算后面是选择运算时，应该合并为连接运算，使选择和笛卡尔积一起完成，以避免在做完笛卡尔积后，需要再扫描一个大的笛卡尔积关系进行选择运算。

（5）存储公共子表达式。如果这种重复出现的子表达式的结果不是很大的关系，并且从外存中读取这个关系比计算这个子表达式的时间少的多的时候，可以先计算该公共子表达式，并把结果存入外存。当查询的时候，直接从外存读取这个子表达式的结果就可以了。

2. 关系代数表达式的等价变化规则

优化的策略均涉及关系代数表达式，所以讨论关系代数表达式的等价变化规则就显得尤为重要。常用的等价变换规则有如下 10 种：

（1）连接、笛卡尔积交换律。设 E_1 和 E_2 是两个关系代数表达式，F 是连接运算的条件，则有

(1) 连接、笛卡尔积交换律

设 E_1 和 E_2 是两个关系代数表达式，F 是连接运算的条件，则有

$$E_1 \times E_2 \equiv E_2 \times E_1$$

$$E_1 \bowtie E_2 \equiv E_2 \bowtie E_1$$

$$E_1 \underset{F}{\bowtie} E_2 \equiv E_2 \underset{F}{\bowtie} E_1$$

(2) 连接、笛卡尔积结合律。

设 E_1、E_2、E_3 是关系代数表达式，F_1、F_2 是连接运算的条件，则有

$$(E_1 \times E_2) \times E_3 \equiv E_1 \times (E_2 \times E_3)$$

$$(E_1 \bowtie E_2) \bowtie E_3 \equiv E_1 \bowtie (E_2 \bowtie E_3)$$

$$(E_1 \underset{F_1}{\bowtie} E_2) \underset{F_2}{\bowtie} E_3 \equiv E_1 \underset{F_1}{\bowtie} (E_2 \underset{F_2}{\bowtie} E_3)$$

(3) 投影的串接定律。

$$\pi_{A_1,A_2,\cdots,A_n}(\pi_{B_1,B_2,\cdots,B_m}(E)) \equiv \pi_{A_1,A_2,\cdots,A_n}(E)$$

上式中，E 是关系代数表达式，A_i ($i=1,2,\cdots,n$)，B_i ($i=1,2,\cdots,m$) 是属性名，并且 $\{A_1,A_2,\cdots,A_n\}$ 构成 $\{B_1,B_2,\cdots,B_n\}$ 的子集。

(4) 选择的串接定律。

$$\sigma_{F_1}(\sigma_{F_2}(E)) \equiv \sigma_{F_1 \wedge F_2}(E)$$

上式中，E 是关系代数表达式，F_1、F_2 是选择条件，该定律说明选择条件是可以合并的，可以一次完成所有选择条件的检查。

(5) 选择与投影操作的交换律。

$$\sigma_F(\pi_{A_1,A_2,\cdots,A_n}(E)) \equiv \pi_{A_1,A_2,\cdots,A_n}(\sigma_F(E))$$

上式中，选择条件 F 只涉及属性 $A_1,A_2,\cdots,A_n$，若 F 中有不属于 $A_1,A_2,\cdots,A_n$ 中的属性 $B_1,B_2,\cdots,B_m$，则有一般的选择与投影交换律如下：

$$\pi_{A_1,A_2,\cdots,A_n}(\sigma_F(E)) \equiv \pi_{A_1,A_2,\cdots,A_n}(\sigma_F(\pi_{B_1,B_2,\cdots,B_n}(E)))$$

(6) 选择与笛卡尔积的交换律。如果 F 中设计的属性都是 E_1 中的属性，则

$$\sigma_F(E_1 \times E_2) \equiv \sigma_F(E_1) \times E_2$$

如果 $F = F_1 \wedge F_2$，并且 F_1 只涉及 E_1 中的属性，F_2 只涉及 E_2 中的属性，则由上面的等价变化规则（1）（4）（6）可推出：

$$\sigma_F(E_1 \times E_2) \equiv \sigma_{F1}(E_1) \times \sigma_{F2}(E_2)$$

若 F_1 只涉及 E_1 中的属性，F_2 只涉及 E_1 和 E_2 中的属性，则仍有

$$\sigma_F(E_1 \times E_2) \equiv \sigma_{F2}(\sigma_{F1}(E_1) \times E_2)$$

它使得部分选择在做笛卡尔积前先做。

(7) 选择与并的分配律。设 $E = E_1 \cup E_2$，E_1，E_2 有相同的属性名，则

$$\sigma_F(E_1 \cup E_2) \equiv \sigma_F(E_1) \cup \sigma_F(E_2)$$

(8) 选择与差运算的分配律。若 E_1 与 E_2 有相同的属性名，则

$$\sigma_F(E_1 - E_2) \equiv \sigma_F(E_1) - \sigma_F(E_2)$$

(9) 选择与自然连接的分配律：

$$\sigma_F(E_1 \bowtie E_2) \equiv \sigma_F(E_1) \bowtie \sigma_F(E_2)$$

F 只涉及 E_1 与 E_2 的公共属性。

（10）投影与笛卡尔积的分配律。设 E_1 和 E_2 是两个关系表达式，$A_1, \cdots, A_n$ 是 E_1 的属性，$B_1, \cdots, B_n$ 是 E_2 的属性，则

$$\pi_{A_1,A_2,\cdots,A_n,B_1,B_2,\cdots,B_m}(E_1 \times E_2) \equiv \pi_{A_1,A_2,\cdots,A_n}(E_1) \times \pi_{B_1,B_2,\cdots,B_m}(E_2)$$

（11）投影与并的分配律。设 E_1 和 E_2 有相同的属性名，则

$$\pi_{A_1,A_2,\cdots,A_n}(E_1 \cup E_2) \equiv \pi_{A_1,A_2,\cdots,A_n}(E_1) \cup \pi_{A_1,A_2,\cdots,A_n}(E_2)$$

3. 关系代数表达式的优化算法

下面将给出遵循关系代数表达式的优化准则，应用关系代数等价变换公式来进行关系代数表达式优化的算法。

算法：关系代数表达式的优化。

输入：一个关系表达式的查询树。

输出：优化后的查询树。

优化算法如下：

（1）对形如 $\sigma_{F_1 \wedge F_2 \wedge \cdots \wedge F_n}(E)$ 的关系代数表达式，利用变换规则（4），等价变换为 $\sigma_{F_1}(\sigma_{F_2}(\cdots(\sigma_{F_n}(E))\cdots))$；

（2）对关系代数表达式中的每一个选择运算，利用变换规则（4）～（9），尽可能将它移动到语法树的叶端；

（3）对关系代数表达式中的每一个投影运算，利用变换规则（3）、（5）、（10）、（11）中的一般形式，将它尽可能地移动到语法树的叶端；

（4）利用等价变换规则（3）～（5）把关系代数表达式中的选择和投影的串接合并成单个投影、单个选择或一个选择后跟一个投影的形式，使多个选择或者投影能同时执行，或在一次扫描关系表的过程中全部完成，这样做的好处是使查询的效率更高；

（5）把通过上述步骤得到的语法树的内节点进行分组：每一双目运算（×，⋈，∪，-）和它所有的直接祖先（σ，π）为一组；如果其后代直到叶子都是弹幕运算，则将它们并入该组，但当双目运算是笛卡尔积，而且后面不是与它组成等值连接的选择时，则不能把选择与这个双目运算组成同一组，要把这些单目运算单独分为一组。

【例8-6】供应商数据库中有供应商、零件、项目、供应4个基本表（关系）：

S（Sno, Sname, Status, City）

P（Pno, Pname, Color, Weight）

J（Jno, Jname, City）

SPJ（Sno, Pno, Jno, Qty）

检索使用上海供应商生产的红色零件的工程号。

（1）试写出该查询的关系代数表达式。

（2）试写出查询优化的关系代数表达式。

（3）画出该查询初始的关系代数表达式的语法树。

（4）使用优化算法，对语法树进行优化，并画出优化后的语法树。

解：

（1）该查询的代数表达式如下：

$$\pi_{Jno}(\sigma_{City=上海 \wedge Color=红})(S \bowtie SPJ \bowtie P))(Q1)$$

(2) 查询优化后的关系代数表达式如下：

$$\pi_{Jno}(\pi_{sno}(\sigma_{City=上海}(S)) \bowtie \pi_{Sno,Pno,Jno}(SPJ) \bowtie \pi_{Pno}(\sigma_{Color=红}(p)))(Q2)$$

(3) 该查询初始的关系代数表达式的语法树如图 8-3 所示。
(4) 使用优化算法，对语法树进行优化，并画出优化后的语法树如图 8-4 所。

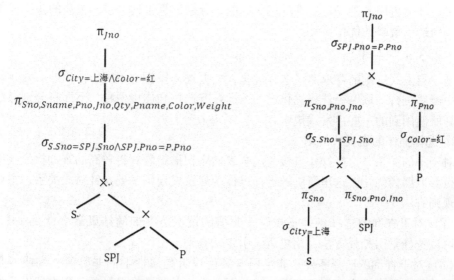

图 8-3 优化前的语法树　　　　　　　　图 8-4 优化后的语法树

根据优化算法第（2）条，首先将选择运算利用变换规则（4）～（9）移动到语法树的叶端，即把 $\sigma_{City=上海}$ 和 $\sigma_{Color=红}$ 移动到语法树的叶端；利用优化算法第（3）条将投影运算利用规则（3）、（5）、（10）、（11）中的一般形式尽可能往叶端移动，利用优化算法第（4）条将选择和投影的串接合并成单个投影、单个选择或一个选择后跟一个投影的形式，即在 S 和 SPJ 做笛卡尔积之前先进行投影和选择。

8.2.3 物理优化

上节所介绍的代数优化，是通过改变查询语句中各种关系运算的操作次序和组合来达到查询的优化，从而提高查询效率，并不涉及数据底层的存取路径。而我们曾了解过，对于一个查询问题，不但有很多种可行的执行查询操作算法，还存在多条存取路径。不同的存取路径，带给查询语句不同的执行效率。因此，如果只进行代数优化是不够的，还需要选择高效合理的操作算法或存取路径，以求进一步的优化查询，提高查询效率，这就是物理优化。

目前常用的物理优化的方法有三种：基于启发式规则的优化、基于代价估算的优化和两者相结合的优化。

基于启发式规则的优化是指遵循某些启发式规则，对查询进行存取路径选择的优化，而这些规则在大部分情况下都是适用的，但是每种规则都有它的适用情况。

基于代价估算的优化是指通过优化器估算不同执行策略的代价，从中选出具有最小执行代价的执行策略。

而最常用的则是两者结合的优化方法，因为可能的执行策略很多，如果对每种执行策略都进行代价估算，会造成优化所花的代价比查询代价更高，这是不可取的，因此查询优化器会把上面的两种方法结合到一起进行使用。两者相结合的优化方法，首先会用基于启发式规则的优化，从多种执行策略中选择若干较优的候选策略，从而减少估算的工作量；然后再用基于代价估算的优化算法，分别估算出这些候选策略的执行代价，进而较快地选出最终的优化策略。

8.2.3.1 基于启发式规则的存取路径选择优化

基于启发式规则的存取路径选择优化，根据查询操作的不同所使用的启发式规则也不同，能够进行存取路径选择优化的关系运算有选择和连接两种，下面将分别介绍这两种运算所使用到的一些启发式规则。

1. 选择操作的启发式规则

对于小的关系，选择操作直接使用全表顺序扫描就能获得较高的查询执行效率，无需进行存取路径优化。这里所讲的选择操作的启发式规则主要是针对大关系，主要的启发式规则有：

（1）对于查询的选择条件是主码＝某值的情况，查询的结果最多就是一个元组，这时可以选择索引扫描方法，用主码索引定位查询。

（2）对于查询的选择条件是非主码＝某值或者是属性上的非等值查询或者是范围查询，并且选择列上有索引的情况，优化器首先要估算符合条件的元组在所有元组中所占的比例，根据这个比例来确定有何种方法进行扫描。如果这个比例小于10%，使用索引扫描方法；否则将使用全表顺序扫描方法。

（3）对于用 AND 连接的多条件查询，如果涉及的属性上已经建立了组合索引，则需要优先选择组合索引扫描方法；但是如果涉及的属性中存在某些属性上有一般的索引，则可以用索引扫描方法进行扫描，否则的话将使用全表顺序扫描。

（4）对于用 OR 连接的多条件查询，一般都会采用全表顺序扫描方法进行扫描。

2. 连接操作的启发式规则

与连接操作相关的启发式规则有以下四种：

（1）如果连接所涉及的两个表均已按照连接的属性进行了排序，那么选择使用排序—合并方法进行连接。

（2）如果连接所涉及的两个表中只有一个表在连接属性上有索引，那么将选用索引连接方法。

（3）如果上面两种情况都不符合，并且其中一个表比较小，那么可以选择使用 hash join 方法。

（4）如果上面三种情况都不符，那么只能选用嵌套循环方法。为了能够减少连接代价，在该种情况下使用嵌套循环方法连接时，需要选择其中比较小的表作为外循环表，这样可以减少连接时的内存代价。

8.2.3.2 基于代价的存取路径选择优化

前面所介绍的基于启发式规则的优化属于定性选择，是粗粒度的优化，实现简单而且具备较小的优化代价,这种优化比较适用于解释执行的系统。因为在解释执行的系统中,优化代价是包含在查询的整个代价中的。但是在编译执行系统中,查询是通过一次编译优化,多次执行的,优化的查询和执行是分开的,所以可以采用细粒度的基于代价的优化方法。

1. 数据字典中的统计信息

基于代价的优化方法,优化器要对查询各种执行策略进行估算代价,这是就需要数据库中的数据字典中所存储的一些统计信息进行辅助。这些统计信息大概有以下几个方面的内容。

(1) 每个基本表中元组的个数 N、元组的长度 L、整个表所占用的存储器的块数 B、占用的溢出块数 BO。

(2) 对于每个基本表的每一列,该列中不同值的个数 m、选择率 f、该列的最大最小值、该列是否创建了索引、是何种索引(聚集索引?hash 索引?B+树索引?)。这里的选择率 f 的计算方法如下:如果该列中不同值是均匀分布的,那么 $f=1/m$;如果该列中不同值是不均匀分布的,那么该列中每个值的选择率 $f=$ 具有该值的元组数$/N$。

(3) 对于基本表中的索引,以 B+树为例,数据字典中需要记录该索引的层数 L、不同索引值的个数、索引的选择基数 S(即在表中有 S 个元组具有某个索引值)、索引中的叶结点的个数 Y。

2. 代价估算实例

优化器就是根据上面三个方面的统计信息,对查询的代价进行估算,下面将对前面所提到的全表扫描法、索引扫描法、嵌套循环连接算法、排序—合并连接算法进行代价估算。

(1) 全表扫描算法代价估算。如果一个基本表在存储器中占有 B 块空间,那么全表扫描算法需要扫描整个基本表,其代价 $cost = B$;如果查询选择的条件是某个属性 $=$ 某个值,那么平均的搜索代价 $cost = B/2$。

(2) 索引扫描算法代价估算。如果查询的选择条件是主码属性 $=$ 某个值,则采用该表的主码索引,若该索引为 B+树索引,有 L 层,要在 B+树中存取从根结点到叶结点共 L 块,再加上满足条件的元组所在的块,总共是 $L+1$ 块,所以 $cost = L+1$。

如果选择条件涉及的不是主码属性,若选择列上建立了 B+树索引,并且选择条件是等值比较,满足条件的元组数为 S。考虑最坏的情况,这些满足条件的 S 个元组可能存放在不同的块,所以最坏情况下的 $cost = L+S$。

如果查询的比较条件不是等值比较,而是 $<$、$<=$、$>$、$>=$ 等操作的话,假设所有元组中有一半满足查询比较条件,那么就需要存取一半的叶结点,并通过这些索引访问一半的表存储块,所以 $cost = L+Y/2+B/2$。

(3) 嵌套循环连接算法代价估算。假设做连接运算的表 R 和 S 分别占用的存储器块数为 B_r 和 B_s,系统分配给连接操作的内存缓冲块为 K,分配 $K-1$ 块给外循环表。如果 R 为外表,则嵌套循环法存取的块数为 $B_r + B_r \cdot B_s/(K-1)$,嵌套循环连接算法的代价 $cost = B_r + B_r \cdot B_s/(K-1)$。如果再加上连接结果写回磁盘所花的代价,总的代价 $cost = B_r + B_r \cdot B_s/(K-1) + (F_{rs} \cdot N_r \cdot N_s)/Mrs$,其中 N_r 和 N_s 分别为 R 和 S 的元组个数，F_{rs} 为连接结果元组数的比例，Mrs 为每个块中可以存放的结果元组的个数。

（4）排序—合并连接算法估算。如果做连接操作的表已经按照连接属性进行了排序，那么总代价 $cost = B_r + B_s + (F_{rs} \cdot N_r \cdot N_s)/Mrs$；否则需要对连接表按照连接属性进行排序，这时还要加上排序的代价，对于包含 B 个块的文件排序所需要的代价大约为 $(2 \cdot B) + (2 \cdot B \cdot \log_2 B)$，所以总的代价 $cost = (2 \cdot B) + (2 \cdot B \cdot \log 2B) + B_r + B_s + (F_{rs} \cdot N_r \cdot N_s)/M_{rs}$。

8.3 本章小结

本章首先介绍了关系数据库查询的处理步骤和实现查询操作的算法，然后介绍了关系数据库的查询优化，主要是启发式的代数优化、基于启发式规则的存取路径优化和基于代价的优化等方法，但是实际的数据库系统则综合使用了各种技术，所以优化器是比较复杂的。

习题 8

1. 试述关系数据库的查询处理步骤。
2. 试述关系数据库查询优化的目标和优点。
3. 试述 RDBMS 代数优化的准则。
4. 试述 RDBMS 代数优化的步骤。

第 9 章 数据库恢复技术

事务是一系列的数据库操作，是数据库应用程序的基本逻辑单元。事务处理技术主要包括数据库恢复技术和数据库的并发控制技术，数据库恢复机制和并发控制机制是所有的数据库管理系统中非常重要的组成部分。本书的第 9 章和第 10 章讨论的就是这两种技术的相关问题，本章主要就数据库恢复的相关概念和常用的一些技术进行讨论。

9.1 数据库恢复概述

为了防止数据库的安全性和完整性被破坏，所有的数据库系统都采取了各种保护措施，进而保证并发事务的正确执行；但是数据库在很多情况下还是会遭到破坏，比如说计算机系统的硬件故障、软件错误、数据库操作员的一些失误或者是黑客的恶意攻击等，这是不能避免的。这些情况轻则造成数据库的一些事务非正常中断，破坏数据库数据的完整性；重则破坏整个数据库，使得数据库的数据部分或者全部丢失，这将会给数据库的用户带来巨大的损失。正因为如此，数据库管理系统必须具备将数据库从错误状态恢复到某一时刻的完整状态的功能，这就是数据库的恢复。

恢复子系统是数据库管理系统中的一个相当庞大的组成模块，大概是整个系统代码的 10%。数据库管理系统采用的数据库恢复技术是否有效，不仅决定了系统的可靠性，而且还在很大程度上影响系统的运行效率，是衡量一个数据库管理系统好坏的一个重要指标。

9.1.1 事务的概念和特性

事务是反映现实世界中所需要完整提交的一项工作，在数据库系统中是用户定义的一个数据库操作序列，是数据库应用中一个不可分割的工作单位。一个事务中的这些序列的操作要么全部完整地执行，要么全不执行。在关系数据库中，一个事务可能是一条简单的 SQL 语句，可能是一组复杂的 SQL 语句组合，也可能是一个处理程序。

用户可以显示控制事务的开始和结束，如果用户没有显示定义事务，则有 DBMS 按照某种规则自动去定义事务。

在 SQL 中，有关事务定义的语句有三个：BEGIN TRANSACTION、COMMIT 和 ROLLBACK。通常情况下，事务以 BEGIN TRANSACTION 开始，以 COMMIT 或者 ROLLBACK 结束。其中 COMMIT 表示事务正常结束，要向数据库系统提交事务的所有操作，即将事务中所有对数据库的更新操作写回到磁盘；而 ROLLBACK 是回滚的意思，即在事务运行的过程中发生故障，不能够继续执行时，系统将把事务对数据库的所有已经完成的操作全部撤销，以使数据库回滚到该事务开始之前的状态。

事务具有原子性（Atomicity）、一致性（Consistency）、隔离性（Isolation）和持续性（Durability）四个特性，简称为 ACID 特性。

(1) 事务的原子性是指事务作为数据库独立的逻辑工作单位，事务中所包含的操作要么全做，要么全不做。

(2) 事务的一致性是指事务的执行结果必须保证数据库能够从一个一致性状态转变到另一个一致性状态。数据库的一致性状态是指数据库中只包含成功事务提交的结果。如果数据库在运行中发生某些故障，使得某些事务非正常中断，这些非正常中断的事务可能对数据库的更新操作依据有一部分写入了物理数据库，这时的数据库就处于一种不一致状态或者是不正确状态。例如在一个进销存系统中，假设公司的某个客户购买了 10 件某种商品，这 10 种商品总价为 2000 元，那么这个购买事务就会涉及两个操作：将商品库存表中该商品的库存减 10 和进账表中的金额加上 2000。这个购买事务中的两个操作要么全做，要么全不做，否则会出现逻辑错误。因此，事务的一致性与事务的原子性息息相关。

(3) 事务的隔离性是指一个事务在执行期间所使用的数据，不能够被其他事务再使用，以免其执行时受其他事务的干扰。事务的隔离性对于多用户的数据库系统而言尤为重要，它可以保证在多用户使用数据库的数据时保证数据库的一致性。

(4) 事务的持续性是指事务一旦提交，它对数据库数据的改变就是永久性的，数据库的其他操作或者一些故障都不能够影响到它的执行结果。

在多用户的数据库管理系统中，多个事务经常是并发执行的，因此为了保证多用户环境下数据库的一致性和完整性，数据库管理系统必须能够实现对事务的一致性和隔离性的控制和管理。例如，假设分属两个用户的事务同时存取同一个数据，在当前一个事务结束之前，第二个事务试图更新这个数据，这就会违反事务的隔离性的特性，会导致数据库产生不一致，严重的可能会造成不可预期的错误。

9.1.2 故障的种类

数据库系统中可能发生的故障有很多种，大致可以分为四类：事务内部故障、系统故障、介质故障和计算机病毒。

9.1.2.1 事务内部的故障

事务内部的故障有两大类：一类是可以预期的，通过事务程序本身就可以发现；另外一类是非预期的，不能够由事务程序处理。

例如，销售系统中的购买事务，这个事务是客户购买 10 件某种产品，假设这 10 件产品总价 2000 元。

```
BEGIN TRANSACTION
读商品库存表中该商品的库存 amount
Amount = amount -10;
If(amount <0) then
{ 打印"库存不足,不能售出"的信息;
ROLLBACK;(撤销刚才的修改,恢复事务)
}
Else
```

{读进账表中该客户的金额信息
金额=金额+2000;
写回金额;
Commit}

该例子中的两个更新操作,要么全部执行,要么全不执行。否则会使得数据库处于一种不一致的状态,例如只把商品库存减少了,但是进账表里没有进账。

在这个事务中如果该商品的库存不足,事务本身是可以发现并让事务回滚,撤销硬件做的更新操作,把数据库恢复到事务执行前的正确状态。

但是大部分的事务内部的故障是非预期的,发生这类故障时不能够由事务来处理。比如在并发事务发生死锁而被选择强制撤销该事务、违反某些完整性约束或者运算溢出等。后面如无特殊说明,事务故障专指这类非预期的故障。

9.1.2.2 系统故障

所谓系统故障是指造成计算机系统停止运行的任何一种事件,比如CPU故障、操作系统故障、系统断电等。这一类故障并不会使数据库遭到破坏,但是会影响当前正在执行的一些事务。因为计算机系统在停止运行或者重启的过程中,内存里面的数据,尤其是数据库缓冲区里面的内容会全部丢失,系统故障时运行的所有事务都被非正常终止。

在发生系统故障时,可能会造成数据库处于不一致的状态。使数据库处于不一致的情况有两种:一种是某些未完成的事务的执行结果可能已经将其写入物理数据库;另一种是某些已经完成的事务可能有一部分或者全部的执行结果还在数据库缓冲区并未写回到物理数据库。数据库系统的恢复子系统对于这两种情况的处理也是不同的。对于第一种情况,恢复子系统在系统重启时回滚所有未完成的事务,强行地撤销(UNDO)所有未完成事务,清除这些事务对数据库的所有修改;对于第二种情况,恢复子系统在系统重启时,除了撤销(UNDO)所有未完成的事务外,还需要重做(REDO)所有已提交的事务,将这些已提交事务已经提交的结果重新写入物理数据库,以将数据库恢复到一致性状态。

9.1.2.3 介质故障

所谓介制故障指的是计算机外存储器出现的故障,比如磁盘损坏、瞬时的强磁场干扰等。这类故障会破坏数据库的全部或部分数据,并且还会影响到使用这些数据的事务。这种故障发生的概率很小,但是一旦出现这类故障,对数据库的破坏和影响也是最大的。

我们通常把系统故障称为软故障(Soft Crash),把介质故障称为硬故障(Hard Crash)。

9.1.2.4 计算机病毒

计算机病毒是一种人为的故障或者破坏,是一种计算机程序。但这种程序与其他程序有着根本性的区别,它可以像生物上的病毒一样进行传播和繁殖。计算机病毒会在不同程度上造成对计算机系统,包括数据库系统的危害。

计算机病毒的种类繁多，不同的病毒具备不同的特征。有的大，有的小，有的传播得快，有的有很长的潜伏期，有的破坏计算机系统的所有程序和数据，有的只破坏特定的程序和数据。

目前计算机病毒已成为计算机系统的主要威胁，同样也是数据库系统中的主要威胁。为了检查、诊断并消灭这些计算机病毒，目前计算机的安全工作者已经研发了各种各样的计算机病毒疫苗。但是没有一种是可以永久免疫计算机病毒的，计算机病毒仍旧会破坏数据库。

综上可知，各类故障对于数据库的影响只有两种可能：数据库本身被破坏和数据库本身未被破坏，但是可能处于不一致的状态。不管是哪种影响，我们都需要采用相关的恢复技术进行数据库恢复，以使数据库处于一致性状态。

9.2 恢复的实现技术与恢复策略

数据库的恢复原理很简单，就是利用"冗余"来完成恢复。对数据库任何的破坏或者数据库的不一致状态都可以根据存储的数据库冗余数据来重建数据库或者使数据库恢复到一致性状态。

数据库恢复的实现将涉及两大问题：一是如何建立冗余数据；二是怎样利用这些冗余数据进行数据库恢复。

建立数据冗余最常用的技术是数据转储和登记日志文件，实际的数据库系统中这两种技术都是一起使用的。

9.2.1 数据转储

所谓数据转储指的是数据库管理员 DBA 定期将这个数据库复制到另外一个地方保存起来的一个过程。复制的这些数据称为数据库的后援副本，在数据库遭到破坏后，可以利用后援副本将数据库恢复到数据转储时的一致性状态，再重新运行自数据转储之后的所有更新事务，这样才可以将数据库恢复到故障发生时的一致性状态。

数据转储复制的是整个数据库，而一般情况下数据库都是比较大的，这就使得数据转储十分耗费时间和资源，所以不能经常进行数据转储，数据库管理员应该根据数据的适用情况设定一个比较合适的数据转储周期。

根据转储状态，数据转储有两种：静态转储和动态转储。

1. 静态转储

静态转储指的是在系统中没有事务运行时进行的数据转储。这种转储方式在数据转储期间是不允许对数据库进行任何操作的，它转储得到的后援副本应当是一个一致性的副本。静态转储的优点是简单，而缺点是转储必须要等到所有的事务执行结束后才可以进行，并且一旦转储就不允许新事务执行，这大大降低数据库的适用效率。

2. 动态转储

动态转储克服了静态转储的缺点，该转储方式不需要等到所有的事务执行结束，也不会影响新事务的执行。但它的缺点是经过该转储方式得到的后援副本可能存在不一致性。例如，在动态转储期间的某个时刻，把某个数据转储到另外的存储设备上，但是在下一个时刻，某事务又把该数据进行了更新，那么在转储结束之后，后援副本上的这个数据就是一个不正确的数据，数据库处于不一致状态。

为了解决动态转储的后援副本数据不一致的问题，我们必须把整个动态转储期间所有事务的数据的更新操作记录下来，建立日志文件（登记日志文件将在下一节介绍）。利用后援副本和日志文件将数据库恢复到某一时刻的一致性状态。

此外，根据转储方式，数据转储还可以分为海量转储和增量转储两种。海量转储指的是每次转储数据库的全部内容；而增量转储指的是每次只转储上一次转储后发生更新的数据。如果数据库比较小，使用海量转储得到的后援副本进行数据库恢复非常方便；但是如果数据库比较大，并且数据库系统涉及非常烦琐的事务处理，那么使用增量转储方式则比较合适。

数据转储可以在两种状态下进行，并且有两种具体的转储方式，相互结合起来数据转储的方式就会有四类：静态海量转储、静态增量转储、动态海量转储和动态增量转储。

9.2.2 登记日志文件

日志文件是用来记录所有事务对数据库所做的所有更新操作文件。

9.2.2.1 日志文件的格式和内容

不同的 DBMS 所采用的日志文件的格式不完全相同，但主要有两种格式：以记录为单位的日志文件和以数据库为单位的日志文件，不同格式的日志文件所要记录的内容有所不同。

对于以记录为单位的日志文件，需要记录的内容有：各事务的开始标记、各事务的结束以及各个事务对数据库所有的更新操作。日志文件中的一条日志记录是由每个事务的开始标记、结束标记和每个更新操作构成。每一条日志记录主要包括：事务标识（标明是何事务）、更新操作的类型（删除、插入或者修改）、操作的对象、更新前数据的原值（如果是插入操作，则此项做空值处理）、更新后的数据的新值（如果是删除操作，则此项做空值处理）。

对于以数据块为单位的日志文件，日志记录的内容包括威武标识和被更新的数据库（更新前后的块都需要放入日志文件）。注意，这种日志文件是不必记录操作的类型和操作对象的。

9.2.2.2 日志文件的作用

日志文件对于数据库恢复机制而言非常重要，它可以用来进行事务故障恢复和系统故障恢复，并且可以和后援副本一起进行介质故障的恢复。需要注意的是，事务故障恢复和系统故障恢复都必须使用日志文件；而在动态转储方式中必须建立日志文件，后援副本和日志文件相结合才能够将数据库恢复到某一时刻的一致性状态。

对于静态转储而言，日志文件可有可无。如果没有日志文件，通过静态转储得到的后援副本只能够把数据库恢复到数据转储前的一致性状态，而不恢复到故障发生时的状态；如果建立了日志文件，那么就可以在数据被破坏后，首先重新载入后援副本将数据库恢复到数据转储前的一致性状态，然后再利用日志文件重做已完成的事务，撤销故障时未完成的事务，进而把数据库恢复到故障前某一个一致性状态。

9.2.2.3 登记日志文件

日志文件的登记必须遵循两个原则：登记的次序必须严格按照事务并发执行的时间次序进行，同时必须先写日志文件，后写数据库。在日志文件登记日志记录时，必须严格遵守这两个原则。

为什么要先写日志，后写数据库呢？能不能先写数据库，后写日志呢？先写日志，后写数据库目的是为了保证数据库的正确性，具体原因如下。

把某个数据的更新写回数据库和登记这个更新操作到日志文件是两个完全不同的操作，故障很可能会在数据写回数据库和登记日志这两个操作之间发生。在这种情况下，如果我们先写数据库，后写日志的话，那么日志中就没有这个数据更新的记录，在后面的数据库恢复中，无法恢复这个修改，将会导致数据库不正确。如果先写日志，后写数据库的话，我们在按照日志文件记录进行事务恢复时，仅仅就是多运行一次该事务，不会对数据库的正确性有任何的影响。因此，为了保证数据库的正确性和安全性，必须先写日志，后写数据库。

9.2.3 恢复策略

当数据库系统发生故障之后，我们可以利用数据库的后援副本，或者是后援副本加上登录日志将数据库恢复到某一时刻的一致性状态。前面已经介绍过会使数据库系统遭受破坏的四类故障，对于不同类别的故障，我们采取的恢复策略也是不同的。本节将分别对四类故障中的事务故障、系统故障和介质故障恢复的策略进行介绍。

1. 事务故障的恢复

事务故障是在事务正常结束之前被强行终止，事务可能已经对数据库里的某些数据做了一些更新操作，DBMS 的恢复子系统只需要使用日志文件来撤销掉这些更新操作就可以了。事务故障的恢复对于数据库的用户而言是透明的，是由 DBMS 自动完成的。

日志文件记录了所有事务的开始、结束以及事务对数据库所做的所有更新操作。因此当数据库发生事务故障之后，DBMS 就会自动反向扫描日志文件进行数据库的恢复。具体的步骤如下：

（1）反向扫描日志文件，查看该事务是否对数据库有更新操作；

（2）若有更新操作，则依次对更新操作执行反操作，直到读到此事务的开始标记。这里的反操作指的是：若事务原来做的是插入操作，现在就做删除操作；若是删除，则插入；若修改，则用旧值代替新值。

2. 系统故障的恢复

在数据库发生系统故障时，可能会导致数据库不一致。这种不一致主要由两个原因造成：一是已提交的事务对数据库数据的更新操作的结果还没有写回数据库；二是未完成的事务对数据库某些数据的更新已经写回数据库。在故障后，进行数据库恢复时，这两种情况的处理是不同的：对已完成的事务做重做处理，对未完成的事务做出撤销处理。

跟事务故障类似，系统故障的恢复对数据库用户也是透明的，DBMS 会自动对系统故障进行恢复。DBMS 对系统故障进行恢复的具体步骤如下：

（1）正向扫描日志，找出故障发生前已提交事务和故障发生时未完成的事务。在日志文件中如果一个事务既有开始标记 begin transaction，也有结束标记 commit，那么该事务是已提交事务，将这类事务添加到重做队列；若只有开始标记 begin transaction，无对应的结束标记 commit，那么该事务是未完成事务，将这类事务添加到撤销队列。

（2）撤销撤销队列中的所有事务。方法是反向扫描日志文件，对事务的每个更新操作执行反操作，即把登记在日志文件中的"更新前的值"重新写回数据库。

（3）重做重做队列中的所有事务。方法是正向扫描日志文件，重新执行事务对数据库的更新操作，即把登记在日志文件中的"更新后的值"写入数据库。

3. 介质故障的恢复

介质故障是数据库遭受到的比较严重的一种故障，数据库的物理数据库和日志文件都会遭到破坏。对于这类故障，我们可以利用数据库的后援副本和日志文件副本将其恢复到数据库系统发生故障前的某一时刻的一致性状态。恢复该类故障的方法是重装数据库的后援副本，重做已完成的事务，具体的步骤如下：

（1）装入最近一次数据转储得到的后援副本，先使数据库恢复到最近的一致性状态。注意：如果后援副本是动态转储的话，还需要装入数据库转储开始时的日志文件的副本，使用系统故障的恢复方法，才能把数据库恢复到某一一致性状态。

（2）装入数据转储结束时的日志文件副本，重做转储结束后，故障发生前已完成的事务。方法是正向扫描日志文件，找到故障发生之前已经提交的事务，将其添加到重做队列，然后依次进行事务重做处理，将登记在日志文件中的"更新后的值"写回到数据库中。

进行介质故障的恢复时需要数据库管理员进行参与处理，数据库管理员主要就是负责装入数据库的后援副本和日志文件，执行恢复命令，但不参与具体的恢复操作。

9.3 具有恢复点的恢复技术

在数据库系统发生故障时，可以借助日志文件，对数据库进行恢复。前面曾经介绍过不同的故障，恢复处理也是不同的，但是它们的共同点是都需要扫描日志文件，检查所有的日志记录，进而来确定哪些事务是需要撤销的，哪些事务是需要重做的。通常情况下，数据库的日志文件是很大的，因此扫描整个日志文件会导致两个问题的发生：一是扫描整个日志文件比较耗时；二是大多数的重做事务其实已经把更新操作的结果写回到物理数据库中去了，重做所有的已完成事务浪费时间。我们可以利用具有恢复点的恢复技术来解决这些问题。

具有恢复点的恢复技术就是在数据库的日志文件中增加新的一类记录——恢复点记录，并增加一个重开始文件，并且让恢复子系统在登记日志文件期间动态地维护日志。

这里用到的恢复点记录包含恢复点在建立的时候正在执行的事务列表以及这些事务最近的一个日志记录的地址；而重开始文件则是用来记录各个恢复点记录在日志文件中的地址。建立 t 时刻恢复点的日志文件和重开始文件的示意图如图 9–1 所示。

我们还通过周期性地执行建立恢复点和保存数据库的状态来动态维护日志文件，具体步骤如下：

（1）将当前日志缓冲区中的所有日志记录写入到磁盘上的日志文件；
（2）在日志文件中写入一个恢复点记录；
（3）将当期数据缓冲区中的所有数据记录写入磁盘上的物理数据库；
（4）把恢复点记录在日志文件中的地址写入一个重开始文件。

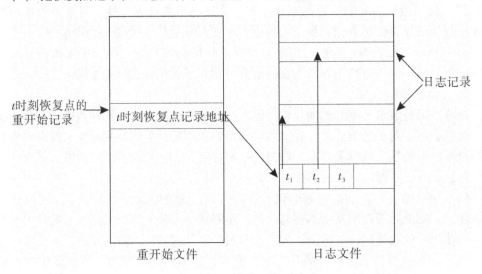

图 9-1　建立 t 时刻恢复点的日志文件和重开始文件的示意

恢复点是由数据库系统的恢复子系统定期或不定期建立的。如果定期建立恢复点的话，我们需要设定一个预定的时间间隔，如 1 小时，每隔一个预定的时间间隔恢复子系统就建立一个恢复点记录；如果不定期建立恢复点，一般是按照某种规则来建立恢复点，比如当日志文件已有 1/2 被写满，或者是其他规则。

具备恢复点的恢复技术可以很好地改善数据库恢复的效率。如果某一事务在一个恢复点之前已经提交并将数据提交到磁盘上的物理数据库，那么在发生故障进行数据库恢复时该事务就无需再重做。表 9-1 中展示了恢复子系统对不同状态的事务所采用的恢复策略。

表 9-1　恢复子系统对不同状态的事务采用不同的恢复策略

事务	事务开始时间	事务提交时间	恢复策略
t_1	在恢复点之前	在恢复点之前	不重做
t_2	在恢复点之前	在恢复点之后，故障点之前	重做
t_3	在恢复点之前	在故障点之后	撤销
t_4	在恢复点之后	在故障点之前	重做
t_5	在恢复点之后	在故障点之后	撤销

系统使用具备恢复点的恢复技术进行恢复的步骤如下：

（1）从重开始文件获取最近的一个恢复点记录在日志文件中的地址，根据该地址在日志文件中找到这个恢复点的记录；

（2）在这个恢复点的记录中获取该恢复点建立时正在执行的事务列表，并将这些事务暂时添加到撤销列表；

（3）从恢复点开始正向扫描日志文件，根据事务的状态来确定事务应该作何处理。若有新开始的事务 t_1，则将 t_1 暂时放入撤销队列；若有提交的事务 t_2，则将 t_2 从撤销队列移动到重做队列，直到整个日志结束。

（4）对撤销队列中的所有事务执行撤销操作，对重做队列中的所有事务执行重做操作。

9.4 数据库镜像

介质故障是数据库应用系统遭受的最严重的一种故障，一旦发生这类故障，所有数据库的用户都必须被中断，而且它的恢复需要数据库管理员的干预，恢复费时，如果不能够及时把数据库恢复到正确的状态，会造成非常大的损失。为了避免介质故障带给数据库的重大影响，目前大多的 DBMS 都提供了数据库镜像的功能来用于数据库的恢复。

数据库镜像（Mirror）指的是 DBMS 根据 DBA 的要求，自动把数据库的数据拷贝到另外的磁盘上（原数据库称为主数据库，副本数据库称为镜像数据库），当主数据库有数据库更新时，DBMS 自动把更新后的数据复制到镜像数据库，从而保证镜像数据库和主数据的一致性。一旦数据库发生了介质故障，就可以提供镜像数据库给用户暂时使用，而 DBMS 也会自动地使用镜像数据库很方便的对主数据库进行恢复。

但是由于镜像数据库是通过拷贝数据得到的，如果频繁地做数据库镜像，就会使系统的效率大大降低，所以通常情况下，我们只选择对数据库中的关键性数据和日志文件做镜像文件。

9.5 本章小结

本章介绍了事务以及事务的特性，数据库系统可能遭受的故障种类，恢复的实现技术以及针对不同类别故障所采用的恢复策略，并介绍了数据库恢复的基本原理。

习题 9

1. 事务具备哪些特性？
2. 数据库系统中常见的故障有哪几类？
3. 建立冗余数据最常用的技术是什么？
4. 数据转储是如何分类的？
5. 对于事务故障、系统故障和介质故障如何进行恢复？
6. 试述具有恢复点的恢复技术是如何进行数据库恢复的。

第 10 章 并发控制

数据库属于数据库系统中的共享资源,是可以被多个用户共同使用的。比如银行数据库系统、网上购物商城等都是多用户的数据库系统。在多用户数据库系统中,同一时刻并发执行多个事务。而当所用户在共同使用数据库时,会存在多个事务存取同一个数据的情况。如果不对并发事务进行控制和处理,就很可能会存取不正确的数据,会破坏数据库的一致性。所以所有的 DBMS 都提供了事务的并发机制,该机制也是衡量一个 DBMS 性能好坏的一个重要指标。

10.1 并发控制概述

事务是数据库运行的基本逻辑单位,也是并发控制的基本单位。如何来保证事务的四大特性是事务处理最重要的任务。而多用户多事务对数据库的并发是使事务的 ACID 特性遭到破坏的原因之一。数据库管理系统的并发机制就是为了保证事务的一致性和隔离性,而对事务的并发操作进行正确的调度。

事务并发带来的数据的不一致问题有三种:丢失修改、不可重复读和读脏数据。下面将通过实例分析这三种情况。

1. 丢失修改

丢失修改指的是甲乙两个事务读同一数据并对其修改,乙事务提交的结果破坏了甲事务的提交结果,从而导致甲事务的修改被丢失。

【例 10-1】假设 2015 年 1 月 1 日 T180 次火车硬座余票数 $A=16$,现有两位乘客分别从甲乙两个火车票售票点买一张和两张火车票,分别对应两个事务,即

事务　　　　　　　　　　事务完成的操作
甲事务　　读余票数 A,若 $A>0$ 售出车票,车次的余票数减一,即 $A=A-1$;
乙事务　　读余票数 A,若 $A>0$ 售出车票,车次的余票数减二,即 $A=A-2$。

表 10-1 给出了在正常情况下甲乙两事务的执行顺序和正确结果,很显然正确结果是 $A=13$。

表 10-1 两个事务正常执行的过程

执行顺序	事务	所做操作	数据库中的结果
1	甲事务	读出余票数 A	16
2	甲事务	售出车票 $A=A-1$,即 $A=15$	
3	甲事务	将结果写回数据库,并提交	15
4	乙事务	读出余票数 A	15
5	乙事务	售出车票 $A=A-2$,即 $A=13$	
6	乙事务	将结果写回数据库,并提交	13

如果按照表 10-2 中的执行次序，乙事务执行时，甲事务还未提交，在甲事务将结果写回后，乙事务马上写入了它所计算的值，此时最后数据库中的结果为 14，与表 10-1 中的结果不符。

表 10-2　两个事务发生丢失修改的执行过程

执行顺序	事务	所做操作	数据库中的结果
1	甲事务	读出余票数 A = 16	16
2	乙事务	读出余票数 A = 16	16
3	甲事务	售出车票 A = A - 1，即 A = 15	
4	乙事务	售出车票 A = A - 2，即 A = 14	
5	甲事务	将结果写回数据库，并提交	15
6	乙事务	将结果写回数据库，并提交	14

2. 不可重复读

不可重复读是指甲事务读取数据后，乙事务对其执行更新操作，当事务甲再次读该数据时，得到与前一次不同的值。

【例 10-2】假设 A = 100，B = 50，现有甲乙两个事务，甲事务求 A 和 B 的和，乙事务求 B 的 2 倍。按照如表 10-3 所示的甲乙两个事务的执行次序，就会发生不可重复读的现象。

表 10-3　两个事务发生不可重复读的执行过程

执行顺序	事务	所做操作	数据库中的结果
1	甲事务	读出 A = 100，B = 50	A = 100，B = 50
2	甲事务	求 A 与 B 的和，即 A + B = 150	
3	乙事务	读出 A = 100，B = 50	
4	乙事务	求 B 的两倍，即 B = B×2，即 B = 100	
5	乙事务	将结果写回数据库，并提交	A = 100，B = 100
6	甲事务	读出 A = 100，B = 100	
7	甲事务	求 A 与 B 的和，即 A + B = 200	

3. 读脏数据

读脏数据是在甲乙两个事务并发执行时，甲事务对数据库中的某个数据进行了修改并写回磁盘，乙事务从数据库读取该数据后，甲事务因某种原因被撤销，这时甲修改过的数据会恢复原值，乙读到的数据就和数据库中的数据不一致，乙读到的数据就为"脏数据"，即不正确的数据。

【例 10-3】假设 B = 50，甲事务求 B 的两倍，乙事务读取 B，如按照表 10-4 中所示的操作顺序，就会发生读脏数据的现象。

多用户数据库系统之所以会产生上面三类数据不一致，主要是因为多用户多事务的并发操作破坏了事务的隔离线。而数据库系统的并发控制就是要用正确的方式对并发事务进行调度，使得并发事务之间不会相互干扰，从而避免发生数据的不一致现象。

表 10-4 两个事务发生读脏数据的执行过程

执行顺序	事务	所做操作	数据库中的结果
1	甲事务	B = 50	B = 50
2	甲事务	求 B 的两倍，即 B = B×2，即 B = 100	
3	甲事务	写回数据库	B = 100
4	乙事务	读 B，B = 100	
5	甲事务	因某种原因回滚	B = 50

10.2 封锁

并发控制的主要技术有封锁、时间戳和乐观控制法，而大多的 DBMS 采用的都是封锁方法，因此本书主要介绍封锁。

10.2.1 封锁的概念

所谓封锁指的是当事务 T 在对数据库中的某个数据对象进行更新之前，首先向系统发出封锁请求，获得封锁许可的事务 T 就会对该数据对象进行加锁，加锁之后，其他事务是不能够再对此数据对象进行更新，直到事务 T 解锁。

封锁机制中锁有两种：排他锁（Exclusice Locks，简称 X 锁）和共享锁（Share Locks，简称 S 锁）。锁的类型决定了事务对加锁对象的控制力度。

排他锁：若事务 T 对某个数据对象加了排他锁，则系统只允许 T 对这个数据对象进行读取和更新，其他事务都不能对该对象加任何锁，直到 T 释放这个数据对象上的锁。

共享锁：若事务 T 对某个数据对象加了共享锁，则系统只运行 T 读取但不能更新该数据对象，而其他事务也只能对此数据对象加共享锁，而不能加排他锁，直到 T 释放共享锁。

使用封锁机制可以解决丢失修改、不可重复读和读脏数据等不一致性的问题。

1. 使用封锁机制解决丢失修改导致的数据不一致问题

在例 10-1 中，若要解决丢失修改的问题，需要对操作对象 A 加排他锁。具体的做法是：

（1）甲事务在读取 A 进行更新之前先对 A 加排他锁，当乙事务再请求对 A 加排他锁时就会被拒绝，需要等待甲事务释放对 A 加的排他锁；

（2）甲事务在对 A 进行更新，并将更新结果写回到数据库中提交事务之后才会释放 A 上的排他锁，这时乙事务就可以对 A 加排他锁，之后就读取 A 的值，而此时 A 的值为甲事务更新之后的值 15，按此结果进行运算，并将结果 13 写回到数据库。

这样就可以避免丢失甲事务对 A 所做的修改，请读者自行画出使用封锁机制解决丢失修改的示意图。

2. 使用封锁机制解决不可重复读导致的数据不一致问题

在例 10-2 中，若要解决不可重复读的问题，需要对操作对象 A 加共享锁。具体的做法是：

（1）甲乙两个事务在读取 A 和 B 之前，先对 A 和 B 加共享锁，来保证其他事务只能对 A 和 B 加共享锁，不能加排他锁，也就是说其他事务可以读取 A 和 B 的值，但是不能够对 A 和 B 进行更新。当乙事务为了更新 B 而请求对 B 加排他锁时就会被拒绝，需要等待甲事务释放 B 上的共享锁。

（2）甲事务为了验算计算结果，再次读取 A 和 B，这时读到的 A = 100，B = 50，求和结果还是 150，即可以重复读，这时甲事务才会提交事务，释放对 A 和 B 所加的共享锁。

（3）乙事务获得对 B 加排他锁的许可，对 B 加排他锁，读取 B = 50，求 B 的两倍，将结果写回数据库，提交事务，最后释放对 B 所加的排他锁。

这样就可以避免不可重复读的问题，请读者自行画出使用封锁机制解决不可重复读的示意图。

3. 使用封锁机制解决读脏数据导致的数据不一致问题

在例 10-3 中，用封锁机制解决读脏数据问题的具体做法是：

（1）甲事务在对 B 进行更新前，首先对 B 加排他锁，再计算它的 2 倍，结果为 100，修改 B 的值并写回磁盘；

（2）乙事务请求在 B 上加共享锁，因为此时 B 已经被甲事务加了排他锁，所以乙事务要等到甲事务释放这个排他锁；

（3）在甲事务因某种原因被撤销时，会进行回滚，B 恢复到原来的 50，甲事务释放 A 上的排他锁；

（4）乙事务获得在 B 上加共享锁的许可，对 B 加共享锁，读的 B = 50。

这样就可以避免乙事务读取脏数据的问题，请读者自行画出使用封锁机制解决丢失修改的示意图。

10.2.2 活锁

在操作系统中，我们曾经介绍过封锁可能会使并发的事务产生活锁或者死锁。

如果某个数据对象 A，被事务 T_1 封锁，而事务 T_2 也要求封锁 A，这时 T_2 事务需要等待。之后如果事务 T_3 也请求封锁 A，当 T_1 事务释放在 A 上的锁之后，系统首先批准事务 T_3 对 A 的封锁请求，事务 T_2 仍需等待。接着事务 T_4 请求封锁 A，而在事务 T_3 释放在 A 上的锁之后系统又优先批准了 T_4 对 A 的封锁请求……事务 T_2 可能会一直等待，这就是活锁。

对于活锁的处理非常简单，只需要使用 FCFS（先来先服务）的策略就可以了。当多个事务同时请求封锁同一数据对象时，系统按照事务请求封锁的先后次序对事务进行排队，一旦该数据对象上的锁被释放，就批准队列里的第一个事务获得上锁的许可。

10.2.3 死锁

如果事务 T_1 对数据对象 A 进行了封锁，事务 T_2 对数据对象 B 进行封锁，然后 T_1 又请求封锁 B，因为事务 T_2 已经封锁了 B，所以事务 T_1 要等待 T_2 释放 B 上的锁；接着事务 T_2 又申请封锁 A，因为事务 T_1 已经封锁了 A，所以事务 T_2 要等待事务 T_1 释放 A 上的锁。这样就出现了事务 T_1 和事务 T_2 相互等待，如无外因干扰，这两个事务就会一直等待下去，这就是封锁机制导致的死锁现象。

对死锁问题的解决有两类方法：一类是进行死锁预防；另一类是允许系统中出现死锁，当检测到系统发生死锁时，进行解除。

1. 死锁预防

在数据库系统中，由于两个或多个事务都已经封锁了一些数据对象，而又都请求其已被其他事务封锁的数据对象，从而导致了死等现象。死锁预防就是要把死锁产生的条件破坏掉。在操作系统中预防死锁的方法大概有两种：一次封锁法和顺序封锁法。

（1）一次封锁法。一次封锁法指的是所有的事务必须一次性地封锁其所用到的所有的数据对象，否则不能够继续执行。对于前面所提到的死锁的例子，如果事务 T_1 对它所用到的数据对象 A 和 B 一次性进行封锁，那么事务 T_1 就可以执行下去；事务 T_2 要继续执行需要封锁 A 和 B，必须等到事务 T_1 执行结束释放 A 和 B 上的锁之后，事务 T_2 才能够继续执行，这样就不会产生死锁了。

一次封锁法可以很有效地防止死锁的产生，但是它也存在一些问题。首先，因为数据库中的数据是不断变化的，系统很难事先精确预估到某事务所有要用到的数据库对象，这时就需要扩大封锁的范围，把所有可能会被封锁的对象全部封锁，从而降低了系统的并发度；其次，一次性对所有的数据进行封锁，扩大了封锁范围，同样也降低了系统的并发度。

（2）顺序封锁法。所谓顺序封锁法指的是预先对数据库中的数据对象规定一个封锁的顺序，所有的事务按照这个顺序对数据对象进行封锁。

顺序封锁法也可以很有效地预防死锁，但是仍然存在一些问题。首先，数据库系统中需要封锁的数据对象很多，而且数据对象不断地发生变化，很难维护这些资源的封锁顺序，维护的成本也很高；其次，事务对数据对象的封锁请求会随着事务的执行动态地发生变化，我们很难实现确定事务要封锁的对象，因此也就很难按照某个规定的顺序进行封锁。

由此可知，在操作系统中普遍采用的预防死锁的策略不适合数据库系统，DBMS 对死锁的解决通常采用的是定期诊断死锁，然后解除死锁的方法。

2. 死锁的诊断与解除

数据库系统采用和操作系统类似的诊断死锁的方法，典型的死锁诊断的方法有超时法和事务等待图法。

（1）超时法。超时法指的是由系统预先设定一个超时时限，如果某个事务的等待时间超过了这个超时时限,就认为发生了死锁。这种方法实现起来非常简单,关键是超时时限的选择。如果超时时限设定得太短,就可能会发生死锁误判;如果超时时限设定的太长,就可能不能够及时地发现死锁。

(2)等待图法。我们用一个有向图 G =(T,U)来表示事务等待图。其中,T 为系统中正在运行的事务的集合,U 为每个事务的等待情况,若 T_1 等待 T_2,则在 T_1 和 T_2 之间画一条由 T_1 指向 T_2 的有向边。如图 10 -1 所示。

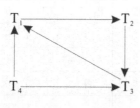

图 10 -1 事务等待

等待事务图可以反映出系统中所有事务的等待情况,并发控制子系统会定期生成事务等待图,如果检测到图中出现了回路,就说明系统中发生了死锁。在图 10 -1 中,事务 T_1 等待事务 T_2,事务 T_2 等待事务 T_3,事务 T_3 又等待事务 T_1,出现了死锁。

并发控制子系统一旦检测到系统中出现了死锁就会想办法进行解除。解除的方法就是从发生死锁的事务中选择一个处理代价最小的事务,将其撤销,将该事务封锁的所有数据对象进行释放,进而使得其他的事务可以继续执行。如果被撤销的事务对数据库数据的修改已经写回到数据库,这时还要对数据库进行恢复。

10.3 并发调度的可串行性

并发控制子系统对并发事务进行不同的调度会产生不同的执行结果,在这些调度中,串行调度得到的结果肯定是正确的。

10.3.1 可串行化调度

可串行化调度指的是调度执行结果与某一次串行执行结果相同的调度。一个调度是否正确,主要就是看该调度是否是可串行化调度。只有可串行化的调度才是正确调度。

【例 10 -4】假设有 T_1 和 T_2 两个事务,两个事务中包含的操作如下:

事务 T_1:读 A;B = A + 1;写回 B;

事务 T_2:读 B;A = B + 1;写回 A;

假设 A 的初值为 5,B 的初值为 2。表 10 -5 给出了这两个事务的四种不同的调度方式。其中前两种调度是两种不同的串行调度,虽然执行结果不同,但是都是正确的调度;在第三种调度方式中,事务 T_1 和事务 T_2 是交替进行的,因为它得到的执行结果和前两种的结果都不同,所以是错误的调度,即这是一种不可串行化的调度;第四种调度中,两种事务也是交替进行,只不过在调度过程中采用了封锁机制,由于它的执行结果和第一种串行调度的执行结果相同,所以这是一种可串行化的调度。

表10-5 对两个事务的不同调度

串行调度1	串行调度2	不可串行化调度	可串行化调度
读A=5（T1）	读B=2（T2）	读A=5（T1）	对A加S锁，读A=5，释放A上的S锁（T1）
B←A+1（T1）	A←B+1（T2）	读B=2（T2）	对B加排他锁（T1）
写回B=6（T1）	写回A=3（T2）	B←A+1（T1）	请求给B加共享锁（T2）
读B=6（T2）	读A=3（T1）	写回B=6（T1）	B←A+1（T1），等待（T2）
A←B+1（T2）	B←A+1（T1）	A←B+1（T2）	写回B=6（T1），等待（t2）
写回A=7（T2）	写回B=4（T1）	写回A=3（T2）	释放B上的排他锁（T1），等待（T2）
			读取B=6（T2）
			释放B上的共享锁（T2）
			对B加排他锁（T2）
			A←B+1（T2）
			写回A=7（T2）
结果：A=7，B=6	结果：A=3，B=4	结果A=3，B=6	结果：A=7，B=6

10.3.2 冲突可串行化调度

例10-4给出了一个事务并发调度中的一个可串行化调度，但是应该如何去判断一个调度是否为可串行化的调度？可串行化的调度应该具备何种性质呢？

这里将用到冲突操作概念，我们先对这个概念做一个简单介绍。

冲突操作指的是不同的事务对同一数据对象的读写操作和写写操作，这两类操作以外的其他操作都是不冲突的操作。

例如：

事务T_1读X：$R_1(X)$，事务T_2写X：$W_2(X)$；

事务T_1写X：$W_1(X)$，事务T_2写X：$W_2(X)$；

对于一个调度S，可以在保证冲突操作的次序不变的情况下，通过交换两事务中不冲突的操作而得到一个新的调度S1，如果S1是可串行化的，那么S就称为冲突可串行化的调度。冲突可串行化的调度一定是一个可串行化的调度。所以我们可以利用该方法来判断一个调度是否为冲突串行化调度。

【例10-5】现有一个调度$Sc_1 = R_1(A) W_1(A) R_2(A) W_2(A) R_1(B) W_1(B) R_2(B) W_2(B)$

在这个操作序列中$W_2(A)$与$R_1(B) W_1(B)$是不冲突的，交换这两个操作将得到：

$Sc_2 = R_1(A) W_1(A) R_2(A) R_1(B) W_1(B) W_2(A) R_2(B) W_2(B)$

在Sc_2中$R_2(A)$与$R_1(B) W_1(B)$也是不冲突的，交换这两个操作得到：

$Sc_3 = R_1(A) \ W_1(A) \ R_1(B) \ W_1(B) \ R_2(A) \ W_2(A) \ R_2(B) \ W_2(B)$

Sc_3 相当于串行调度执行 T_1 和 T_2，所以 Sc_1 是一个可串行化调度。

需要注意的是冲突可串行化调度仅仅是可串行化调度的充分条件，不是必要条件。也就是说冲突可串行化调度一定是串行化调度，但是串行化调度不一定是冲突可串行化调度，请看下面的例子。

【例 10–6】现有三个事务 $T_1 = W_1(Y) \ W_1(X)$，$T_2 = W_2(Y) \ W_2(X)$，$T_3 = W_3(X)$。

调度 $S_1 = W_1(Y) \ W_1(X) \ W_2(Y) \ W_2(X) \ W_3(X)$ 是一个串行调度；

调度 $S_2 = W_1(Y) \ W_2(Y) \ W_2(X) \ W_1(X) \ W_3(X)$，这个调度不满足冲突可串行化。但是由于调度 S_2 的执行结果与 S_1 的相同，所有它也是一个串行调度。

10.4 两段封锁协议

DBMS 大多使用封锁的方法来实现对多事务的并发控制，为了保证得到的调度是可以串行化的调度，普遍使用两段封锁协议就可实现可串行化调度，进而保证并发调度的正确性。

封锁协议是一组规则，规定了在运用封锁机制时何时申请封锁、封锁持续的时间和何时释放封锁。不同的约定规则形成了不同的封锁协议。在这些封锁协议中，最常用的就是两段封锁协议，它可以保证使用该协议进行的事务调度是可串行化的调度。

两段封锁协议是指所有事务对数据对象的加锁和解锁必须分两个阶段进行，具体含义如下：

（1）事务在对任何数据对象进行读、写操作之前需要申请并获得对该数据的封锁许可；

（2）在释放掉一个封锁后，事务不再申请和获得任何其他的封锁。

两段封锁协议中，事务分为扩张阶段和收缩阶段两个阶段。在扩张阶段，事务可以申请获得任何数据对象上的任何类型的锁，但不能够释放任何锁；在收缩阶段，事务可以释放任何数据对象上的任何类型的锁，但之后不能够再申请获得任何其他锁。

【例 10–7】现有两个封锁序列：

Slock A Slock B Xlock C Unlock B Unlock A Unlock C；

Slock A Unlock A Slock B Unlock B Xlock C Unlock C。

第一个封锁序列遵守了两段封锁协议，在扩张阶段进行封锁申请，收缩阶段进行封锁释放；第二个封锁序列中，封锁的申请和释放交替进行，不遵守两段封锁协议。

如果并发执行的所有事务均遵守两段封锁协议，那么对这些事务所做的任何调度策略都是可串行化的。

与冲突可串行化调度和串行化调度的充分条件一样，事务遵循两段封锁协议也只是可串行化调度的充分条件。也就是说如果所有的并发事务都遵守两段封锁协议，那么对这些事务的任何调度策略都是可串行化的；如果并发事务的一个调度是可串行化的，那么不一定所有的事务都符合两段封锁协议。比如说表 10–5 中对事务 T1 和事务 T2 所做的第四种调度，这个调度是可串行化的调度，但是这个调度并没有遵守两段封锁协议。

两段封锁协议与前面所提到的预防死锁的一次封锁法是不同的。一次封锁法要求事务必须一次性地把使用到的所有数据对象进行封锁，否则不能够执行。很明显，一次封锁法是遵守两段封锁协议的。但是两段封锁协议并没有要求一次性地封锁所有要使用的数据对象，所以使用两段封锁协议的事务也可能会导致死锁的发生，如表10-6所示的例子。

表10-6 使用两段封锁协议会发生死锁的例子

事务 T1	事务 T2
对 B 申请加共享锁	
读 B = 2	
	对 A 申请加共享锁
	读 A = 2
对 A 申请加排它锁	
等待	
	对 B 申请加排它锁
等待	等待
这个例子遵守两段封锁协议，但是 T1 和 T2 相互等待，产生了死锁。	

10.5 封锁的粒度

封锁的粒度指的是封锁对象的大小，可以封锁一个逻辑单元，也可以封锁一个物理单元。关系数据库中，逻辑单元有属性值、属性值的集合、元组、关系、索引项、整个索引直至整个数据库；物理单元有数据页和物理记录等。

封锁粒度的大小直接关系到数据库系统的并发性和进行并发控制所花的开销。封锁粒度越大，所能够封锁的单元就越少，系统并发性就越差，但是并发开销越小；封锁的粒度越小，所能封锁的单元就越多，系统并发性就越好，但是并发控制开销就越大。

例如，假设封锁的粒度为元组，若事务 T 要读取整个关系，T 就必须对关系中的每一个元组加锁，开销就会比较大。如果封锁的粒度为数据页，事务 T_1 要对元组 A 进行修改，就必须封锁元组 A 所做的整个页，如果之后事务 T_2 需要封锁该页中的元组 B，那么就只能等到事务 T_1 释放该页的封锁，才可以封锁这个页，并发度降低。如果封锁的粒度为元组，那么这两个事务就可以单独同时对 A 和 B 进行封锁，而不用再等待，提高了事务的并发度。

为了获得理想的并发度，通常情况下，在一个数据库系统中将采用同时支持多种封锁粒度的方法，针对不同的事务选用不同的封锁粒度。这种方法称为多粒度封锁。通常情况下，对于大量处理元组的事务，可选择关系为封锁粒度；对于处理多个关系大量元组的事务，可选择数据库为封锁粒度；对于处理少量元组的事务，选用元组为封锁粒度。封锁粒度的选择要综合考虑到系统的并发度和封锁开销，以求获得最优的效果。

10.5.1 多粒度封锁

多粒度封锁需要用到多粒度树和多粒度封锁协议,下面将针对这两个方面分别进行介绍。在多粒度树中,根结点表示最大的封锁粒度,一般情况下为整个数据库;叶结点表示最小的封锁粒度。图 10-2(a)和图 10-2(b)中分别给出了一个三级粒度树和一个四级粒度树。

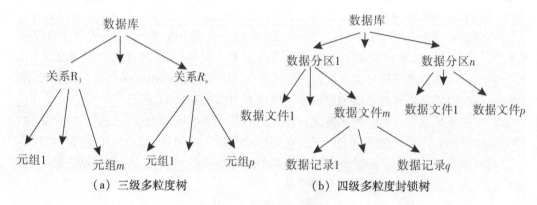

图 10-2 多粒度封锁树

在多粒度封锁协议中,可以独立地对多粒度树中的结点进行封锁,对某个结点加以封锁,意味着该结点的所有后代被加以同样类型的封锁。所以封锁有两种形式:显式封锁和隐式封锁。显式封锁指的是根据事务的要求直接加在数据对象上的一种封锁;而隐式封锁指的是事务并没有对该数据对象进行封锁,但是封锁了该对象的上级结点的一种封锁。

在多粒度封锁协议中,对某个数据对象进行封锁,系统需要进行冲突检查,具体步骤如下:

(1)检查该数据对象上有无显式封锁与本事务的显式封锁相冲突;

(2)检查该数据对象的所有上级结点,看是否有隐式封锁(这是由该数据对象的上级结点的封锁造成的封锁)与本事务的显式封锁相冲突;

(3)检查该数据对象的所有下级结点,看是否有显式封锁与本事务的隐式封锁(这是由对该数据对象的显式封锁造成的封锁)相冲突。

如果检查到有任何一个冲突存在,就不能够对这个数据对象进行封锁,需要等待。

从上面的步骤,我们可以知道,该种冲突检查的方式效率非常低,因此,引入了意向锁,来解决逐级检查带来的效率低下的问题。

10.5.2 意向锁

意向锁指的是如果对多粒度树的某个结点加了意向锁,那么就说明该结点的下层结点正在被加锁,在对某数据对象进行加锁时,必须先对它的上级结点加意向锁。比如对图 10-2(a)中的元组加锁时,就必须先给它的上层结点(关系和数据库结点)加意向锁。

常用的意向锁有三种：意向共享锁、意向排他锁和共享意向排他锁。

意向共享锁（Intent Share Lock，简称 IS 锁）：对一个数据对象加 IS 锁，表明该数据对象的下级结点意向加 S 锁。比如事务 T 要对关系 R 中的某元组加 S 锁，首先就要对关系和关系所在的数据库加 IS 锁。

意向排他锁（Intent Exclusive Lock，简称 IX 锁）：对一个数据对象加 IX 锁，表明该数据对象的下级结点意向加 X 锁。比如事务 T 要对关系 R 中的某元组加 X 锁，首先就要对关系和关系所在的数据库加 IX 锁。

共享意向排他锁（Share Intent Exclusive Lock，简称 SIX 锁）：对一个数据对象加 SIX 锁，表明先对该数据对象加 S 锁，然后再加 IX 锁。比如事务 T 要对关系 R 加 SIX 锁，则表示该事务要读取该关系的数据要先加 S 锁，在读取的过程中可能会对某些元组进行更新，也就是说要对元组加排他锁，所以要对该关系加 IX 锁。

在事务使用具有意向锁的多粒度封锁方法对某一个数据对象进行加锁时，要先对它的上层结点加意向锁，按照自上而下的次序申请封锁，按照自下而上的次序释放封锁。

具有意向锁的多粒度封锁方法可以提高数据库系统的并发度，减少封锁开销，因此被广泛应用于实际的数据库管理系统产品。

10.6 本章小结

本章在概述了并发控制的基础上，主要介绍了最常用的并发控制技术——封锁技术，包括封锁的概念、类型，以及并发调度中用到的封锁协议和封锁粒度，并以实例说明了并发调度的可能出现的各种情况。

习题 10

1. 事务并发带来的数据不一致有几类？如何来避免这些数据不一致的情况？
2. 什么是封锁？基本的封锁类型有几种？
3. 什么是活锁？活锁产生的原因是什么？如何解决活锁问题？
4. 什么是死锁？预防死锁发生的方法有哪些？
5. 什么样的并发调度是正确的调度？
6. 假设 A 的初始值为零，现有三个事务

$T_1：A = A + 2；$ 事务 $T_2：A = A * 2；$ 事务 $T_3：A = A^2$

若允许这三个事务并发事务，

（1）请问有多少种正确的执行结果？请给出执行次序。

（2）若这三个事务遵循两段封锁协议，请分别给出一个产生死锁的调度和一个不产生死锁的可串行化调度。

7. 什么是冲突可串行化调度？下面的调度是否是冲突可串行化调度？原因是什么？
$R_1（B）R_1（A）W_3（B）R_2（B）R_2（A）W_2（B）R_1（B）W_1（A）$

第 11 章　其他数据库技术概述

本章主要介绍面向对象模型、数据仓库、数据挖掘和分布式数据库等数据库技术。数据库技术与面向对象的程序设计语言相结合,产生了面向对象模型;数据库与分布式处理技术相结合产生了分布式数据库;为了同时满足操作型处理和分析型处理这两类数据处理的要求,产生了数据仓库技术;而数据挖掘则是数据库技术与人工智能技术、机器学习、统计分析等多种技术相结合产生的。

11.1 JDBC 编程

JDBC(Java Data Base Connectivity)是 Java 语言为了支持 T-SQL 功能而提供的与数据库相联的用户接口,JDBC 包含一组由 Java 语言编写的接口和类,它们独立于特定的 DBMS。通过 JDBC,程序开发人员可以方便地在 Java 语言中使用 T-SQL 语言,从而使 Java 语言编写的各种应用程序实现对分布在网络上的各种关系数据库的访问。

JDBC 主要实现三方面的功能:建立与数据库的连接、执行 SQL 声明以及处理 SQL 执行结果。JDBC 支持基本的 SQL 功能,使用它可以方便地与不同的关系型数据库建立连接,并进行相关操作,而无需再为不同的 DBMS 分别编写程序。

11.1.1 JDBC API

JDBC API 由两部分组成,一个是核心的 API,类包路径为 java.sql,它是 J2SE 的一部分,具有可滚动的结果集、批量更新的实现类;另一个是扩展的 API,类包路径为 javax.sql,它是 J2EE 的一部分,具有访问 JNDI 资源、分布式事务等实现类。常用的标准类如表 11-1 所示。

表 11-1　JDBC API

类名	说明
java.sql.DriverManager	用于完成驱动程序的装载和建立新的数据库连接
java.sql.Connection	表示对某一指定数据库的连接
java.sql.Statement	管理在一指定数据库连接上的 SQL 语句的执行
java.sql.ResultSet	一个 SQL 语句的执行结果
java.sql.PreparedStatement	继承了 Statement 接口,用于对预编译的 SQL 语句的执行
java.sql.CallableStatement	继承了 Statement 接口,用于对一个数据库存储过程的执行
java.sql.SQLException	处理数据库访问时的出错信息
java.sql.SQLWarning	处理数据库访问时的警告信息

续上表

类名	说明
java.sql.Time	用于表示时、分、秒
java.sql.Timestamp	扩展标准 java.util.date 类，用于表示 SQL 的时间戳，增加了一个以纳秒为单位的时间域
java.sql.Types	定义区分 SQL 类型的常量
java.sql.DatabaseMetaData	定义了 JDBC 元数据接口

1. 连接对象 Connection

通过连接对象 Connection 可以获取到 Statement 语句的对象，或者获取到 PreparedStatement 语句的对象，然后就可以对数据库进行查询和更新操作。查询时读取数据库的动作，更新操作主要包括对数据库的增删查改。

Connection 的常用方法包括下面 6 种。

（1）close（）：完成关闭连接。

（2）commit（）：完成提交。

（3）rollback（）：完成回滚。

（4）createStatement（）：返回 Statement 对象。

（5）PreparedStatement（String sql）：返回 PreparedStatement 对象，参数 sql 是执行的 SQL 语句。

（6）setAutoCommit（Boolean autoCommit）：参数 autoCommit 表示是否自动提交，该方法用于设置自动提交。

2. Statement 对象

执行数据库操作的过程，是通过连接对象 Connection 获取 Statement 对象，然后再通过 Statement 对象去执行相关读取或更新操作。Statement 对象有 PreparedStatement 和 CallableStatement 两种具体实现。其中 PreparedStatement 用来预编译 SQL 语句，是为了提高程序的执行效率；CallableStatement 继承了 PreparedStatement 接口，用于存储过程。

Statement 对象的创建是通过 Connection 对象的方法 createStatement（）完成的。例如，Statement 对象的创建过程如下：

```
String URL = "jdbc:sqlserver://localhost:1433;DatabaseName=数据库名"
String user = 用户名;
String psw = 密码;
Connection conn = DriverManager.getConnection(URL, user, psw);
Statement st = conn.createStatement();
```

创建 Statement 对象后，就可以对数据库进行查询和更新操作。Statement 的类路径为 java.sql.Statement，其常用方法为下列（1）～（5）所示。

（1）close（）：关闭 Statement。

（2）executeQuery（String sql）：参数 sql 表示查询 SQL 语句，该方法返回 ResultSet

对象。

（3）executeUpdate（String sql）：参数 sql 表示操作 SQL 语句，该方法返回更新的行数。

（4）execute（String sql）：参数 sql 表述操作 SQL 语句，该方法返回一个 boolean 值，表明是否返回了 ResultSet 对象。

（5）getResultSet（）：该方法获取 ResultSet 对象。

通常使用 Statement 的 3 个基本方法来执行 SQL 命令。

（1）executeQuery（）：主要用来执行查询命令，返回一个 ResultSet 对象。例如，对 Student 表执行的查询操作如下：

```
String sql = "select *from Student";
ResultSet rs = st.executeQuery(sql);
```

（2）executeUpdate（）：主要用来执行增加、删除及修改记录操作，返回一个 int 整型值，此整型值是被更新的行数。例如，对 Student 表执行的插入操作如下：

```
String sql = "INSERT INTO Student(sno,sname,ssex,sbirthday,deptno)
VALUES('201411001','niuniu','男','2009-12-01',1)";;
int num = st.executeUpdate(sql);
```

（3）execute（）：主要用来执行一般的 SQL 命令，包括增删查改以及数据定义，返回一个布尔值，该值代表是否返回一个查询结果集 ResultSet 对象。例如，查询 Student 表的所有数据：

```
String sql = "select *from Student";
Boolean value = st.execute();
```

3. PreparedStatement 对象

PreparedStatement 继承了 Statement 接口。所谓预编译，就是在语句对象创建时将 SQL 语句写入缓存中，只保留一些动态的参数输入。所以，在执行相同的数据库操作时不必总是去对 SQL 命令进行编译，只需要修改相应的参数即可，这样可提高效率。

PreparedStatement 对象是通过 Connection 对象的 PreparedStatement（）方法创建的，该方法中有一个参数，即需要输入所要执行的 SQL 语句。而且这条 SQL 语句可以保留一个或多个参数来作为动态的输入。如果是动态输入，需要在 SQL 的相应位置使用问号"?"来代替，且要根据参数的所需位置去调用不同类型的 set 方法传入动态值。

例如，根据学生的学号查询 Student：

```
String sql = "select *from Student where sno = ?";/*将用户学号 sno
进行动态输入 */
 PreparedStatement pstmt = conn.preparedStatement(); /*创建一个
PreparedStatement 对象 */
pstms.setString(1,"001"); //传入参数
ResultSet rs = pstmt.executeQuery(); //执行
```

如果需要查询出不同用户的信息，就要更改用户学号 sno，这样就不需要再重新编译一个 SQL 命令。

例如：

```
            String sql = "select *from Student where sno = ?";//将用户学号sno
```
进行动态输入
```
            PreparedStatement pstmt = conn.preparedStatement(); /*创建一个
PreparedStatement对象 */
            pstms.setString(1,"002"); //传入参数
```
以上代码中 setString 方法的第一个参数代表参数的序号位置，当有多个参数时，需要通过序号位置将参数分别嵌入；第二个参数是具体的参数值。可根据不同类型的参数采用不同的方法，例如 setInt 方法对 Int 型数据进行操作。

4. 结果集 ResultSet

结果集对象封装在 java. sql. ResultSet 接口中，其中每一条记录结果就代表着一行数据库数据，通常结果集对象的获得是通过一个 Statement 对象、PreparedStatement 对象及一些其他子接口对象的方法 executeQuery () 来实现。

Statement 对象的方法 execute () 执行一个 SQL 语句就可以获得一个结果集对象，但是这种方式并不是直接获取，而首先通过方法 execute () 来返回一个布尔类型的值，然后通过该值来判断是否返回一个结果集对象，如果返回值为 true，则通过方法 getResultSet () 获取一个 ResultSet 对象。如果需要同时返回多个结果集对象，可以通过 getMoreResults () 方法来返回多个结果集对象。

11.1.2 JDBC 编程步骤

使用 JDBC 可实现多种数据库的连接，由于 JDBC 提供了 Java 和各种数据库之间连接的程序接口，所以用户可以使用 SQL 语言编写对数据库操作访问的请求，通过这些程序接口完成数据库的访问和数据返回。

使用 JDBC 进行编程的具体步骤如下：

1. SQL Server 环境配置

（1）单击"开始"→"所有程序"→"Microsoft SQL Server 2010"→"配置工具"→"SQL Server Configuration Manager"，打开图 11-1 所示的 SQL Server 配置管理器，在途中选择 MSSQLSERVER 的协议，将 TCP/IP 启用。

（2）在图 11-1 中双击 TCP/IP 协议，打开图 11-2 所示的 TCP/IP 属性窗口，在 IP 地址选项卡中将 IPALL 中的 TCP 端口设置为 1433。

（3）设置完成后，重启 SQL Server 服务。

第 11 章　其他数据库技术概述

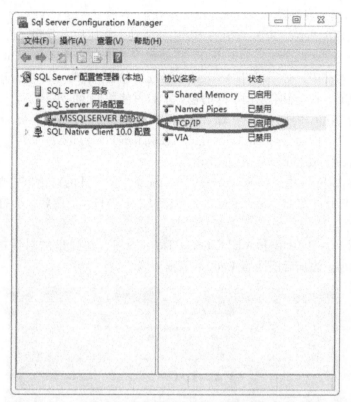

图 11 – 1　SQL Server 配置管理器

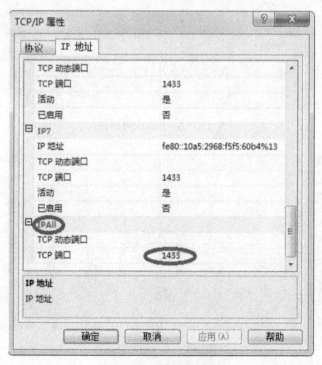

图 11 – 2　TCP/IP 属性

2. JDBC 的安装与配置

（1）下载 SQL Server 2010 对应的 JDBC 的驱动，解压后会看到子目录里面有 sqljdbc.jar 和 sqljdbc4.jar 两个包。由于 JDBC 驱动程序并未包含在 Java SDK 中。所以，如果要使用该驱动程序，必须将 CLASSPATH 设置为包含 sqljdbc.jar 或 sqljdbc4.jar 文件，根据不同的 SQL Server 版本使用不同的包，本教材使用 sqljdbc4.jar。

（2）设置 JDBC 的路径，在 CLASSPATH 属性中添加"C：/Program Files/Java/sqljdbc4.jar；."（例如：sqljdbc4.jar 在 C：/Program Files/Java 目录下）。

3. MyEclipse（或 Eclipse）配置 JDBC

（1）在 MyEclipse 中选择 window → preference，在打开的对话框中单击 java → installed JREs，打开如图 11-3 所示窗口，在窗口中双击打钩的内容，会打开图 11-4 所示窗口。

（2）在图 11-4 中单击 Add External JARs 按钮，在弹出的对话框中找到 sqljdbc4.jar，并添加。添加后返回 MyEclipse 编程环境。

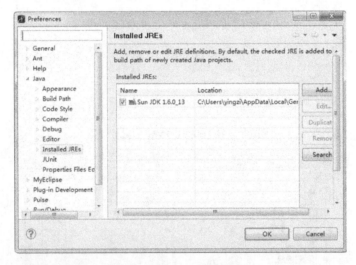

图 11-3　Installed JREs

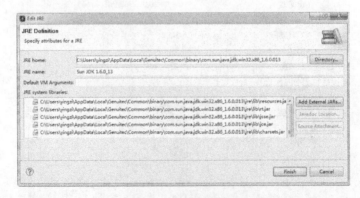

图 11-4　Edit JRE

（3）在 MyEclipse 中，选中创建的 JDBCDemo 项目右击鼠标，选择 Build Path → Configure Build Path。在打开的图 11-5 窗口中选择 Libraries → Add External JARs，然后根据 sqljdbc4.jar 的存放路径找到 sqljdbc4.jar 后，单击 OK 按钮即可将 sqljdbc4.jar 配置到 JDBCDemo 项目目录中。

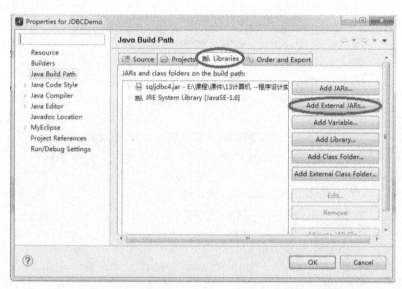

图 11-5　Properties for JDECDemo

4. 编写 Java 脚本实现和数据库的连接

例如，JDBCDemo 类实现了对考试系统中 Student 表的数据插入操作。

```
import java.sql.Connection;
import java.sql.DriverManager;
import java.sql.Statement;
public class JDBCDemo {
    public static void main(String[] args) {
        //(1)在 SQL Server 数据库创建表 student
        //(2)注册 JDBC 驱动程序
        try {
            Class.forName("com.microsoft.sqlserver.jdbc.SQL-ServerDriver");    //driver
            System.out.println("找到 SQL Server 数据库驱动程序");
        } catch(Exception e) {
            System.out.println("在类路径上找不到 SQL Server 驱动程序," + "请检查类路径上是否加载 SQL Server 的 jar 包!");
        }
        //(3)获取数据库连接
        Connection conn = null; //同时按下 CTRL + SHIFT + O
        try {
```

```
        //第一个参数:数据库连接字符串 url:协议名+子协议名+数据源
        //第二个参数:数据用户名
        //第三个参数:数据库用户密码
        conn = DriverManager.getConnection(
        "jdbc:sqlserver://localhost:1433;DatabaseName=db_exam","sa","123456");//(url,username,password)
        System.out.println("建立数据库连接成功");
        }catch(Exception e){
        e.printStackTrace();
        System.out.println("创建数据库连接失败!");
        }
        //(4)创建一个 SQL 语句执行(需要在 Java 执行 SQL 语句)
        Statement stmt = null;
        try{
        //通过 conn 对象创建 SQL 语句对象
        stmt = conn.createStatement();
        }catch(Exception e){
        e.printStackTrace();
        }
        //(5)执行 SQL 语句
        String sql = "INSERT INTO student(sno,sname,ssex,sbirthday,deptno) VALUES('201411001','niuniu','男','2009-12-01',1)";
    try{
        //执行 SQL 语句
        stmt.executeUpdate(sql);
        System.out.println("数据插入成功");
        }catch(Exception e){
        e.printStackTrace();
        System.out.println("插入失败");
        }
        //(6)关闭资源
        try{
        stmt.close();
        conn.close();
        }catch(Exception e){
        e.printStackTrace();
        }
        }
   }
```

11.2 面向对象数据模型

面向对象数据模型(Object Oriented Data Model,简称 OO 模型)是继关系数据模型之后最重要的一种数据模型,它是数据库技术与面向对象语言相结合的产物,是用面向对象的观点来描述现实世界实体(对象)的逻辑组织、对象间限制、联系等的模型。

支持OO模型的数据库系统为称为面向对象数据库系统(Object Oriented DataBase System,OODBS)。面向对象数据库系统是一个持久的、可共享的对象库的存储和管理者;而一个对象库是由一个OO模型所定义的对象集合体。面向对象数据库系统使用自然的方法,用抽象的机制在结构和行为上对现实世界的复杂对象进行建模,进而提高管理效率,降低用户使用的复杂性,并为版本管理、动态模式修改等功能的实现奠定了基础。

一系列面向对象核心概念构成了OO模型的基础,OO模型的核心概念有以下几个:

1. 对象(Object)

对象是由一组数据结构和在这组数据结构上的操作的程序代码封装起来的基本单位,现实世界中的任一实体都被统一模型化为一个对象。

每个对象都有一个唯一的标识,称为对象标识(Object Identifier,OID),它是独立于值的、系统全局唯一的。OID具有永久性,它从对象产生起,就由系统统一分配一个全局唯一的标识,直到对象被删除,用户不能够对OID进行修改。

一个对象由属性(Attribute)和方法(Method)两个部分组成。

属性描述了对象的状态、组成和特性,是对象固有的静态描述,所有的属性集合起来构成了对象数据的数据结构。对象的属性可以是一个单值或者是值的集合,也可以是对象,也就是说对象是可以嵌套的。

方法,也称为操作(Operation),描述了对象的行为特征,是对象的动态行为表示。方法的定义有两个部分,方法接口和方法实现。其中方法接口说明了方法的名称、参数和结果返回值的类型,即调用说明;方法的实现是用以实现方法功能的程序编码,即对象操作的算法。

2. 封装(Encapsulation)

每一个对象是其状态和行为的封装,其中状态是该对象一系列属性值的集合,而行为则是在对象状态上操作的集合。封装是对象的内部实现和外部世界之间实现清晰分离的一种抽象,外部和内部之间的通信必须通过消息才能够实现。

3. 类(Class)

共享同样属性和方法集的所有对象构成了一个对象类,简称类,一个对象是某一类的一个实例(Instance)。例如,职工是一个类,李军、王林、陈科、宋强等是职工类的对象。我们在第一章曾讲过了有关型和值的概念,在这里,类是"型",对象是某一个类的"值"。

类属性的定义域可以是任何类,既可以是基本类,如整数、字符串、布尔型,也可以是包含属性和方法的一般类,还可以是类自身。

表11-2给出了类与关系模式之间术语的对照。

表11-2 类与关系模式之间术语对照

关系模式	类
关系的属性	类的属性
关系的元组	对象
关系的一个元组	类的一个实例

4. 类的层次结构

在一个面向对象数据库模式中,有很多相似但又有所区别的类。如果把每一个类都分别定义,相似的类的定义会存在相同的部分,在数据存储时,相同的这个部分也要存进数据库,这就造成了数据冗余。为了解决这个问题,面向对象的数据模型提供了一种类层次结构。

例如,可以定义一个类"学生"。学生的属性和方法是研究生和本科生的公共属性和方法。研究生和本科生定义为学生的子类。研究生类只包含研究生的特殊属性和方法,同样本科生类也只包含学生的特殊属性和方法。学生类的层次结构图如图11-6所示。

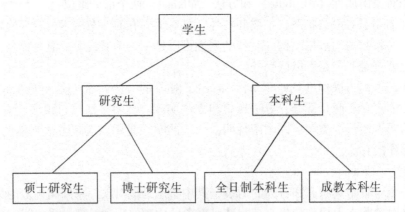

图11-6 学生类的层次结构

在图11-6所示的类层次结构中,学生类是研究生类和本科生类的超类(父类),研究生类和本科生类是学生类的子类,硕士研究生类和博士研究生类是研究生类的子类。硕士研究生类和博士研究生类在继承了研究生类和学生类的所有属性和方法的同时,还有它本身的属性和方法。因此,从逻辑方面上讲,他们具有研究生类和学生类还有其本身的所有属性和方法。同样,全日制本科生类和成教本科生类是本科生类的子类。

超类与子类之间的关系是抽象中的"is subset of"的语义。例如,图11-6中,硕士研究生是研究生的子集,研究生是学生的子集。因此超类是子类的抽象(Generalization)或概况,子类是超类的特殊化(Specialization)或具体化。

5. 继承(Inheritance)

在对象数据模型中,一个新的子类能从一个或多个已有类导出。根据一个类是否能够有多个类导出，继承分为两种：单继承和多重继承。单继承是指一个子类只能继承一个超类的特性，多重继承是指一个子类可以继承多个超类的特性。图 11-6 就是一个单继承的例子，如图 11-7 所示的类层次结构中，水陆两用汽车既是汽车又是船，继承了汽车和船的所有特征，所以这是个多重继承层次结构。

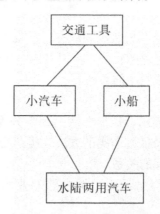

图 11-7　多重继承实例

通过继承，就避免了相似类之间的重复定义。子类除了继承超类的特性外，还要定义自己特有的属性和方法，子类的属性和方法有可能会和其超类发生不一致，当出现这种情况时，就要依据系统所定优先级来处理，但是一般情况下，当有冲突时，会子类优先。

11.2.1　UML 定义的类图

UML（Unified Modeling Language），即统一建模语言，是 OMG（Object Management Group）发表的面向对象的建模语言，它的主要作用是帮助用户对软件进行面向对象的描述和建模，是一种可视化的建模语言。

UML 由视图（view）、图（diagram）、模型元素（Model Element）和通用机制（General Mechanism）四个部分组成。视图是表达系统某一方面特征的 UML 建模元素的子集，由多个图构成，是某一个抽象层上对系统的抽象表示；图是模型元素集的图形表示，通常由弧（关系）和顶点（其他模型元素）相互连接构成；模型元素代表面向对象中的类、对象、消息和关系等概念，是构成图的最基本的元素；通用机制用于表示其他信息，比如注释、模型元素的语义等。

UML 定义了 8 种图：用例图（Use case diagrams）、类图（Class diagrams）、序列图（Sequence diagrams）、合作图（Collaboration diagrams）、状态图（Statechart diagrams）、活动图（Activity diagrams）、构件图（Component diagrams）和部署图（Deployment diagrams）。类图是最常用的 UML 图，显示出类、接口以及它们之间的静态结构和关系，常用来描述业务或软件系统的组成、结构和关系。

类是一组具有类似结构、行为和关系的对象的抽象表示。类的实例是对象，是静态的。在 UML 中，用类图（class diagram）来表示类及其之间的关系，可以用来描述信息之间的相互联系、数据及其处理的概要过程；而对象图则是用来具体表现对象及对象之间的相互关系。类图的主要构成部分有类、属性、方法、一般/特殊结构、整体/部分结构、实例连接和消息连接。

可以用类图来描述数据库，其中数据库中的表、主码、外码、视图和域可以用类来描述；数据表中的索引、约束和派生用方法描述；实体集之间的聚集、组合等关系用关联、聚集、组合来表现。

UML 有两套建模机制：静态建模机制和动态建模机制。静态建模机制包括用例图、类图、对象图、包、组件图和配置图；动态建模机制包括状态图、时序图、协作图和活动图。本节主要介绍静态建模机制中的类图。

1. 类图的组成

在类图中，类由矩形框来表示，矩形框从上到下分为三个部分，分别说明类的名称、类的属性（描述类的结构特征）与类的方法（类的行为操作处理），类与类之间的特殊符号用来表示它们彼此之间的关系。

类的名称是类的标识，应尽量采用领域内的专业术语，并且要易于让人领会其意义。

类的属性常常用来描述类的数据结构，在类图中是用文字串来说明的，其格式为：

[可见性]属性名[:类型]['['多重性[次序]']'][=初始值]{特性}

其中中括号表示可选，对于具体的类，可以有，也可以没有。

例如：address：string [0..1]

其中，address 是属性名，string 是数据类型，[0..1] 表示多重性，表示 address 可以有一个值，也可以为空。

又如：+序号：inter=1，"+"表示可见；"序号"是属性名；"inter"为数据类型；初始值为1。

在 rational rose 中，操作中可见性，使用"+"、"#"、"-"分别表示 public、proctected 和 private。

类的属性的个数是不做限制的，一般情况下，是根据需求分析来确定类中属性的个数。

一个类可以表示很多对象，这些对象之间的不同主要体现在类的属性之间的不同上。

类图描述的是一种静态关系，有效期为系统整个生命周期，可以用来对数据库进行建模、表示数据及其结构。

2. 对象图的组成

对象图是用来进一步说明同一类的不同的对象以及在类图中无法表示的类之间所存在的不确定的约束。此外，在查看具体类实例间的交互关系时，还可以定义具体的场景。

对象图是类图的具体表现形式，描述了类的实例样本，并且可以显示键值和关系。可以通过了解某个类的若干实例来理解类的用途及其使用。

对象图中的标识和类图中的标识完全相同，它显示了类的多个实例，用对象名——类名（加下划线）标识对象名，如果没有对象名则表示是匿名对象。对象图是动态的，是有一定生命周期的，只在某个时间内有效，主要用在交互式图中。但是 Rational Rose 2007 没有提供对象图的设计工具，用协作图来代替对象图。

11.2.2 利用 ROSE 建模操作

支持 UML 的 CASE 工具有 Rational Rose、Microsoft Office Visio、Microsoft Visual Modeler 和 Borland Together 等，本节主要介绍使用 Rational Rose 进行对象模型的建模操作。

Rational Rose 建模的步骤如下：

1. 确定系统中的实体类，绘制实体类

在 UML 中，类按照构造类型可以分为实体类、边界类和控制类三种。而在数据库设计中主要考虑实体类。实体类的确定可以通过实体分析法来处理。利用实体分析法可以分析系统所涉及的现实存在的事务、概念和事件，进而研究它们的属性，用实体类来描述这些事务。

实体类中保存的是需要存进持久存储体中的各种信息。持久存储体指的是数据库或者文件等可以永久存储数据的介质。通常情况下，一个实体类对应数据库系统中的一张表，实体类中的属性对应数据表中的字段。

2. 分析实体类的含义和职责，确定实体类的属性和操作，添加实体类的属性和操作

属性包括属性的名称、可见性、数据类型、关键字、初始值等。对于用来表示数据流的类重点强调类的存储数据的结构，在分析的基础上绘制类图。

3. 确定实体类之间的联系，绘制实体类间的联系

相对于实体类及其属性，实体间的关系则比较复杂，它包含有关联、聚合、组合、泛化、依赖等。在数据库的设计中主要考虑实体类之间的关联。

关联是模型元素之间的一种语义联系，表示类与类之间的连接。通过关联，一个类的可见属性和方法，可以被另外一个类使用。关联可以是单向的，也可以是双向的。在 UML 图中，关联可以用无箭头的实线或者单向的箭头线表示。而实体之间的联系，是通过关联类来描述的。关联类通过一条虚线与实体间的关联相连接。

图 11-8 是学生选课管理系统数据库面向对象的数据模型示意图。

在该图中可以很清晰地了解到，数据库中各种类的属性、主码、字符类型以及实体类之间的联系种类，其中 1：* 表示的是一对多，*：* 表示的是多对多。

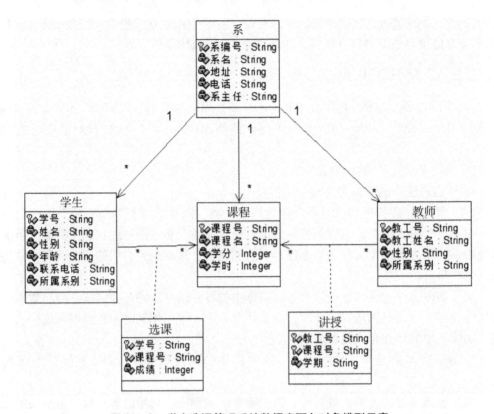

图 11-8　学生选课管理系统数据库面向对象模型示意

11.3　数据仓库

数据仓库（Data Warehouse，DW）是为了同时满足数据的操作性处理和分析型处理这两类要求，为了构建新的数据分析处理环境而出现的一种数据存储和组织技术。数据仓库就是为了方便企业进行信息查询、报表产生和数据分析等，将企业内的所有数据集成到一起进行存储和组织的技术。它可以从不同的数据源中得到数据、组织数据，使得数据有效地支持企业决策，是一种决策支持环境。数据仓库系统中典型的就是企业决策支持系统。

11.3.1　数据仓库的概念

数据仓库概念的创始人因曼在其 *Building the Datahouse* 中给出的数据仓库的定义为：数据仓库是一个面向主题的（Subject Oriented）、集成的（Intergrated）、非易失的（Non - Volatile）、时变的（Time Variant）的数据集合，用于支持管理决策（Decision Making Support）。

数据仓库与数据库在本质上是相同，它也是长期储存在计算机内的、有组织的、可以共享的数据集合。虽然两者只有一字之差，但是却是两个不一样的概念。数据仓库区别于数据库就在于它的四大特征：面向主题、集成、不可更新和时变。

1. 数据仓库中的数据是面向主题的

数据仓库中的数据是面向主题进行组织的。主题是企业中某一宏观分析领域所涉及的分析对象，是在较高层次上对企业信息系统中的数据进行综合、归类和分析利用的抽象。数据仓库所关注的是决策者的数据建模和分析，并不针对数据的日常操作和事务处理。因此数据仓库是面向企业的分析决策人员的主观要求的，而不同的用户在不同时候的主观要求可能是不同的，这就决定了数据仓库中的主题也是会随决策者的主观要求变化而发生改变。

2. 数据仓库中的数据是集成的

数据仓库的数据来自于不同数据源的面向应用的数据。这些不同的数据源可以是各种类型的数据库或者是文件系统等，数据仓库在这些数据源中抽取出符合某一主题的数据，需要首先消除所提取的原始数据之间的所有矛盾之处，然后再做原始数据从面向应用到面向主题的转变，经过数据的综合、分析处理后才能够存储到数据仓库中。

3. 数据仓库中的数据是非易失的

数据仓库中的数据是供决策分析使用的，所涉及的数据操作只有数据初始化载入和数据查询，是不能够进行实时修改数据的。数据仓库中的数据是企业（或者组织）很长一段时间内不同时刻点的历史数据以及对这些数据进行统计、分析和重组后的数据，数据一旦存放在数据仓库中就不能够再进行更新操作了。

4. 数据仓库中的数据是时变的

存放在数据仓库中的数据是不能够进行更新的，但是数据仓库中的数据集合会随着时间的变化而不断变化，这种变化体现在三个方面：增加新数据、删除旧数据和更新综合统计数据。增加新数据是指数据仓库系统会不断地捕捉联机事物处理数据库中的新数据，将其补充到数据仓库中；删除旧数据是指当数据仓库中的数据超过其存储期限，就要被删除；而更新综合统计数据是指综合统计数据必须按照某一时间段进行重新分析处理，以保证其时效性。

11.3.2 数据仓库和数据集市

企业或者组织在规划数据仓库项目的时候，往往会遇到很多数据仓库供应商向企业灌输许多概念，其中最常见、最容易混淆的就是数据仓库和数据集市。

数据集市是一种小型的部门或工作组级别的数据仓库，目前有两种类型的数据集市：独立型数据集市和从属型数据集市。独立型数据集市是从操作型环境获取数据，从属型数据集市是从企业级数据仓库获取数据。从长远的角度看，从属型数据集市在体系结构上比独立型数据集市更稳定。从属型数据集市和独立型数据集市的结构分别如图 11-9 和图 11-10 所示。

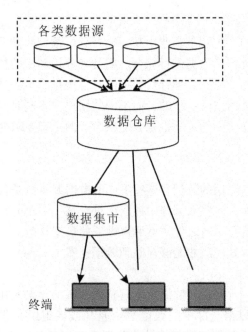

图 11-9　独立型数据集市　　　　　图 11-10　从属型数据集市

独立型数据集市的存在给人造成一种错觉，似乎可以先独立构建数据集市，当数据集市达到一定的规模可以直接转换为数据仓库。这是一种错误的观点，因为企业级数据仓库的销售周期长。多个独立的数据集市的累积是不能够形成一个企业级的数据仓库的，这是由数据仓库和数据集市本身的特点决定的。如果脱离集中式的数据仓库，独立地建立多个数据集市，企业只会增加一些信息孤岛，仍然不能以整个企业的视图分析数据，数据集市为各个部门或工作组所用，各个集市之间又会存在不一致性。

数据仓库规模大、周期长，一些小的企业用户难以承担。因此，作为快速解决企业当前存在的实际问题的一种有效方法，独立型数据集市就成为首选。独立型数据集市是为满足特定用户（一般是部门级别的）的需求而建立的一种分析型环境，它能够快速解决某些具体的问题，而且投资规模比数据仓库小很多。但是从长远观点看，独立型数据集市必然要为一个企业级的数据仓库所取代。

数据仓库与数据集市之间的区别如表 11-3 所示。

表 11-3　数据仓库与数据集市之间的区别

对象	数据仓库	数据集市
数据来源	遗留系统、OLTP 系统、外部数据	数据仓库
范围	企业级	部门级或工作组级
主题	企业主题	部门或特殊的分析主题
数据粒度	最细的粒度	较粗的力度
数据结构	规范化结构（第 3 范式）	星型模式、雪片模式或两者混合

续上表

对象	数据仓库	数据集市
历史数据	大量的历史数据	适度的历史数据
优化	处理海量数据 数据探索	便于访问和分析 快速查询
索引	高度索引	高度索引

11.3.3 数据仓库系统的体系结构

一个典型的数据仓库系统通常包含数据源、数据存储和管理、OLAP（On-Line Analytical Processing，联机分析处理）服务器以及前端工具与应用四个部分。其系统结构图如图11-11所示。

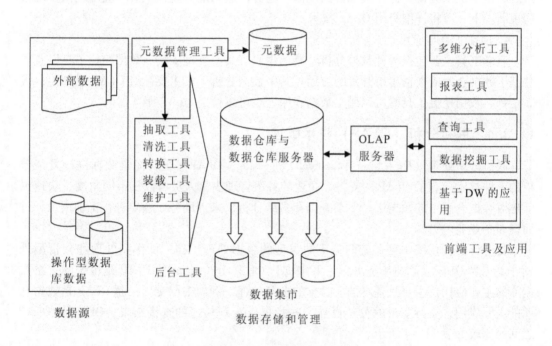

图 11-11 数据仓库的系统结构

1. 数据源

数据源是数据仓库系统的基础，即系统的数据来源，通常包含企业（或组织）的各种内部信息和外部信息。内部信息，例如存在于操作型数据库中的各种业务数据和办公自动化系统中包含的各类文档数据；外部数据，例如各类法律法规、市场信息、竞争对手的信息以及各类外部统计数据及其他有关文档等。

2. 数据的存储与管理

数据的存储和管理是整个数据仓库系统的核心。在现有各业务系统的基础上，对数据进行抽取、清理并有效集成，按照主题进行重新组织，最终确定数据仓库的物理存储结构，同时组织存储数据仓库的元数据（包括数据仓库的数据字典、记录系统定义、数据转换规则、数据加载频率以及业务规则等信息）。

数据的存储和管理主要是通过数据仓库的后台工具和数据仓库服务器来完成的。其中数据仓库的后台工具主要包括数据抽取、清洗、转换、装载和维护工具；而数据仓库服务器则相当于数据库系统中的 DBMS，它负责管理数据仓库中数据的存储管理和数据存取，并给 OLAP 服务器和前台工具提供存取接口（如 SQL 查询接口）。

按照数据的覆盖范围和存储规模，数据仓库可以分为企业级数据仓库和部门级数据仓库。对数据仓库系统的管理也就是对其相应数据库系统的管理，通常包括数据的安全、归档、备份、维护和恢复工作。

3. OLAP 服务器

OLAP 服务器对需要分析的数据按照多维数据模型进行重组，以支持用户随时从多角度、多层次来分析数据，发现数据规律与趋势，透明地为前台工具和应用提供多维数据视图。下一节将详细介绍 OLAP 技术。

4. 前端工具与应用

前端工具主要包括各种数据分析工具、报表工具、查询工具、数据挖掘工具以及各种基于数据仓库或数据集市开发的应用。其中数据分析工具主要针对 OLAP 服务器；报表工具、数据挖掘工具既可以用于数据仓库，也可以针对 OLAP 服务器。

11.3.4 联机分析（OLAP）技术概述

联机分析处理（On-Line Analytical Processing，OLAP）是对海量数据进行复杂分析的一种技术。有了 OLAP 的支持，企业的各级管理决策人员可以从不同角度、快速灵活地对数据仓库中的数据进行复杂查询和多维分析，来辅助各级领导进行正确决策，进而提高企业竞争力。

目前计算机系统中存在着两类不同类型的数据处理工作：操作型处理和分析型处理，也称为 OLTP（联机事务处理）和 OLAP（联机分析处理）。OLTP 是传统的关系数据库的主要应用，主要是基本的、日常的事务处理，例如银行交易；而 OLAP 是数据仓库的主要应用，支持复杂的分析操作，并且提供直观易懂的查询结果。OLTP 与 OLAP 之间的比较如表 11-4 所示。

表 11-4 OLTP 与 OLAP 之间的比较

比较 OLTP/OLAP	OLTP	OLAP
用户	操作人员，低层管理人员	决策人员，高级管理人员
功能	日常操作处理	分析决策
DB 设计	面向应用	面向主题
数据	当前的、最新的、细节的、二维的、分立的	历史的、聚集的、多维的、集成的、统一的

续上表

比较 OLTP/OLAP	OLTP	OLAP
存取	读写数十条记录	读写上百万条记录
工作单位	简单的事务	复杂的查询
DB 大小	100MB – GB	100GB – TB

联机分析处理技术是基于多维数据模型，对数据进行多维分析的一种技术，它展现在用户面前的是一幅幅多维视图。

多维数据模型是数据分析时用户的数据视图，是面向分析的数据模型，用于给分析人员提供多种观察的视角和面向分析的操作。维（Dimension），是人们观察数据的特定角度，是考虑问题的一类属性，属性集合构成一个维（时间维、地理维等）。

多维数据模型的数据结构可以用一个多维数组来表示：（维1，维2，…，维n，度量值）。例如图11-12所示的按照产品种类、时间和地区，加上变量销售额组成的一个三维数组（地区，时间，产品）。一般地，多维数组用多维立方体 CUBE（也称为超立方体）来表示。

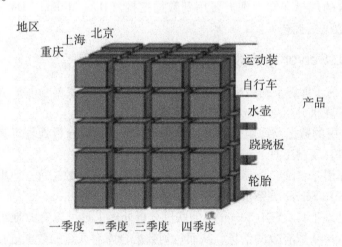

图 11-12 按产品种类、时间、地区组织的销售数据

OLAP 基本的多维分析操作有钻取（Drill – up 和 Drill – down）、切片（slice）、切块（dice）以及旋转（pivot）等。钻取是改变维的层次，变换分析的粒度。它包括向下钻取（Drill – down）和向上钻取（Drill – up）/上卷（Roll – up）。Drill – up 是在某一维上将低层次的细节数据概括到高层次的汇总数据，或者减少维数；而 Drill – down 则相反，它从汇总数据深入到细节数据观察或增加新维。切片和切块，是在某一部分维上选定值后，关心度量数据在剩余维上的分布。如果剩余的维只有两个，则是切片；如果有三个或以上，则是切块。旋转，是改变维的方向，即在表格中重新安排维的位置（例如行列互换）。这些操作可以使用户能够从多个角度多个方面剖析观察数据，进而挖掘出包含在数据中的信息和内涵。

OLAP 服务器透明地为用户和分析软件提供多维的数据视图，实现对多维数据的存储、索引、查询和优化等。按照多维数据模型的不同实现方式，OLAP 服务器有 MOLAP 结构、ROLAP 结构、HOLAP 结构等类型。

MOLAP（Multidimensional OLAP）将 OLAP 分析所用到的多维数据物理存储为多维数组的形式，形成"立方体"的结构。维的属性值被映射为多维数组的下标值或下标的范围，而总结数据作为多维数组的值存储在数组的单元中。人们通常把采用多维立方体来组织数据的数据结构称为多维数据库（Multi-demission DataBase，简称为 MDDB）。Arbor 公司的 Essbase 就是一个典型的 MOLAP 服务器。

ROLAP（Relational OLAP）结构的 OLAP 服务器用 RDBMS 或扩展的 RDBMS 来管理多维数据，用关系的表来组织和存储多维数据，并且将多维立方体上的操作映射为标准的关系操作。在 ROLAP 中，多维数据结构划分成两类：事实表和维表，其中事实表用来描述和存储多维立方体的度量值及各个维的码值，而维表用来描述维的信息，这两类表在 ROLAP 中都用关系数据库中的二维表来表示。

HOLAP（Hybrid OLAP）是 MOLAP 和 ROLAP 结构的混合结构。

OLAP 软件只提供多维分析以辅助企业进行决策，对于更深层次的数据分析以及发现数据中所隐含的规律和知识则需要用到数据挖掘（Data Mining，DM）技术来完成。11.4 节将介绍数据挖掘技术。

11.3.5 SQL Server 中的数据仓库组件

SQL Server 为了能够支持数据仓库技术，提供了应用于数据仓库的管理和开发的组件，进而扩展了联机分析处理、数据挖掘等技术。

SQL Server 中的数据仓库组件有关系数据库引擎、联机分析处理工具、数据转换服务、元数据服务、复制工具、英语查询等。

关系数据库引擎：SQL Server 中数据仓库的基础是关系数据库，SQL Server 数据仓库的核心就是 SQL Server 关系数据库引擎。

联机分析处理工具：SQL Server 中的联机分析处理工具可以有效地组织数据仓库中的大量数据并从中获取有效的信息，从而达到数据仓库对大量的数据进行分析并辅助决策的目的。

数据转换服务：数据仓库的大量数据来自不同数据源，这些数据源可以是文本文件，也可以是电子邮件，或者是其他数据库系统，因此将不同结构的数据源整合到一个数据仓库就尤为重要。而 SQL Server 中的数据转换服务能够很好的解决不同数据源的数据转移问题。

元数据服务：元数据是数据库仓库的基本数据。SQL Server 将大量的元数据存放在系统数据库 msdb 中，而 SQL Server 中的元数据服务则提供了浏览这些元数据的有效支持，并且允许开发人员在应用程序中使用这些元数据。

复制工具：SQL Server 中的复制工具能够并发数据并协调不同的数据库之间的更新操作，尤其是复制工具可以有效地把中央数据仓库中的数据分发到数据集市中。

英语查询：SQL Server 中的英语查询用于开发基于英语的查询应用，通过它提供的语言分析引擎，程序员可以开发出高性能的采用英语来查询数据库的应用程序，从而提供给决策支持制定人员使用。

11.4 数据挖掘

20世纪末以来，全球信息量激增，众多企业的各种信息化数据系统收集存储了大量的数据信息，而激增的数据背后隐藏了许多重要的信息，人们希望能够对其进行更高层次的分析，以便更好地利用这些数据。而目前的数据库系统虽然可以高效实现数据录入、查询和统计等操作，但却无法发现数据中所存在的关系和规则，无法根据数据库中的现有数据来预测未来的发展，从而导致了"数据爆炸但知识贫乏"的现象。为了充分利用现有的信息资源，从海量的数据中找到深层次隐含的规律，数据挖掘技术应运而生并得到迅速发展。

11.4.1 数据挖掘技术概述

数据挖掘是近年来出现的客户关系管理（Customer Relationship Management，CRM）、商业智能（Business Intelligence，BI）等热点领域的核心技术之一。数据挖掘的技术支持基础如下：

（1）超大规模数据库的出现：海量数据搜集。
（2）先进的计算机技术：强大的多处理计算机。
（3）经营管理的实际需要：企业经营管理者希望能够从企业积累的大量历史数据中找到应对日趋严重的竞争压力的良方，希望能够从这些数据中找到经营管理中发生问题的根本原因。
（4）对数据挖掘的精深计算能力：主要基于统计学、集合论、信息论、人工智能等各学科。

数据挖掘是一个新的研究领域，以人工智能作为基础，结合了数据库、统计学和进化计算等理论和算法。数据挖掘研究的对象是大量隐藏在数据内部的有价值的信息，如何获取有价值、感兴趣的信息是我们所要解决的主要问题。机器学习、数理统计等方法是数据挖掘进行知识学习的重要方法。数据挖掘算法的好坏将直接影响到所发现知识的好坏。统计方法应用于数据挖掘主要是进行数据评估；机器学习是人工智能的另一个分支，通过学习训练数据集，发现模型的参数，并找出数据中隐含的规则。其中决策树方法、关联规则、神经网络和遗传算法在数据挖掘中应用很广泛。

11.4.2 数据挖掘的定义

可以从技术角度和商业角度两个角度对数据挖掘的进行定义。

1. 技术角度的定义

数据挖掘（Data Mining）是从大量的、不完全的、有噪声的、模糊的、随机的实际应用数据中，提取隐含在其中的、人们事先不知道的，但又潜在有用的信息和知识的过程。

从这个定义中可以知道：数据挖掘的数据源必须是真实的、海量的、含噪声的；数据挖掘发现的是用户感兴趣的知识;数据挖掘发现的知识是可接受、可理解、可运用的;并不要求发现放之四海皆准的知识,仅支持特定的发现问题。

2. 商业角度的定义

数据挖掘是一种新的商业信息处理技术,其主要特点是对商业数据库中的大量业务数据进行抽取、转换、分析和其他模型化处理,从中提取辅助商业决策的关键性信息。

综上所述,数据挖掘其实就是一类深层次的数据分析方法。因此我们可以把数据挖掘描述为:按照企业既定业务目标,对大量的企业数据进行探索和分析,揭示隐藏的、未知的或验证已知的规律性,并进一步将其模型化的有效方法。

11.4.3 数据挖掘的过程模型和常用技术

数据挖掘实施前,需要确定其过程模型,即确定实施的步骤,每个步骤所做的事情以及要达到的目的。很多软件供应商和数据挖掘顾问公司都为其用户提供了一些过程模型,来指导用户的数据挖掘实施工作,例如 SPSS 的 5A 和 SAS 的 SEMMA。另外,为了建立跨行业数据挖掘过程标准,某些软件供应商和用户组织还成立了行业协会。

基本的数据挖掘技术步骤包括定义商业问题、建立数据挖掘模型、分析数据、准备数据、建立模型、评价模型和实施。

数据挖掘中常用的技术有人工神经网络、决策树、近邻算法、遗传算法、规则推导等。

人工神经网络(Artificial Neural Networks,简写为 ANNs),也简称为神经网络(NNs)或称作连接模型(Connection Model),它是一种模仿动物神经网络行为特征,进行分布式并行信息处理的算法数学模型。这种网络依靠系统的复杂程度,通过调整内部大量节点之间相互连接的关系,从而达到处理信息的目的。

决策树(Decision Tree),是在已知各种情况发生概率的基础上,通过构成决策树来求取净现值的期望值大于等于零的概率,评价项目风险,判断其可行性的决策分析方法,是直观运用概率分析的一种图解法。由于这种决策分支画成图形很像一棵树的枝干,故称决策树。在机器学习中,决策树是一个预测模型,他代表的是对象属性与对象值之间的一种映射关系。

近邻算法,是将数据集合中的记录进行分类的方法。常用的近邻算法是 K 近邻算法。

遗传算法(Genetic Algorithm),是模拟达尔文生物进化论的自然选择和遗传学机理的生物进化过程的计算模型,是一种通过模拟自然进化过程搜索最优解的方法。

规则推导,是从统计意义上对数据中的"如果……那么……"规则进行寻找和推导。

虽然采用上述技术的专门的数据分析工具已经发展了十余年,但是它所能处理的数据量较小,不能够满足目前大数据的要求。目前上述技术已经被继承到大型的满足工业标准的数据仓库和联机分析处理中。

11.4.4 目前数据挖掘的主要应用

目前数据挖掘主要应用在网站的数据挖掘（web site data mining）、生物信息或基因（bioinformatics／genomics）的数据挖掘及其文本的数据挖掘（textual mining）三个方面。

1. 网站的数据挖掘

随着计算机网络 web 技术的发展，各类电子商务网站大量涌现，建立起一个电子商务网站并不困难，难点是如何让该电子商务网站有效益。电子商务网站如果想有效益，就必须能够在网站的内容和层次、用词、标题、服务等方面吸引访问网站的客户，增加能带来效益的客户对该网站的忠诚度。电子商务的发展大大改变了人们的消费方式，以前需要去商场超市买东西，而现在只需要在家里动动鼠标就可以购买到自己所需要的商品。与传统的业务竞争相比，电子商务的竞争更加激烈。电商网站每天都会生成大量的在线交易的记录文件与登记信息，如何通过这些文件和信息，分析并充分了解客户的喜好、购买模式等，进而设计出满足不同客户群体的个性化网站，增加网站的竞争力，是一件必须要做的事情。

对电商网站的数据挖掘可以充分地了解客户的背景信息和相关信息，进而根据客户的不同，提供不同的设计，进而增加网站的竞争力。

2. 生物信息或基因的数据挖掘

生物信息或基因的数据挖掘就是利用数据挖掘技术，研究生物上如基因的组合变化，进而了解得某种病的人的基因与正常人的基因之间的异同点，试图治疗该种病。对于生物信息或基因的数据挖掘，比正常的数据挖掘更复杂，数据量与分析和建立模型的算法复杂得多。

3. 文本的数据挖掘

所谓"文本的数据挖掘"到底指的是什么呢？举个简单的例子，中国移动的客服中心会把和其客户之间的通话转换成文本数据，通过对大量的文本数据进行分析挖掘，来了解客户对其服务的满意度以及客户的一些实际需求，为其发展作为参照。但是文本的数据挖掘和前面提到的数据挖掘有着明显的不同，目前有关文本的数据挖掘技术并不成熟，有很多的分析挖掘方法需要进行进一步的研究。目前出现的文本数据挖掘工具，仅仅是简单统计文本中某些词汇出现的频率，并不能够真正地挖掘出文本中所隐含的一些信息。所以文本数据挖掘还有待更深一步的研究。

11.5 分布式数据库

随着计算机网络的发展，对数据的实际处理需求已经从"集中式处理"发展成"分布式处理"，随之产生了分布式数据库系统。分布式数据库系统是计算机网络技术与数据库技术有机结合的产物。

11.5.1 分布式数据库系统概述

在一个分布式数据库系统中，一个应用可以对其所需数据进行透明的操作，应用所用到的数据在不同地点的数据库中分布、由不同的数据库管理系统 DBMS 管理、在不同的机器人中运行、由不同的操作系统支持和被不同的通信网络支持。

一个分布式数据库系统由很多分布在不同地方的数据库系统通过通信网络连接在一起，其中，每一个地方上的数据库系统本身也是一个完整的数据库系统，不同地方的数据库系统可以协同工作，用户可以通过分布式数据库系统访问网络上任何一个数据库，就好像在本机访问数据库一样，这就是应用对分布式数据库系统中的数据的透明操作。

本机的数据库是一个完整的数据库，拥有自己的数据库用户、数据库管理系统以及事务管理系统（包含事务日子、系统恢复和封锁机制等）；而分布式数据库系统可以看作是每个地方的数据库系统的本地 DBMS 与其他位置的数据库系统的 DBMS 协作构成的一个系统。本质上，分布式数据库系统是在本地的 DBMS 基础上增加了一个本地 DBMS 的扩展模块，该模块提供不同数据库 DBMS 之间的合作。由此可知，分布式数据库系统由已经存在的本地 DBMS 和上述扩展软件模块构成。

目前比较著名的分布式数据库系统有三个：Oracle 的分布式数据库可选组件（distributed database option）；ingres/star，ingres 的分布式数据库组件；DB2 的分布式数据库支持工具（distributed data facility）。上述这三个系统都提供了建立在关系模型上、基于 SQL 的分布式数据处理的支持。由于目前关系数据库系统最为流行，使用最为广泛，因此目前的分布式数据库系统都是基于关系的。

所有的分布式数据库系统，需要满足的一个最基本的要求是：对分布式数据库系统的用户而言，一个分布式的系统应该看上去是一个非分布式的系统。也就是说，用户在使用分布式数据库系统时，应该完全不能感觉到系统是分布式的。

分布式数据库系统应该在系统的内部层次上实现，而不是在应用程序层次或外部实现。就目前而言，在这个角度上，现在的客户/服务器应用系统并非真正意义上的分布式数据库系统，而只是一个能够提供远程数据操作的系统。

分布式数据库系统涉及在多个不同地方的多个数据库之间通过网络协作组成的一个透明的、逻辑上是一个整体的系统，在实现技术上将会涉及以下问题：分布式数据存储、查询处理、事务处理、目录表管理、恢复控制和并发控制等。下面将分别介绍这几个方面的问题。

11.5.2 分布式数据存储

应用系统中涉及的基本表，在分布式数据库系统中是可以采用复制、分片以及二者相结合的方式来存储。

复制：在分布式数据库系统中的维护一个基本表的若干个完全相同的副本，这些副本分别存储在不同的数据库节点上。

分片：分片是指为了数据物理存储的需要，将给定的基本表划分成几个小块或片段，每个小块或片段在逻辑上是一个完整数据库的一部分，这若干个块或片段分别存储在分布式数据库系统的不同位置。分片是为了提高数据库的性能，把数据库的分片存放在其最经常被使用的地方，采用这种方式，分布式系统的用户对这部分数据的操作就相当于本地操作，大大减少了网络的访问量，节省了数据访问时间，提高了数据处理效率。

对数据库进行分片的方法有两种：水平划分片段和垂直划分片段。这两种方式分别对应关系运算中的选择和投影。一个分片也可以由选择操作和投影操作自由组合产生。

复制与分片相结合：该方法将关系划分成不同的分片，分布式系统为每个分片维护若干个副本。

11.5.3　分布式数据的查询处理

为了提高数据库系统的处理效率，在第 8 章我们讨论了通过减少计算（查询）时间的一些查询策略。前面主要是对集中式处理系统进行讨论，在集中式系统，衡量某个优化策略的基本标准是磁盘的访问量，访问量的多少直接关系到一个系统的效率。

同样，对于分布式数据库系统，我们更应该采取一些优化的查询策略。因为分布式系统的数据访问会涉及网络上多个位置的数据库的访问，数据在网络上的传输时间在分布式数据库系统中的数据处理时间上占有很大的比例。如果数据库采用了分片进行存储，那么我们还要考虑通过不同位置的数据库同时分别处理查询的一部分。综上，在分布式数据库系统的查询处理中要综合考虑到磁盘开销和网络开销这两个方面。

相对于计算机处理数据的速率而言，数据在网络上的传输速率是比较慢的，因此在分布式系统的查询处理应尽量减少对网络的使用，即尽可能地减少要传输的数据信息的数量和大小。为了能够尽可能的减少网络流量，需要对分布式数据库系统的查询进行优化。这种优化一方面需要查询优化进程是分布式的，另一方面查询执行进程也是分布式的，所以分布式数据库系统的查询优化过程由以下两个步骤完成。

（1）参与查询的各个位置上存在的数据对于查询要求，由其中一个位置上的数据库做出全局优化策略；

（2）参与查询的各个位置点上的数据库进行本地优化。

在实际的分布式数据库系统中，为了提高数据查询效率，减少数据传输时间，某些优化策略还允许两个位置上的数据库系统进行并行处理。

11.5.4　分布式数据库系统中的事务处理

与集中式数据库系统一样，分布式数据库系统中的事务处理涉及两个方面：恢复控制和并发控制。

在集中式数据库系统中，采用封锁机制对事务进行并发控制，基本的封锁类型有排他锁和共享锁。分布式数据库系统沿用了集中式分布式系统中的封锁机制对事务进行并发控制，并对集中式数据库系统采用的封锁机制进行了一些改进，最具有代表性的是给事务加了一个唯一的时间戳。

对于恢复控制，集中式数据库系统采用的是转储和日志恢复的方式，而分布式数据库系统中，鉴于分布式的数据存储和分布式的事务处理，需要对集中式数据库系统的恢复控制进行扩展，才能够满足分布式系统的需求。

在分布式数据库系统，我们引入了一个术语——代理，来说明事务的分布性。在一个分布式数据库系统中，某一单独的事务可以涉及多个位于不同地点的节点上的代码执行，甚至是对多个节点的数据库数据同时进行修改更新。这里所说的代理指的是在每个节点上代表事务执行的进程，分布式数据库系统中的事务都可以看作是由多个代理组成的，系统必须知道哪些代理属于同一事务。

在集中式系统，我们曾经了解到事务的性质之一就是原子性；同样在分布式系统中仍然需要保证事务的原子性这个特点，即一个事务的所有代理要么全部一起提交，要么全部一起回滚。分布式数据库系统中事务的原子性是通过两阶段提交协议（two phase commitment protocal，P2C）来实现的。

11.5.4.1 分布式数据库系统的并发控制

1. 封锁协议

前面提到过，分布式数据库系统大多是通过封锁来进行并发控制的。但是由于分布式系统中封锁处理需要通过网络进行传输消息，这就增加了网络开销。

例如某个事务需要修改分布式系统中的一个数据对象，而这个数据对象在这个分布式系统中的 n 个节点中都存有副本。如果采用每个节点都负责对该数据对象的副本进行封锁的方式，每个节点都需要 5 条消息，即封锁请求、封锁授权、修改消息、确认消息和解锁请求，一个事务总共需要 $5n$ 个消息，这就大大增加了网络上的信息量，网络开销增大，效率大大降低。

解决上面这种问题的方法就是采用主副本策略。所谓主副本策略是指对于一个给定的数据对象，拥有它的节点负责处理所有和该对象有关的封锁操作。在这种策略下，在对数据对象进行封锁时，把该对象的所有副本看作是一个对象，这些消息的数量就会从 $5n$ 条减少到 $2n+3$ 条：1 条封锁请求消息、1 条封锁授权消息、n 条修改消息、n 条确认消息和 1 条解锁请求消息）。但是这种策略也存在一定的问题，一旦其中一个主副本出现问题不能使用，即使事务是可读的，并且有一个本地副本可以使用，该事务仍旧会失败。

在分布式环境中，锁管理器的管理机制需要进行相应的改变。封锁有两种基本方式：共享方式和排他方式。分布式下的锁管理方式有单一的锁管理器方式、多协调器方式、主副本方式、多数协议方式和有偏协议方式五种。

单一的锁管理器方式指的是在分布式系统中选择一个节点 S，系统只在这个 S 节点上维护单一的锁管理器。所有的封锁和解锁请求均需要在 S 节点进行处理。当一个事务需要给某数据项上锁时，就向 S 节点发封锁请求。S 节点上的锁管理器来决定锁是否授予给发送请求的节点，如果锁能够被授予，锁管理器则向发出封锁请求的节点发送上锁消息；否则，则发送延迟上锁消息。在写方式下，所有存放该数据项的副本的节点都必须进行写操作进行同步；在读方式下，上锁后的事务可以从该数据项的副本所在的任何一个节点读取数据。该种方式的优点是并发事务的处理简单，死锁处理也简单；缺点是 S 节点容易成为系统的瓶颈，一旦 S 节点出现故障，系统就无法实现并发控制。

为了解决单一的锁管理器方式的缺点，可以采用多协调器方式。在该种方式下，可以在分布式系统中选择多个节点来设置锁管理器。每个锁管理器位于不同的节点，分别来管理数据项封锁和解锁请求的一个子集。该方式可以避免单一锁管理器的瓶颈问题，但是对于并发时可能出现的死锁现象的处理则变得复杂了。

在多数协议方式下，分布式系统的各个节点都独立维护自己的锁管理器，节点锁管理器负责处理存储在本节点上的数据项的封锁和解锁请求。如果某个数据项在多个节点都具有备份，那么该数据项的封锁请求必须发送到所有存放该数据项的节点中。该方式以分散方式处理多副本数据，进而避免集中控制带来的缺点。当然，该种方式对于死锁的处理则更加复杂。

有偏协议方式和多数协议方式类似，系统同样在不同的节点独立维护节点自己的锁管理器，用来管理存储在该节点下的所有数据项的锁。与多数协议不同的是，共享锁请求比排他锁请求的实现要方便一些。对于共享锁和排他锁的处理不同，当某事务对数据项请求共享锁封锁时，仅需对包含该副本的一个节点的锁管理器请求封锁；而当事务对数据项请求排他锁封锁时，则需要对该数据项的所有副本所在节点的锁管理器请求封锁。

主副本方式是指选择多个副本之中的一个副本作为主副本，对每个数据项而言，它的主副本所在的节点称为主节点。事务对某数据项进行封锁时，只需要对该数据项所在的主节点上请求封锁即可。但是该方式下一个突出的缺点是，当数据项的主节点发生故障时，即使包含该数据项的其他节点的副本可用，数据项也不能够被访问。

2. 时间戳

分布式系统对于事务的可串行化处理采用与集中式系统相同的策略，仍然是给每一个事务产生一个唯一时间戳，来保证事务的可串行化。在分布式系统中，可以通过两种方式产生时间戳：集中式和分布式。集中式分发时间戳是指由分布式系统的某一个节点通过一个逻辑计数器或者节点时钟来分发时间戳；分布式分发时间戳是指分布式系统的各个节点通过一个逻辑计数器或者本地时钟先产生一个唯一的局部时间戳，然后与节点标识符结合到一起，构成一个全局唯一的时间戳。

3. 死锁处理

分布式系统的事务执行具有分布式的特点，对事务的封锁很可能会造成分布式系统的全局死锁问题。全局死锁将涉及两个或两个以上的分布式系统节点。

假设分布式系统有两个事务 T_1 和 T_2，这两个事务在节点 X 和节点 Y 上都有代理，如果这两个事务按照下面的操作序列进行，就会发生死锁。

（1）T_2 在节点 X 上的代理等待 T_1 在节点 X 上的代理解某个锁；

（2）T_1 在节点 X 上的代理等待 T_1 在节点 Y 上的代理完成某些操作；

（3）T_1 在节点 Y 上的代理等待 T_2 在节点 Y 上的代理解某个锁；

（4）T_2 在节点 Y 上的代理等待 T_2 在节点 X 上的代理完成某些操作。

上面的死锁涉及两个节点，这种死锁称作全局死锁。全局死锁仅仅靠节点内部的信息是不能够检测出来的，在分布式系统通常采用超时机制来判断系统是否发生了死锁现象，即如果在预定的时间内，某些事务不工作，那么系统就判定发生了死锁，就要做出相应的处理。

11.5.4.2 分布式数据库系统的恢复控制

在分布式数据库系统中，恢复控制是采用两阶段提交协议完成的。两阶段提交协议在事务的提交/回滚概念上是一个重要的内容，尤其是当一个事务涉及多个独立的 DBMS 相互协作时，尤为重要。

例如，当一个事务的代理同时对两个节点的不同 DBMS 数据库中的数据库进行更新操作时（假设对一个节点中是对 Mysql 数据库中的数据项进行更新，另外一个节点对 SQL Server 数据库中的数据项进行更新），该事务如果成功完成，那么它对两个节点不同数据库的更新操作都必须被提交；如果事务失败，则所有节点都要进行回滚操作，而不管在该节点是不是成功完成了更新操作。也就是说，不能够出现在 SQL Server 数据库中数据更新成功，而在 Mysql 数据库中，数据操作被回滚。

从上面的例子可以看出，在分布式系统中，对于一个事务，系统要求对不同的独立的 DBMS 的数据处理要么全部提交，要么全部回滚。所以在分布式系统中，事务要发出全局范围内的提交或回滚请求。这种全局范围内的提交或回滚通常情况下是通过分布式系统中的协调者（一个系统部件）来进行控制的。协调者保证参与事务的 DMBS 对它们各自的更新操作所做的操作是一致的，这种保证就是两阶段协议来提供的。

分布式系统中，当事务完成相关的数据处理后，将在整个系统范围内发出提交请求，协调者将根据两阶段提交协议进行后续处理，具体处理步骤如下：

（1）协调者要求事务的所有参与者将该事务对本地资源的所有操作强制登记到物理日志中，如果成功写入物理日志，参与者将向协调者发出"已准备好"的响应消息，否则发出"未准备好"的响应消息。

（2）当协调者收到所有参与者的响应消息后，将根据这些响应消息做出对事务的处理操作，并将处理结果强制记录到协调者的物理日志中。如果协调者收到的响应消息都是"已准备好"，那么协调者将对事务做出"提交"处理的决定；如果其中有一个响应消息是"未准备好"，那么对事务的处理将是"回滚"。协调者将对事务所做的处理决定发送给各个参与者，并且在物理日志中记录事务处理决定的登记项中指出从第一阶段到第二阶段的转变；而参与者根据该处理决定对本地数据库数据进行提交或者回滚，这是每个参与者在两阶段协议的第二阶段必须要完成的任务。参与者除了要完成事务的提交或回滚操作外，还要在完成操作后发一条"确认"消息给协调者，来表明事务执行完成。协调者收到每个参与者发送的"确认"消息后，整个两阶段提交过程结束。

如果分布式系统在事务处理的过程中出现了故障，在整个系统重启后就可以根据协调者的日志来查找事务决定的记录项。如果找到该事务的记录项，两阶段提交过程将从其被终止的那一点继续执行；如果找不到，将使事务回滚。

11.6 本章小结

本章介绍了数据库技术的几个新的发展方向，包括面向对象数据数据库技术、数据仓库、数据挖掘和分布式数据库技术等。

习题 11

1. 什么是存储过程？使用存储过程有什么优点？
2. 什么是触发器？触发器的类型都有哪些？
3. 触发器的工作流程是什么？

4. 编写存储过程访问考试系统，以完成以下功能：
(1) 统计数据结构课程的成绩分布情况，按照各分数段统计人数；
(2) 统计优秀率（>=85）；
(3) 统计任意一门课程的平均分。
5. 通过 JDBC 编程，实现对考试系统中 Student 表的查询操作。
6. 通过 JDBC 编程，实现对考试系统中 Grades 成绩表的删除操作。
7. OLAP 和 OLTP 的主要区别是什么？各自的应用领域在哪些地方？
8. 什么是数据仓库？数据仓库具备哪些特征？
9. 什么是数据挖掘？数据挖掘主要应用在哪些方面？
10. 什么是分布式系统？它与集中式系统有什么区别？

参考文献

[1] Silberschatz A, Korth H F, Sudarshan S. 数据库系统概念 [M]. 第 6 版. 杨冬青，李红燕，唐世渭译. 北京：机械工业出版社，2012.

[2] 莫利纳 G, 等. 数据库系统实现 [M]. 杨冬青, 等, 译. 北京：机械工业出版社, 2010.

[3] 厄尔曼, 等. 数据库系统基础教程 [M]. 第 3 版. 岳丽华, 等, 译. 北京：机械工业出版社, 2009.

[4] 刘瑞新. 数据库系统原理及应用教程 [M]. 第 4 版. 北京：机械工业出版社, 2014.

[5] 万常选，廖国琼，吴京慧. 数据库系统原理与设计 [M]. 第 2 版. 北京：清华大学出版社, 2014.

[6] 王珊，陈红. 数据库系统原理教程 [M]. 北京：清华大学出版社, 2013.

[7] 王瑞金，段会川. 数据库系统原理与应用：基于 SQL Server 2008 [M]. 北京：清华大学出版社, 2014.

[8] 明日科技. SQL Server 从入门到精通 [M]. 北京：清华大学出版社, 2012.

[9] Rockoff L. SQL 初学指南 [M]. 李强，译. 北京：人民邮电出版社, 2014.

[10] 刘俊强. SQL Server 2008 入门与提高 [M]. 北京：清华大学出版社, 2014.

[11] 郝安林. SQL Server 2005 基础教程与实验指导 [M]. 北京：清华大学出版社, 2008.

[12] 勒布兰克. 微软技术丛书：SQL Server2012 从入门到精通 [M]. 潘玉琪，译. 北京：清华大学出版社, 2014.

[13] 郑阿奇，刘启芬，顾韵华. SQL Server 数据库教程 [M]. 北京：人民邮电出版社, 2012.

[14] 阿特金森，维埃拉. SQL Server 2012 编程入门经典 [M]. 第 4 版. 王军，牛志玲译. 北京：清华大学出版社, 2013.

[15] 李春葆，李石君，李筱驰. 数据仓库与数据挖掘实践 [M]. 北京：电子工业出版社, 2014.

[16] Han J, Kamber M, Jian P, 等. 数据挖掘概念与技术 [M]. 第 3 版. 范明，孟小峰，译. 北京：机械工业出版社, 2012.